スモールデータ解析と機械学習

藤原 幸一 著

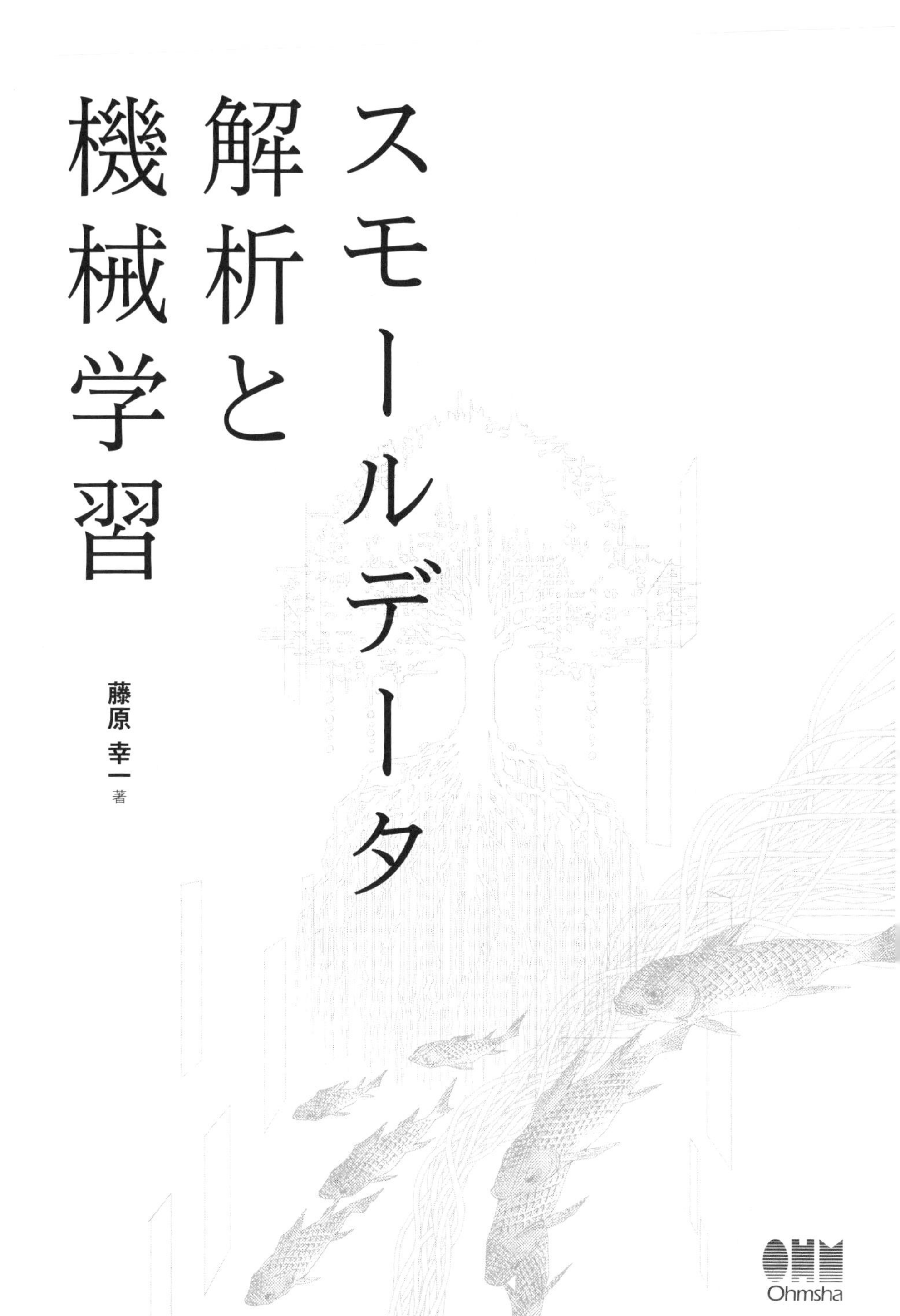

Ohmsha

はじめに

昨今は，人工知能（Artificial Intelligence; AI）関係の話題，ニュースをメディアで目にしない日の方が珍しいといってもよいでしょう．このようなAIブームの到来からわずか数年で，世界は大きく変わりました．深層学習の分野はまさに日進月歩であり，State Of the Art，つまりその時点での最高成績が次から次へと更新され，新しいアプリケーションもどんどん登場しています．囲碁のチャンピオンをAIが打ち負かす，本物と見分けがつかない画像をAIが生成する，AIが自然な言葉使いで外国語を翻訳してくれるなど，わずか10年前には想像できなかったでしょう．

このようなブームに沸くAI業界ですが，あえて冷静になって本邦におけるAI業界の現状を改めて振り返ってみるのも悪くはないでしょう．平成25年（2013年）に「世界最先端IT国家創造宣言について」というドキュメントが閣議決定されました[*1]．現状から鑑みるに，政府の掲げたこの宣言には当然AIの利活用についても掲げられていると思われます．実際に，この宣言にはAIという言葉が一箇所だけ出てきます．当該箇所を引用してみましょう．

> 高品質の農産物を生産する我が国の農業とこれを支える周辺産業において，篤農家の知恵を含む各種データを高度に利活用する「AI（アグリインフォマティクス）農業」の取組を活用した新たなビジネスモデルの構築等により農業の知識産業化を図り，海外にも展開する「Made by Japan農業」を実現する．

つまり，2013年の段階では，政府の認識はAI＝人工知能ではなく，アグリインフォマティクス（Agri Informatics）だったのです！

現在のAIブームは，Hintonらによる深層学習を用いたAlexNet [1]が，2012年のILSVRCとよばれる大規模画像識別のチャレンジ[*2]において圧勝

*1　https://www.kantei.go.jp/jp/singi/it2/kettei/pdf/20130614/siryou1.pdf

*2　http://image-net.org/challenges/LSVRC/

して，注目を浴びたことに始まりました．AlexNetが登場してから，世界最先端IT国家創造宣言が最初に閣議決定されるまでわずか1年足らずであるということを考えると，この宣言にAIについての言及がなかったのも致し方ないとも考えられます．

ところが，この世界最先端IT国家創造宣言は平成25年以降も毎年更新されていたのですが，人工知能という文脈でAIという言葉が登場するのは平成27年になってからで，AIの研究開発推進や普及が謳われるようになったのは3年後の平成28年からでした．文部科学省の掲げる戦略目標でも，ビッグデータというキーワードは以前より登場していたものの，人工知能が戦略目標として明確に取り上げられるのは，同じく平成28年になってからです．

世界知的所有権機関（WIPO）が発行するAI技術のレポートによると，AI関連の特許出願数は2019年時点で日本は第3位とのことです．一見，健闘しているように見えますが，トップのアメリカと第2位の中国での出願数に水をあけられています[*3]．このことを考えると，国としてAI推進を掲げるまでに3年もかかったのは，動きが遅かったと感じます．もっと早期に，国としてAI推進を掲げていれば，と思わずにはいられません．

このAIブームを支えているのは深層学習を含む機械学習技術ですが，その根底にはビッグデータがあります．ビッグデータは2010年前後に登場した言葉ですが，安価に大量のデータを収集できるようになり，それを高速に処理できるコンピュータが登場したため，ニューラルネットワークのような複雑なAIを学習させることが可能になったのだ，と説明されます．たとえば，日々検索サイトに入力されるキーワード，SNSにアップロードされるテキストや写真，みなさんがECサイトで閲覧・購入した商品の情報，蓄積される種々の装置類の運転データ，電子カルテに記録された患者さんの検査データや診断結果……，これらをネットワークを介して効率的に収集して解析することで，高性能なAIが開発できるようになった，と．このようにビッグデータという言葉は，機械学習技術そのものも大切ですが，なによりデータを大量に利用可能であるかが価値となる，ということを説明しています．特にSNSやECサイトでは，ユーザー側が進んでAIの学習用データを提供してくれているわけで，GoogleやAmazonなどのプラットフォーマー

*3　https://www.wipo.int/edocs/pubdocs/en/wipo_pub_1055.pdf

が，AI開発においても有利なわけです．

さらに高性能なAI開発にはビッグデータだけではなく，それを処理できる高性能なコンピュータと，実際にデータを解析するデータサイエンティストも必要です．高性能なコンピュータを整備するのも，優秀なデータサイエンティストを雇うのも，資本投下です．AI業界はいわば鉄鋼業や半導体同様に装置産業なのであって，装置産業の王道は設備投資しかありません[*4]．しかし，30年間経済が停滞し続ける本邦において，新規事業への大規模な設備投資は望めず，ビッグデータもクラウドも優秀なデータサイエンティストを多く抱えているであろうGAFAM[*5]には，もはや追いつけないのではないでしょうか．

もちろん王道はとても大切であり，AI分野の研究開発への投資は着実に続ける必要があります．一方で，私たちは王道だけでは勝てる見込みは少ない，一発逆転はあり得ないという認識を持たなくてはいけません．しかしながら，私たちはビッグデータとは異なる道を選択することもできるのです．

本書では，その異なる道――ビッグデータの対極――スモールデータ解析についてお話しします．

筆者はデータサイエンスを武器として，これまでに化学や鉄鋼，半導体などのさまざまな生産現場の問題解決や，新たな医療機器の開発のための活動を展開してきました．現場で実データ解析に従事していると実感しますが，ビッグなデータを利用できるというのは，必ずしも一般的な状況ではありません．現実には，さまざまな制約によってごく少量のデータしか収集できない，または解析対象にできないという状況が存在しています．たとえば，生産現場では実機を用いた実験は，コストや時間の問題からできるだけ少数の回数に抑えるべきですし，医療現場では倫理的な問題から患者さんから無制限にデータを採取することは許されていません．

スモールデータ解析においては，ビッグデータとは異なるアプローチを取らなければなりません．また，スモールデータ解析では現場に固有の多様なハードルを乗り越える必要があり，GAFAMでさえほしいままにするのは困難でしょう．いくら高性能なコンピュータとデータサイエンティストを抱

---

*4　装置産業とは，一定以上の生産規模のために巨大な装置が必要な産業のことです．

*5　この本を手に取られる方はよくご存じでしょうが，IT業界でビッグ・ファイブとよばれるGoogle（Alphabet），Amazon，Facebook（Meta），Apple，Microsoftの社名の頭文字です．

えていても，それだけでは太刀打ちできない世界があります．そして現場には，このような少量でも，つまりスモールデータからでもなんとか機械学習を活用したいという強いニーズが常に存在しています．

本書は，このような現場のスモールデータ解析へのニーズに応えるために執筆されました．スモールデータ解析のためのさまざまな手法を解説し，それらを現実の問題にどのように適用すればよいのかについてのイメージを持ってもらうために，いくつかのケーススタディを紹介しています．なお，この本では大学初年度の線形代数学と微積分学，確率・統計を学んでいることを前提としていますが，必要な数学的な事柄には説明を加えました．ベクトルや行列などの数式に抵抗感がなければ，すらすらと読めるはずです．

また，特に重要なアルゴリズム・機械学習手法については，理解の助けとなるように，いくつかのPythonのサンプルプログラムも掲載しました[*6]．

本書は，特に生産プロセスや病院，実験室などのスモールデータの現場でデータ解析に困っている方に，読んでいただきたいと思っています．きっと，みなさんの抱えているデータ解析についての悩みの解決の糸口が見つかるでしょう．また，いきなり深層学習とそのPythonフレームワークから勉強をスタートして，古典的な機械学習の手法について学習が追いついていない“なんちゃってデータサイエンティスト”のみなさんにも，基礎を固めるという意味でおすすめします．その他にも，昨今のAIブームに辟易としている方も，一読すると面白いのではないでしょうか．本書が，みなさんのデータ解析の実務ついての問題解決の一助になれば幸いです．

本書を執筆するにあたり，研究室の学生さん，オーム社の皆さん，カバーイラストを描いていただいた漫画家のおかざき真里先生には大変お世話になりました．心より感謝いたします．

2022年1月

藤原幸一

*6 本書に記載のプログラムは，あくまで機械学習アルゴリズムの理解の助けとなることを目的としています．採用するライブラリも大半のプログラムではNumPyやMatplotlibぐらいにして，できる限り本文の数式に沿った素直な書き方になるようにしました．その結果として，Pythonプログラムとしては洗練された書き方ではなく，また必ずしも実用的ではありません．アルゴリズムの理解のために自分の手を動かして，一度は掲載されているプログラムを写経していただきたいですが，実務においては，scikit-learnなどの既存の機械学習ライブラリの使用をおすすめします．

目　次

はじめに …… iii

第1章　スモールデータとは　1

1.1　ビッグデータからスモールデータへ …… 1
1.2　スモールデータ解析の特徴 …… 4
1.3　本書の構成 …… 6

第2章　相関関係と主成分分析　9

2.1　データの前処理 …… 9
2.2　共分散と相関関係 …… 15
2.3　相関関係≠因果関係 …… 19
2.4　多変数間の相関関係 …… 23
2.5　主成分分析（PCA）とは …… 24
2.6　データの特徴 …… 25
2.7　第1主成分の導出 …… 27
2.8　第 r 主成分の導出 …… 33
2.9　PCAの数値例 …… 39
2.10　主成分数の決定 …… 42
2.11　PCAの行列表現 …… 43
2.12　PCAと特異値分解 …… 45

第3章　回帰分析と最小二乗法　49

3.1 回帰分析とは …… 49
3.2 最小二乗法 …… 50
3.3 回帰係数と相関係数 …… 55
3.4 最小二乗法の幾何学的意味 …… 55
3.5 ガウス–マルコフの定理 …… 57
3.6 最尤法と最小二乗法 …… 60
3.7 多重共線性の問題 …… 62
3.8 サンプル数が入力変数の数よりも少ない場合 …… 69
3.9 擬似逆行列を用いる方法 …… 69
3.10 主成分回帰（PCR） …… 72
3.11 リッジ回帰 …… 76
3.12 部分的最小二乗法（PLS） …… 80
3.13 PLS1モデルの導出 …… 82
3.14 PLS1モデルのNIPALSアルゴリズム …… 85
3.15 重回帰モデルへの変換 …… 86
3.16 出力変数が複数ある場合（PLS2） …… 89
3.17 PLSと固有値問題・特異値分解 …… 94
3.18 ハイパーパラメータの調整 …… 98
3.19 回帰モデルの性能評価 …… 102
3.20 分光分析による物性推定 …… 105
3.20.1 分光法 …… 105
3.20.2 ディーゼル燃料の物性推定 …… 106

第4章　線形回帰モデルにおける入力変数選択　113

4.1 オッカムの剃刀とモデルの複雑さ …… 113
4.2 赤池情報量規準（AIC） …… 116
4.3 ステップワイズ法 …… 119

4.4 Lasso回帰 …… 122
4.4.1 リッジ回帰に近似する方法 …… 123
4.4.2 最小角回帰（LARS） …… 127
4.5 PLS向けの変数選択手法 …… 130
4.6 相関関係に基づいた変数クラスタリングによる入力変数選択 …… 134
4.6.1 クラスタリング …… 134
4.6.2 k-平均法 …… 136
4.6.3 NCスペクトラルクラスタリング（NCSC） …… 138
4.6.4 NCSCの例題 …… 146
4.6.5 NCSCを用いた入力変数選択（NCSC-VS） …… 150
4.7 NIRスペクトルの検量線入力波長選択 …… 151

第5章 分類問題と不均衡データ問題 157

5.1 分類問題とは …… 158
5.2 線形判別分析 …… 159
5.3 線形判別分析とレイリー商 …… 164
5.4 カットオフの決定 …… 166
5.5 線形判別分析と最小二乗法 …… 167
5.6 分類モデルの性能評価 …… 169
5.7 ROC曲線とAUC …… 171
5.8 線形判別分析における不均衡データ問題 …… 173
5.9 データの不均衡度 …… 174
5.10 サンプリング手法 …… 175
5.11 アンダーサンプリング …… 176
5.11.1 サンプル選択型アンダーサンプリング …… 176
5.11.2 サンプル生成型アンダーサンプリング …… 177
5.11.3 オーバーサンプリング …… 178
5.11.4 アンダーサンプリングとオーバーサンプリングの組み合わせ …… 181
5.12 アンサンブル学習 …… 182

5.13 判別木…… 183
5.14 バギングとランダムフォレスト…… 186
5.15 ブースティング…… 188
5.15.1 AdaBoost…… 189
5.16 サンプリング手法とアンサンブル学習の組み合わせ‥ 191
5.17 不均衡データにおける性能評価…… 195
5.18 ケーススタディ…… 197
5.18.1 データセットの準備…… 197
5.18.2 モデルの学習…… 200
5.18.3 モデル学習結果…… 203

第6章 異常検知問題 205

6.1 局所外れ値因子法（LOF）…… 205
6.1.1 局所密度…… 206
6.1.2 到達可能性距離…… 207
6.2 アイソレーションフォレスト…… 210
6.3 多変量統計的プロセス管理（MSPC）…… 212
6.3.1 USPC と MSPC…… 212
6.3.2 T^2 統計量と Q 統計量…… 214
6.3.3 寄与プロットによる異常診断…… 220
6.4 オートエンコーダ（AE）…… 222
6.5 管理限界の調整…… 224
6.6 時系列データの取り扱い…… 226
6.7 砂山のパラドックス…… 228
6.8 Tennessee Eastman プロセスの異常検知…… 230
6.8.1 TE プロセス…… 231
6.8.2 データの前処理…… 232
6.9 モデルの学習と異常検知…… 234
6.10 異常検知結果…… 239
6.10.1 異常診断…… 243

第7章　データ収集や解析の心構え　247

7.1　機械学習の手順 ………… 247
7.2　そもそもデータを使って何をやりたいのか ………… 248
7.3　PICO ………… 251
7.4　データの文脈を理解する ………… 254
7.5　現地現物と三現主義 ………… 257
7.6　現場とのコミュニケーション ………… 259
7.7　解析データセット構築に責任を持つ ………… 261
7.8　どうしてもうまくいかないときは ………… 262

付録　265

A.1　標本分散と母分散 ………… 265
A.2　LARS アルゴリズム ………… 267
A.3　Mcut 法と固有値問題 ………… 269
A.4　主成分分析と自己符号化器の関係 ………… 271

参考文献 ………… 274
索　引 ………… 279

本書に記載のプログラムはオーム社 HP からダウンロードできます.

https://www.ohmsha.co.jp/book/9784274227783/

- 本ファイルは，本書をお買い求めになった方のみご利用いただけます．本書をよくお読みのうえ，ご利用ください．また，本ファイルの著作権は，本書の著作者である藤原幸一氏に帰属します.
- 本ファイルを利用したことによる直接あるいは間接的な損害に関して，著作者およびオーム社は，いっさいの責任を負いかねます. 利用は利用者個人の責任において行ってください.

第1章 スモールデータとは

1.1 ビッグデータからスモールデータへ

ビッグデータの正確な定義は不明ですが，たとえば**図 1.1**（左）のようなデータを大量に集めたものでしょう．この写真は誰が見てもネコです（ネコですよね！？）．AIの学習用データを構築するには，そのデータが何であるかを示したラベル（教師データ）が必要です．このネコの写真については，誰が見てもネコであるため，ラベル付けに大きなコストはかかりません．事実，毎日のようにSNSやブログにネコというキーワードとともに新たにネコの写真がアップロードされているので，これらを集めてきてAIを学習させれば，ネコの画像を識別してくるAIを開発できるでしょう．

このように必ずしもデータにラベルが付与されていなくとも，日常生活で目にする物体の画像であれば専門家でなくてもラベル付けができますし，大量にラベル付けの作業をしないといけないのであれば，クラウドワーカーに低コストで依頼することもできます．「はじめに」でふれたAlexNetの学習には120万枚ものラベル付き画像を用いたそうです．

一方で，**図 1.1**（右）のデータは，目にしたことがある人の方が少ないと思います．これはてんかん患者の脳波データ [2] です．てんかんは，けいれんや意識障害などのてんかん発作を来す慢性の脳疾患で，有病率はおよそ1％とけっして稀な病気ではありません．てんかんの診断には，数日間入院して脳波検査を行い，てんかん専門医や脳波を専門とする臨床検査技師などのエキスパートが数日にわたる脳波を目視で判読して，どのようなタイプのてんかん発作が，いつ，どれぐらいの頻度で発生するのかを確認し，診断を行います．特に発作が起きたとき[*1]の脳波は診断に必要不可欠ですので，必ず脳

*1　発作が発生した付近の時間帯のことを，発作周辺期とよびます．

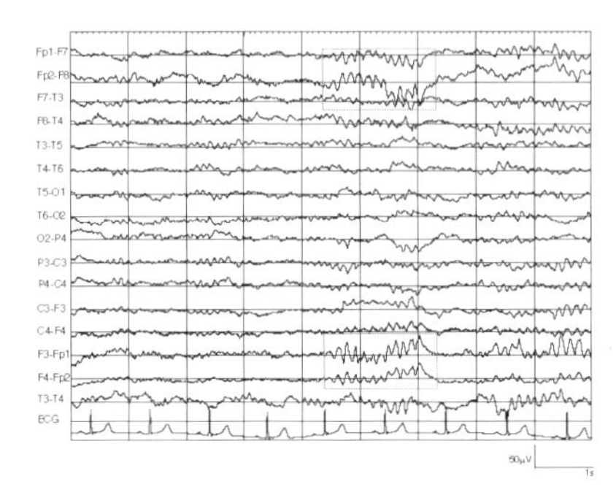

図 1.1　ビッグデータ（左）とスモールデータ（右）の例：左のネコの写真は誰が見てもネコであるとわかりますし，インターネットには日々新しいネコの画像がアップロードされるため入手も容易です．一方で，右に示す脳波データはエキスパートでないと判読は困難ですし，そもそもデータへのアクセスも容易ではありません．

波判読結果をアノテーション（メタデータ）として記録します．

ところが**図 1.1**（右）の波形は発作周辺期のものではなく，発作のない時期（発作間欠期）の脳波データです．この図には，枠で囲まれた部分が2箇所ありますが，これらは発作には至らなかったけれども，異常な脳波が観測された区間を示しています．このような異常脳波を，間欠期てんかん波とよびます．この間欠期てんかん波の情報は必ずしも診断では必要でないこともあって，いつもアノテーションされているとは限りません．しかし，臨床での診断では必要なくとも，てんかんを診断できるAIの開発では間欠期てんかん波までラベル付けされていないと困る場合もあります．この場合は臨床で一度判読された脳波データを，再度，より細かい粒度で判読し直す必要があります．

このようなデータをAIの学習に利用しようとすると，人件費が最も高い職業の一つである医師，しかもてんかん専門医*2というエキスパートを長時間拘束して，脳波を判読しなければなりません．しかも，いかにエキスパートといえども脳波判読には主観を含みますので*3，厳密な判読には複数のエキスパートが判読し一致した結果のみを採用するのが望ましいとされます．

*2　日本てんかん学会のWebサイトによると，てんかん専門医は2020年9月現在で，全国で700名程度しかいらっしゃいません．

*3　たとえば睡眠脳波の一種である睡眠紡錘波の判読では，同一のエキスパート内でも70％，異なるエキスパート間では60％程度しか結果が一致しないことが知られています [3]．感情を脳波から推定できるというデバイスを売っている人たちは，この事実をどう考えているのでしょうか．

このことから，臨床で収集した脳波データをAIの学習に利用するには，ハードルが高いことがわかります．

このようなデータがビッグデータとは異なる“**スモールデータ**”です．スモールデータとはデータの発生自体が稀であったり，データ自体はそこそこの頻度で発生はするのだけどもその収集がさまざまな理由で困難であったり，またはデータのラベル付けが高コストであったりして，大量のデータをAIの学習のために利用するのが困難なものを指します．たとえば

1. 装置故障などの異常データ
2. 震災や大雨など大規模災害のデータ（極端事象ともよびます）
3. 実験にて収集されるデータ
4. 倫理的な制約などで，収集してよいサンプル数が制限されているデータ
5. 味や香りの評価など，エキスパートが五感を用いて実施する官能検査データ

などのデータが該当します．

1や2は典型的なデータの発生自体が稀である例です．頻繁に故障する装置なんて工業製品として使い物にならないですし，気候変動の影響があるとはいえ，大規模災害がそんなに頻繁に起きてもらっては困ります．そのほかにも稀少疾患のデータなども，データの発生自体が稀であるケースに該当します．

3は収集が困難な例に該当します．どのような実験であっても実験を繰り返すのは高コストなので，できるだけ少ない実験回数とすることを求められます．このためには，あらかじめ仮説を立てること，そして仮説に基づいた効率的な実験計画の立案が必要です．本書の範囲には含まれませんが，実験計画法（Design of Experiment; DoE）などの活用も考えられるでしょう．

4は医学分野の臨床データの解析には必ず付きまとう問題です．臨床データの収集には大学や病院に設置されている倫理委員会による審査と承認が必要ですが，特に観察研究[*4]と異なり何らかの介入をしてデータを収集する場

*4 観察研究とは，通常の診療の範囲内でデータを収集することです．たとえば通常の診療として心電図検査を行った場合，その心電図データを研究に利用することは，観察研究に該当します．通常の診療の範囲外の検査や治療を実施する場合は，介入研究とよばれます．

合は，収集する N 数[*5]をできるだけ少なくすることが求められます．これは介入，つまり通常の診療を超える行為は，たとえ非侵襲的なものであっても患者にはメリットがなく，何らかの害を与えうると考えられるためです．この場合，倫理審査において定められた N 数以上にデータを集めることは許されません．

5はてんかん患者の脳波データと同じ問題です．誰もができるネコの画像のラベル付けと異なり，少数のエキスパートでないと評価・判読できないデータについては，ラベル付けが高コストですし，そもそもそのようなデータ自体が世の中にありふれたものではありません．

このようなスモールデータは，決して新しく登場した概念ではありません．ビッグデータ・AIブーム以前は，私たちはこのようなデータしか扱えなかったのですし，研究対象を観察して地道にデータを集めたり実験してデータを解析するというのは，今も昔もサイエンスの営みとしてなんら変わりません．

ただ，このAIブームのおかげで，世間の注目はビッグデータを活用する分野にばかりに集まっているきらいがあるのではと感じています．流行に乗って大きな予算を核として，どんどん新しい技術とアプリケーションを開発していくことも重要ですが，一度冷静になって，足下を見直してもよいのではないでしょうか．

1.2 スモールデータ解析の特徴

「はじめに」で述べたとおり，AI産業は装置産業であり資本力の勝負となっている側面があります．いわばビッグデータはレッドオーシャンなのです．一方でスモールデータでは，必ずしも資本力が勝負の決め手ではありません．

スモールデータは入手自体が困難ですが，第7章でも触れるように，お金を投じれば解決するという問題ではありません．各地に分散しているデータを収集するには，人的ネットワークの方がはるかに重要な場合もあります．このようなデータは効率的に一箇所に収集される仕組みがなく，それぞれの現場に眠っていることが多いため，それを掘り起こすところから始めなければなりません．そして，現場に眠るデータは当然，現場にユニークなもの

*5　この場合は，データ収集対象とする患者の人数のことです．

で，他にそのデータを扱っている競争相手はほとんどいないと考えられるわけですから，データ自体に価値があるといえます．

実際のAIの学習においても，スモールデータにおける方法論はビッグデータのそれとは異なります．深層学習が登場する以前のコンピュータビジョン分野を思い起こすと，人間が手作業で画像特徴量を設計して，モデルを学習させていました [4]．機械学習における特徴量とは，識別や予測などをしたい事物の本質的な情報を定量的に表した変数のことです．たとえば，現在のスマートフォンは顔認証によってロックを解除できますが，マスクをしているとロックの解除に失敗した，という経験をしたことのある人は多いでしょう．つまり，口周りの画像情報が，そのスマートフォンの所有者であることを識別するのに欠かすことのできない本質的な情報であることを意味しています．

より具体的には，機械学習モデルの入力となる変数のことを特徴量とよびます．入力として採用する特徴量によって機械学習モデルの性能は大きく変化するため，どのような特徴量を用いればよいのかというのは，機械学習における本質的な問題の一つです．そのため，以前は人間が識別器を試行錯誤や経験で設計していたのです．これに対して，深層学習で用いられる畳み込みニューラルネットワーク（Convolutional Neural Network; CNN）では画像から直接特徴抽出を行い，使用する特徴量を事前に設計する必要はありません [5]．

このようにビッグデータに基づいた方法では，特に事前の知識を必要とせず，特徴量の設計を含めてモデルに非常に多くのパラメータを有する自由度の高い構造を用意し，とにかく膨大なデータと高速なコンピュータを使ってモデルを学習させます．

一方でスモールデータの解析においては，データが少量であるため，CNNのようにデータから直接特徴を抽出するのは困難です．従来同様に特徴量を人手で設計，選択する必要があります．また，複雑な構造のAIを学習させようとすると，容易に過学習してしまうため*6，ニューラルネットワークに

*6 過学習または過適合とは，そのモデルを学習させたデータに対しては，非常によい性能を示しますが，学習に用いていない未知データについては性能がでない状況のことを指します．未知データに対してもモデルが適合している状態を汎化とよびますので，過学習とはモデルが汎化できていないということになります．過学習を避けるための方法については，第4章で触れます．

基づく深層学習ではなく古典的な多変量解析や機械学習の方法を使わざるを得ないでしょう[*7].

スモールデータの解析において何より重要なのは，解析対象についての先験的な知識です．対象についての物理化学的，または生理医学的，あるいは経済学的なメカニズムを熟知して[*8]，それらの知識を可能な限り学習に反映させることが，学習させたモデルの性能に影響を与えます．つまりスモールデータ解析においては，データが常に不足しがちであるため，あらかじめ妥当な仮説を立て，仮説に基づいてデータを収集，整理して解析しなければなりません．数学や機械学習の知識のみならず，解析対象についての深い造詣が求められるのが，スモールデータ解析の一番の特徴でしょう．このあたりの事情は第7章でも触れますが，表面的な機械学習についての知識やプログラミング言語のスキルだけでは，現実の問題には手も足も出ないことがある，ということを覚悟しておく必要があります．

あえて繰り返しますが，データの多寡にかかわらず，解析対象についての知識と適切な仮説が，モデリングにおいて決定的に重要であるということは，今も昔も何ら変わっていないのです．

1.3 本書の構成

これまで述べたとおりスモールデータ解析は，ビッグデータ・AIブーム以前から，おそらくラグランジュとガウスによって最小二乗法が提案されて以来[*9]，2世紀以上も研究され続けてきた歴史のある分野ですので，本書でカバーできるのはごく一部に限られます．そこで本書では，特に実務で役に立つであろうと考えられる方法を中心に紹介することにしました．

本書の構成を**図1.2**に示します．この図から一言でスモールデータといっても，いくつかの種類があることがわかります．

---

*7　多変量解析と機械学習の境界は明確ではありませんが，多変量解析は統計学に端を発する手法を指すことが多いようです．そのためか，多変量解析ではモデルの精度ではなくモデルの解釈を重視する傾向があります．本書では以降，両者を特に区別せず機械学習で統一します．

*8　このような対象についての先験的な知識のことを，ドメイン知識とよびます．

*9　最小二乗法につながるアイデア自体は，ラグランジュやガウスが最小二乗法を定式化する以前より，航海でのナビゲーションをどうするかなどの問題意識があり，測地学などで議論がされていました．時は大航海時代，まさにならではの研究ともいえますね．

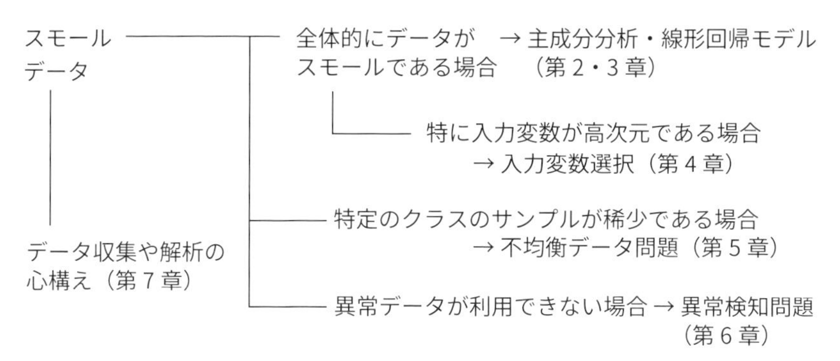

図 1.2 本書で取り上げる内容．スモールデータにもいくつかの種類があります．

第2章では，本書を通じて登場する重要な概念である，相関関係について説明します．そして，全体的に取得できるサンプルが少ないにもかかわらず測定変数が多い，つまり高次元である場合に次元削減のために用いる主成分分析（Principal Component Analysis; PCA）についてお話しします．

第3章では，線形回帰モデルについてお話しします．深層学習の時代で線形モデルとは何を今更，と思われるかもしれませんが，私たちが扱うデータはスモールなのです．可能な限りモデルはシンプルにしなければ，まともな学習はできません．通常，回帰モデルの構築には最小二乗法を用いますが，第3章では最小二乗法よりもさまざまな面で使い勝手のよい部分的最小二乗法（Partial Least Squares; PLS）を紹介します．そのPLSの導入のために，最小二乗法の数学的背景や，リッジ回帰，主成分回帰（Principal Component Regression; PCR）などのいくつかの回帰モデルについても述べます．

第4章では，線形モデルにおける入力変数（特徴量）選択について説明します．これも深層学習ではデータから直接特徴抽出，選択ができるわけですが，スモールデータでは人手で出力に寄与できる入力変数を適切に選択する必要があります．変数選択は，特にサンプル数と比較して多くの変数が測定されている場合，つまり入力変数が高次元である場合に特に重要であり，変数選択の結果はモデルの性能に大きく影響します．しかしながら，網羅的にすべての変数の組み合わせを試そうとすると，入力の候補となる変数の数が増加したときに組み合わせの数が爆発してしまいます．そこで第4章では，正則化の方法や，クラスタリングを用いたヒューリスティクスな変数選択手法を紹介します．

スモールデータとは，とにかく収集できるデータが少ない，ということだけではありません．全体としてデータ量は豊富にあるのですが，特定のクラスのデータが稀少という例もあります．ここでクラスとは，データに与えられているラベル（属性）のことです．サンプルが豊富にあるクラスを多数クラス，サンプルが稀少であるクラスを少数クラスとよび，このように多数クラスと少数クラスからなるデータを不均衡データといいます．たとえば，データが「健常者」と「患者」という二つのクラスで構成されている場合，通常は「患者」の数よりも「健常者」の方が多いため，前者は少数クラスで後者が多数クラスとなります．不均衡データは，通常のサンプルが均衡しているデータと比べてモデルの学習は困難となるため，さまざまな工夫が必要です．第5章では，まず分類問題と，分類問題に対する最も初歩的なアプローチである線形判別分析（Linear Discriminant Analysis; LDA）について説明し，データが不均衡である場合にLDAが適切に動作しないことを示します．その後，データが極端に不均衡な場合でも，なんとかモデルを学習させるいくつかの方法について紹介します．

不均衡データであっても，少数クラスのサンプルもいくらかは学習に利用できることが前提でした．しかし，何かの装置の故障時のデータなど，異常なデータはほとんど，またはまったく得られないという状況もあります．このとき，正常データのみからモデルを学習し，新たに測定されたサンプルが異常であるかを判定するという問題を考えます．これを異常検知問題とよび，第6章では代表的な異常検知手法を紹介します．

最後に第7章では，実務でスモールデータを扱うにあたってのデータ収集の解析の進め方について，筆者の経験やノウハウを含めて，その心構えを示します．

本書では，読者に現実の問題にどのように適用すればよいのかについてのイメージを持っていただくために，Pythonプログラムを用いたいくつかのケーススタディを紹介しました[*10]．これらのケーススタディを活用して，ぜひ，スモールデータ解析の世界に触れてみてください．

---

*10　本章のPythonプログラムは，Python 3.8.8, Matplotlib 3.3.4, NumPy 1.20.1, pandas 1.2.4, scikit-learn 0.24.1で動作を確認しています．環境によっては，本書に記載の画面表示と異なることがあります．また，一部の乱数を用いたプログラムでは，計算結果がランダムに変化することに注意してください．

第2章 相関関係と主成分分析

本章では，スモールデータの解析で用いられる手法において重要な概念である変数間の相関関係について説明します．また，データから相関関係を変数間の抽出するための手法である主成分分析（Principal Component Analysis; PCA）について述べます．本章の内容は，スモールデータ解析のみならず，ありとあらゆるデータ解析の入り口になっていますので，じっくり読んでみてください．

2.1 データの前処理

ビッグデータの解析であれスモールデータの解析であれ，データを扱うためにはあらかじめデータを解析しやすい形に整えてあげる必要があります．そこで本章では，データの前処理である標準化から始めましょう．ここではみなさんもよくご存じの平均や分散などの統計量から説明します．なお，統計量とは観測されたサンプルから定められた手続き（アルゴリズム）によって計算された，データの特徴を要約する値のことです[*1]．

いま，あるサンプルがN個観測されたとして，n番目をx_nとします．このとき，N個のサンプルについての標本平均$\bar{x}$[*2]と標本分散s^2は

$$\bar{x} = \frac{1}{N}(x_1 + x_2 + \cdots + x_N) = \frac{1}{N}\sum_{n=1}^{N} x_n \tag{2.1}$$

$$s^2 = \frac{1}{N-1}\sum_{n=1}^{N}(x_n - \bar{x})^2 \tag{2.2}$$

と定義されます．分散はそのサンプルの値の平均からのばらつきの大きさを

*1　正確には要約統計量または記述統計量とよび，統計的検定で用いられる検定統計量とは区別します．

*2　本書では標本平均であるときに，記号¯を付けて表します．

表した量で，元のサンプルの二乗の次元（単位）を持っています．後に説明しますが，データ解析ではそれぞれの測定値の単位は統一する，もしくは無次元化するのが望ましく，これによって測定値どうしの比較もしやすくなります．たとえば，元の測定値が重量で〔kg〕で記録されていると，平均値の単位は同じく〔kg〕ですが，その分散の単位は〔kg^2〕となります．そこで，元の測定値の単位に戻すために，分散の平方根を取ります．

$$s = \sqrt{\frac{1}{N-1}\sum_{n=1}^{N}(x_n - \bar{x})^2} \tag{2.3}$$

このsのことを標準偏差とよび，元のサンプルと同じ次元を有しています．

ところで，平均はNで割っているのに，(2.2)式の分散は$N-1$で割っています．分散も平均と同じくNで割ってはいけないのでしょうか．些細な問題に思えますが，これは統計量の偏りという統計学の重要な問題に関わっています．

私たちが手にしているリアルなデータは，母集団，すなわちこの世界に潜在的に存在するであろうすべての標本（サンプル）のごく一部だけで，母集団すべての標本を完全に知ることはできません．この制約はビッグデータであろうがスモールデータであろうが，私たちの知覚能力とメモリの限界によるものです[*3]．**図2.1**のように，測定のタイミングが変わればそれごとに母集団から異なった標本が得られます．統計学の目的の一つは，観測データの標本から母集団の性質を明らかにすることですが，測定のタイミングによって得られる標本も異なるのでは，母集団の性質を明らかにするのは難しそうです．

そこで仮想的に，標本から計算された統計量の期待値を計算することを考えましょう．つまり，何回も観測を繰り返して，それごとに異なった標本データを入手して統計量を計算し，それらの期待値を求めてみたと考えるのです．計算された統計量の期待値は，母集団の統計量，つまり母数と一致して欲しいわけですが，統計量によっては一致しないことがあり，これを偏りのある統計量とよびます．実はNで割る式で定義した標本分散s^2は偏りの

*3　無限の知覚能力と無限のメモリ，無限の計算能力を有する全能の神様のような存在がいれば，母集団についての情報もすべて知ることができるのかもしれません．いわゆるラプラスの悪魔ですが，ラプラスの悪魔は20世紀初頭の量子力学の不確定性原理により，存在が完全に否定されています．

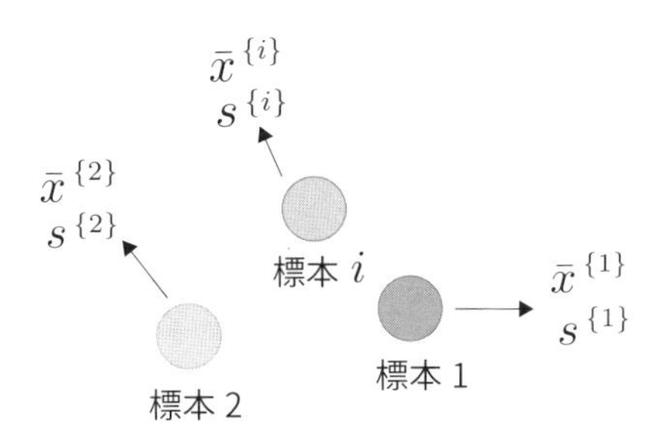

図 2.1 私たちは母集団全体を観測できないので，一部の標本を抽出して母集団の性質を推定します．しかし，測定のタイミングによって得られる標本は異なるため，抽出した標本ごとに平均や標準偏差なども変化します．

ある統計量となり，s^2 の期待値 $E[s^2]$ は母分散 σ^2 よりも小さくなることが知られています[*4]．具体的には

$$E[s^2] = \left(1 - \frac{1}{N}\right)\sigma^2 \tag{2.4}$$

となるので，標本分散を (2.2) 式のように $N-1$ で割ることで，標本分散 s^2 の期待値 $E[s^2]$ が母分散 σ^2 に等しくなるのです．この標本分散と母分散の関係については付録 A.1 で解説します．

または，次のように解釈もできます．分散の計算のためには平均値を用います．これは平均値，つまり N 個の標本の合計値が決定されていることを意味しますので，平均値がわかっていれば $N-1$ 個の標本から残り一つの標本を計算できます．このように，平均値を用いると N 個の標本をすべて自由に値を変化させられなくなり，自由に変化できる標本の個数[*5]は $N-1$ 個となります．したがって，分散を $N-1$ で割るのは自由度を考慮しているともいえます．

標本から計算した統計量の期待値が母数と一致するとき，不偏推定量とよびます．(2.2) 式は母分散の不偏推定量となるので，不偏分散といいます．

統計学においては，統計量に有していてほしい性質があり，それを有しているかは重大な問題ですが，AI の学習ではそこまで気にされることはない

*4 $E[x]$ は x の期待値という意味です．

*5 自由に動ける標本やパラメータの個数を，統計学では自由度（degree of freedom）とよび，しばしば df と略されます．

ようです．深層学習の勉強をしていて，不偏推定量などの議論を見かけることはあまりないのではないでしょうか．実際に，データがビッグであれば，つまりNが大きな値であればNで割ろうが$N-1$で割ろうが，結果にほとんど影響しないでしょう．しかしながら，私たちが相手にしているのはデータはスモールなのです．この場合，Nで割るのと$N-1$で割るのでは，計算結果に差が生じかねません．不偏分散であるか否かは，些細なことに思われるかもしれませんが，スモールデータ解析においては常に気にしておきたいところです[*6]．

さて，先ほどあらかじめ測定値の単位は揃える，または無次元化するのが望ましいと説明しました．一般には，前処理として測定値の平均を0に中心化し，標準偏差を1にスケーリングするという操作をします．

$$\tilde{x} = \frac{x - \bar{x}}{s} \tag{2.5}$$

これを標準化とよびます[*7][*8]．元の測定値の単位を同じ単位の標準偏差で割っているので，標準化後の変数は無次元化されます．標準化のイメージを**図2.2**に示しました．

標準偏差を1にスケーリングしていると，異なる測定値の比較が容易になります．たとえば，温度の単位をK（ケルビン）だとすると室温では300 K程度ですが，1気圧は1 013 hPa（$\mathrm{h}=10^2$）と値のオーダーがまったく異なりますし，実験系によってはMPa（$\mathrm{M}=10^6$）などの単位も見かけます．このように，測定値のスケールがまったく異なると，どのように比較してよいかなかなか見当が付きませんが，測定値のスケールが揃っていれば比較は容易になります．

データを標準化したり，またはサンプルを元のスケールに戻すPythonプログラムを**プログラム2.1**に示します[*9]．

---

*6　プログラミング言語やライブラリによって，デフォルトで通常の分散を計算するのか不偏分散を計算するのかが違うので，注意が必要です．たとえばMATLABでの分散を求める関数`var()`はデフォルトで不偏分散を計算しますが，NumPyの`np.var()`で不偏分散を計算するには引数として`ddof=1`を指定する必要があります．Excelの場合，`VAR.P()`が通常の分散で，`VAR.S()`（Excel）が不偏分散です．

*7　標準化後の値のことを，z-スコアとよぶことがあります．

*8　受験でおなじみの偏差値は，標準化した点数を用いて定義されています．標準化した点数をxとすると，偏差値は$t=10x+50$となります．点数が正規分布していると仮定すると，偏差値60以上（あるいは40以下）は上位（下位）およそ16 %，偏差値70以上（あるいは30以下）は上位（下位）2.3 %になります．

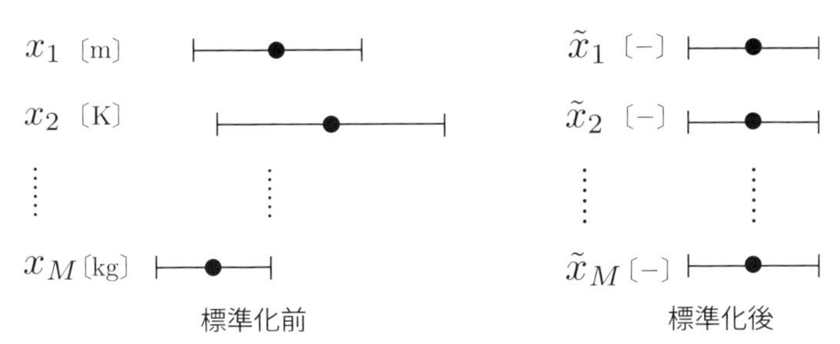

図 2.2 標準化のイメージ．•がそれぞれの変数の平均，バーの長さが標準偏差，〔m〕などは単位を表しています．標準化前は平均も標準偏差も単位もそれぞれの変数でばらばらですが，標準化をすると，すべての変数の平均と標準偏差が揃っており，また単位が無次元〔-〕になることがわかります．

プログラム 2.1 データの標準化（scale.py）

```
1  import numpy as np
2  
3  def autoscale(X):
4      """
5      データ行列を標準化します
6  
7      パラメータ
8      ----------
9      X: データ行列
10 
11     戻り値
12     -------
13     Xscale: 標準化後のデータ行列
14     meanX: 平均値ベクトル
15     stdX: 標準偏差ベクトル
16     """
17 
18     meanX = np.mean(X, axis = 0)
19     stdX = np.std(X, axis = 0, ddof = 1)
20     Xscale =  (X - meanX) / stdX
21     return Xscale, meanX, stdX
22 
23 
24 def scaling(x, meanX, stdX):
25     """
26     データ行列の平均と標準偏差からサンプルを標準化します
27 
```

*9　ここでは，標準偏差を np.std() で計算していますが，デフォルトでは N で割る標本分散に基づいた標準偏差であるため，$N-1$ で割る不偏分散に基づいた標準偏差を計算するために ddof=1 としなければならないことに注意が必要です．また，np.mean() と np.std() では axis=0 という指定がありますが，これは行方向で平均や標準偏差を計算するという意味です．この指定を外すと（または None）配列全体での平均や標準偏差が計算されます．

```
28      パラメータ
29      ----------
30      x: 標準化したいサンプル
31      meanX: 平均値ベクトル
32      stdX: 標準偏差ベクトル
33
34      戻り値
35      -------
36      xscale: 標準化後のサンプル
37      """
38
39      xscale = (x - meanX) / stdX
40      return xscale
41
42
43  def rescaling(xscale, meanX, stdX):
44      """
45      標準化されたサンプルを元のスケールに戻します
46
47      パラメータ
48      ----------
49      xscale: 標準化後のサンプル
50      meanX: 平均値ベクトル
51      stdX: 標準偏差ベクトル
52
53      戻り値
54      -------
55      x: 元のスケールのサンプル
56      """
57
58      x = np.multiply(stdX, xscale) + meanX
59      return x
```

実際に既存データ $\boldsymbol{X}$ を標準化し，さらに求めた $\boldsymbol{X}$ の平均や標準偏差から未知サンプル $\boldsymbol{x}$ を標準化してみましょう．最後に標準化されたサンプル $\tilde{\boldsymbol{x}}$ を元のスケールに戻します．

プログラム 2.2　データを標準化する

```
1   import numpy as np
2   import scale
3
4   # 既存データと未知サンプルをndarray型で定義します
5   X = np.array([[1, 2, 3],
6                 [4, 5, 6],
7                 [7, 8, 9]])
8
9   x = np.array([[10, 11, 12]])
10
11  # Xを標準化します
```

```
Xscale, meanX, stdX = scale.autoscale(X)
print(Xscale)

[[-1. -1. -1.]
[ 0.  0.  0.]
[ 1.  1.  1.]]

print(meanX)

[4. 5. 6.]

print(stdX)

[3. 3. 3.]

# 未知サンプルを標準化します
xscale = scale.scaling(x, meanX, stdX)
print(xscale)

[[2., 2., 2.]]

# 標準化したサンプルを元のスケールに戻します.
xrescale = scale.rescaling(xscale, meanX, stdX)
print(xrescale)

[[10., 11., 12.]]
```

機械学習においては必ずしも測定値の標準偏差を1にスケーリングする必要はなく，問題によってはほかの大きさにスケールした方がよい場合もあります．しかし，測定値の平均を0に中心化するのは，どの解析手法でもほぼ必須の操作だと思ってください．ともかく，データ解析の前には中心化するんだ，ということを覚えておきましょう．

2.2 共分散と相関関係

これまでは一つの変数についてのみ，つまり単変量について話をしてきました．ここからは，ある変数とその変数と何らかの関係を有する別の変数との関係，すなわち二変数間の関係について話を進めます．

図 2.3 は二変数 x，y の間の関係の例をいくつか図示したものです．左上の図は，おおよそ x が大きくなるにつれて y も大きくなるという比例関係があります．このように比例の関係のことを線形性といい，線形性の程度の大きさのことを相関とよびます．左上の図の場合は，x と y の間に正の相関関

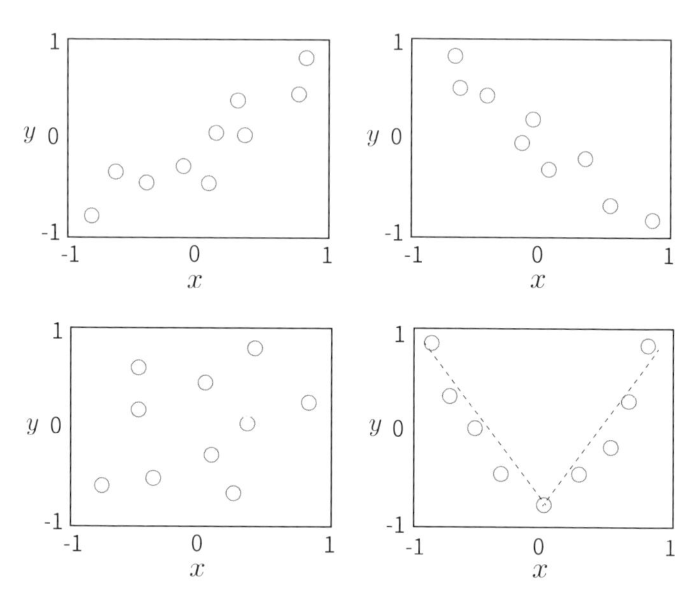

図 2.3　2変数x，yの関係の例：正の相関関係（左上），負の相関関係（右上），無相関（左下），非線形な関係（右下）．

係があるといいます．

右上はxが大きくなるにつれてyは逆に小さくなるので，これは負の相関関係とよばれます．ところが，左下の図はx，yの間に何か関係性は見られません．このとき，無相関であるといいます．右下の図はどうでしょうか．この図ではx，yはどうも二次関数のような関係にあるようです．確かにx，yはある関係をもって変動していますが，線形関係ではありませんので相関はなく，非線形関係であるといいます．ただし，この図の場合はxを正，負の左右で領域を分割したとすると，図中の点線のように二種類の相関関係があるようにも見えます．このようにx，yが何らかの関係に従って変動している場合，全体的には非線形であっても，局所的には線形関係として近似できる場合もあります．

二変数間の相関関係を定量化する指標として，共分散s_{xy}があります．

$$s_{xy} = \frac{1}{N-1}\sum_{n=1}^{N}(x_n - \bar{x})(y_n - \bar{y}) \tag{2.6}$$

xが大きくなるにつれてyも大きくなる，または小さくなるのであれば，それらの積の絶対値の平均は大きくなると期待されます．一方で，x，yの関係が無相関であれば，片方の値が大きくてももう片方の値は小さくなることもあるので，それらの積の平均も小さくなると考えられます．ただし，もともとのx，yの値が大きいと，あまり相関がなくとも共分散が大きくなってしまうため，相関関係の有無の判定が困難です．そこで，平均0・標準偏差1に標準化した変数$\tilde{x}$，$\tilde{y}$から共分散を計算します．

$$r_{xy} = \frac{1}{N-1}\sum_{n=1}^{N}\tilde{x}\tilde{y} \tag{2.7}$$

$$= \frac{1}{N-1}\sum_{n=1}^{N}\frac{(x_n-\bar{x})(y_n-\bar{y})}{\sqrt{\frac{1}{N-1}\sum_{n=1}^{N}(x_n-\bar{x})^2}\sqrt{\frac{1}{N-1}\sum_{n=1}^{N}(y_n-\bar{y})^2}} = \frac{s_{xy}}{s_x s_y} \tag{2.8}$$

この標準化した変数から計算した共分散を相関係数とよび，$-1 \leq r_{xy} \leq 1$となります．すなわち，r_{xy}が1に近い方ほどxとyは正の相関を有し，0に近いと無相関，そして-1に近いと負の相関となります．このように相関係数を計算すると，相関関係の有無の判定が容易となります．

ところで，(2.8)式を整理して，ベクトルで書き直すと相関係数r_{xy}は

$$r_{xy} = \frac{1}{N-1}\sum_{n=1}^{N}\tilde{x}\tilde{y} \tag{2.9}$$

$$= \frac{\sum_{n=1}^{N}(x_n-\bar{x})(y_n-\bar{y})}{\sqrt{\sum_{n=1}^{N}(x_n-\bar{x})^2}\sqrt{\sum_{n=1}^{N}(y_n-\bar{y})^2}} = \frac{\boldsymbol{x}^\top\boldsymbol{y}}{\|\boldsymbol{x}\|\|\boldsymbol{y}\|} = \cos\theta_{xy} \tag{2.10}$$

となり，余弦関数と等しくなります[*10]．ここで，θ_{xy}はベクトル$\boldsymbol{x}$と$\boldsymbol{y}$のなす角です．つまり，$r_{xy}=1$のとき$\theta_{xy}=0^\circ$で，$r_{xy}=0$のとき$\theta_{xy}=90^\circ$ですので，2変数に相関があるとき二つのベクトル$\boldsymbol{x}$と$\boldsymbol{y}$は同じ方向を向いており，無相関であれば二つのベクトルは直交していることになります．

どの程度の相関係数（の絶対値）があれば，二変数x，yの間で相関があるといってもよいのでしょうか？　たとえば，日経平均株価はその前日のダウ平均株価の動向に左右されることが多いです．前日にダウ平均株価が上昇す

*10　(2.10)式で登場した上付きの$\top$はベクトル・行列の転置です．また$\|\cdot\|$はベクトルのノルムを表しています．

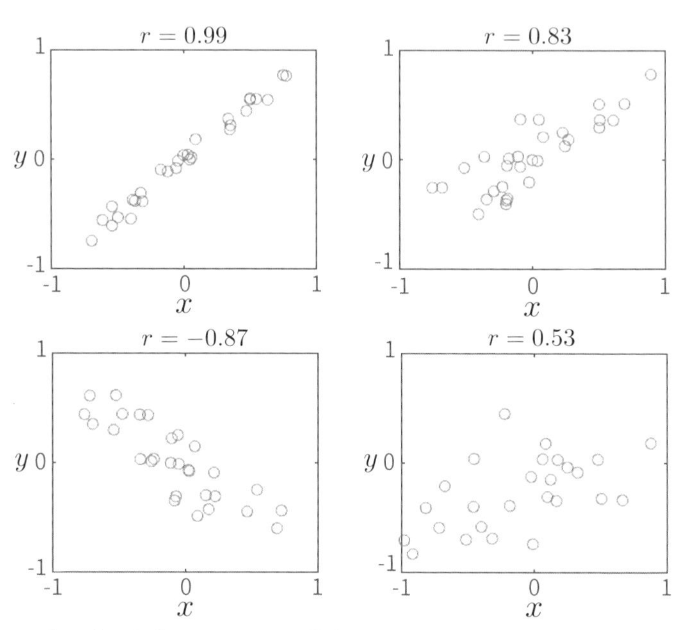

図 2.4　さまざまな相関係数のときのx，yの散布図の例．相関関係を確認するときは，必ず散布図をプロットして，目でチェックしましょう．

れば日経平均株価も上昇する傾向にありますので，株取引をしている人は前日のダウ平均株価の終値を気にすることも多いでしょう．実際に10年程度のスパンでみると，日経平均株価とダウ平均株価の相関係数は0.5〜0.6程度だそうです．

図 2.4はさまざまな相関係数を有するxとyの散布図です．左上は相関係数$r = 0.99$であり，x，yはほぼ綺麗な正の相関関係にあるといえます．右上の場合の相関係数は$r = 0.83$で，これも相関関係があるといってもよいでしょう．左下は負の相関関係がある例で，xが大きくなるほどyは小さくなっています．さて，問題は右下の例です．この散布図の場合，x，yの間の相関係数は$r = 0.53$です．相関係数の範囲は-1〜1ですので，相関係数が0.5以上あればxとyとの間に一定の相関はあるとみなしてもよいと感じるかもしれません．しかし右下の図だけを見たときにxとyとの間に相関があると思えるでしょうか．おそらく多くの方は相関係数の値を事前に知らない限り，この図については無相関または弱い相関ではないかと感じられるのではないかと思います．つまり，日経平均株価とその前日のダウ平均株価との

相関も，この程度なのです．売買の参考にはなるのでしょうが，ダウ平均株価以外からの影響も十分にあるわけです．

このように，相関係数の値だけ見ると相関があるように思えても，実際に散布図をプロットしてみると目視では相関らしい関係は見られない，という例は多々あります．相関係数だけで相関の有無を判断するのではなく，必ずデータをプロットしてご自身の目で相関関係を確認することをおすすめします．

2.3 相関関係≠因果関係

相関関係に類似の言葉として，因果関係というものがあります．相関関係とは単に変数間の線形性のことをいいますが，因果関係とは二つの出来事が原因と結果という関係で結びついていることを意味し，相関関係と因果関係は異なる概念です．相関関係があるだけでは二つの出来事の間に因果関係があるとは断定できず，せいぜい因果関係の前提としかいえません．

私たち人間の脳は，規則性が明確でなくともある出来事と別の出来事の間の関係性を想像しただけで，それらが因果的に結びついていると考える傾向を持っているようです．脳は情報処理の効率を上げるために，複雑な物事の因果について考える際にショートカットする回路が実装されているのかもしれません．**図 2.5** の例を見てみましょう．この図は，国ごとの国民ひとりあたりのチョコレート消費量とノーベル賞受賞者数との関係を示しています [6][*11]．

この図を見ると，チョコレートをたくさん食べる国の方が，人口当たりのノーベル賞受賞者数が多いということがわかります．すなわち，国民がチョコレートをたくさん食べると頭がよくなって，結果的にノーベル賞受賞者が増える，という算段になるわけです！ ……なんて，虫のいい話はありません．これはチョコレートの摂取が頭脳に影響しているのではなく，この図には表れてこない隠れた要因があるからです．

チョコレート消費量とノーベル賞受賞者数との関係には，背後に経済の問

*11　出典の詳細は引用文献を参照していただくとして，この例は The New England Journal of Medicine という世界で最も権威のある医学雑誌のコラムで紹介されました．

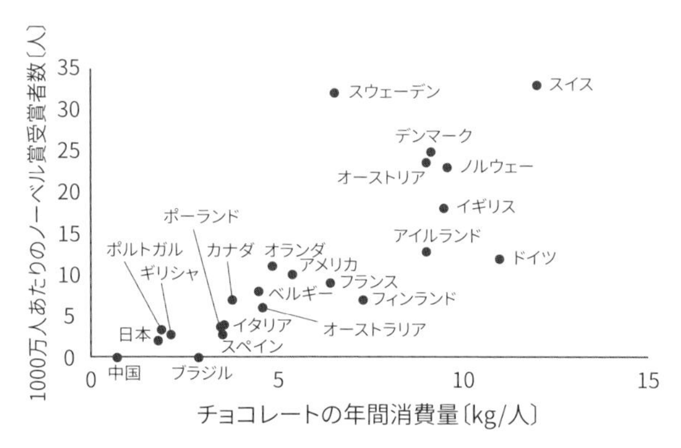

図 2.5　各国の国民ひとりあたりのチョコレート消費量と，人口当たりのノーベル賞受賞者数との関係．チョコレートをたくさん消費している国の方が，ノーベル賞もいっぱい獲得しているように見えます．［出典[6]］

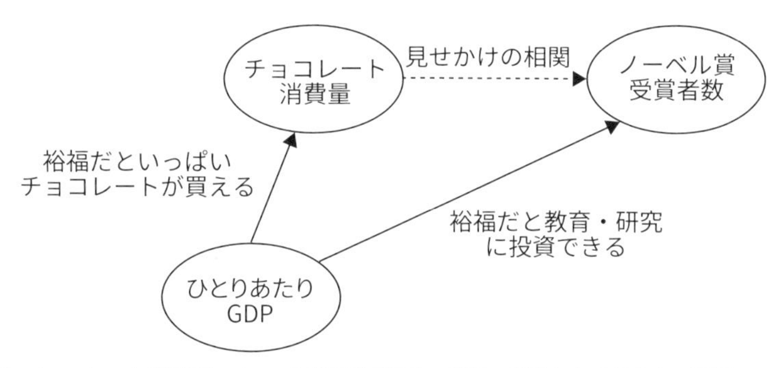

図 2.6　チョコレート消費量とノーベル賞受賞者数との関係の背後にある見えない要因．この例では，ひとりあたりのGDPが交絡因子となっています．

題があります．チョコレートは嗜好品で生活必需品ではありませんので，生活に余裕がないと大量に買うものではありません．つまり**図 2.6**にあるように，国民ひとりあたりのGDPが真の要因であり，裕福な国はチョコレートを大量に買えますし，裕福であるから教育や研究にそれだけ投資することができて，結果的にノーベル賞の受賞者が増えるというメカニズムがあります．

このように，二つの事象に因果関係がないのに，隠れた要因によって因果関係があるかのように見える現象を交絡とよび，交絡を発生させる隠れた要因を交絡因子といいます．また，交絡によって発生した見せかけの相関関係は，擬似相関とよばれます．

データだけでは，真に因果関係があるのか交絡しているのかを判断するのは困難で，ある程度，物理化学的，生理学的，または経済学的なメカニズムに基づく考察が必要です．少なくとも，次の三つの条件が成立しないと，イベントXがイベントYの原因であるとはいえません．

- XはYに先行して発生しなければならない．
- YはXが発生していないときは，発生してはならない．
- YはXが発生したら，必ず発生しなければならない．

これら三条件の一つでも成り立っていない場合は，擬似相関であることが多いです．

因果的推論の根本問題

物理的なメカニズムがわかっていればよいのですが，出来事からだけで真に因果関係があるかどうかを判定するには，反実仮想，つまり事実と反対のことについての情報が必要になります．

たとえば学生のテストの成績が悪いと，その原因として学生が勉強しなかったためであると推察することは容易ですが，これを証明するには，反事実として当該学生が同じ環境で同じテストを受けるが，勉強をしっかりしてきた場合とそうでない場合とで，二つの結果を比較しなければなりません．もしも，時間を巻き戻すことができれば，その学生に勉強させることを実際に試すことができ，二つの結果を比較することで因果関係を判定できるわけです．しかし，実際には時間を巻き戻すなんてことは不可能ですので，因果関係を知ることはできず，あくまで推測に留まります．これを因果的推論の根本問題とよびます [7]．

統計学ではこの問題の回避のために，個人間での比較をあきらめて，類似する集団での比較を行います．この比較対象とする集団のことをコホートとよび，コホートを用いた研究をコホート研究とよびます．実際に医学の世界では，生活習慣と疾患の発病の関係について調査するために，何十年も特定のコホートを追跡調査しています．たとえば，コーヒーを習慣的に飲む人と飲まない人では，どちらがより長生きしがちであるか，などを調査するために，コーヒーを習慣的に飲む人の集団と飲まない人の集団を長期間にわたり追跡して，予後を比較します．日本では，1961年に開始され今も継続している久山町研究が有名です*12．

我々が対象にしているデータはスモールであるため，入手できたデータには偏りがあると考える方が無難です．すると，ビッグなデータを集めて解析をすると無相関となる場合でも，データがスモールで偏っているがゆえにたまたま相関があるように見える，つまり擬似相関が発生することがあります．さきほど，データをプロットして目で相関関係を確認することをおすすめしましたが，相関関係があると思われた場合は，さらにそこからもう一歩進み，データの背後に存在するメカニズムを考察するようにしましょう．相関のあるデータであっても，先の三条件に加えてメカニズムの説明がつかないときは，因果関係の有無についてはいったん括弧に入れて考えるようにしましょう．

擬似相関を悪用すれば，簡単に嘘をつくこともできます．「世の中には3種類の嘘がある，嘘，大嘘，そして統計だ」*13というマーク・トウェイン*14の言葉は，データを扱う者であれば胸に刻むべきでしょう．

*12　http://www.hisayama.med.kyushu-u.ac.jp/

*13　There are three kinds of lies: lies, damned lies, and statistics.

*14　『トム・ソーヤーの冒険』や『ハックルベリー・フィンの冒険』などの作品で知られるアメリカの作家です．マーク・トウェインはこの言葉を19世紀のイギリスの首相ベンジャミン・ディズレーリのものとして紹介しました．

2.4 多変数間の相関関係

ここまでは二変数x，yの間の相関関係を扱ってきました．しかし，私たちが相手にするデータはスモールとはいえ高次元なことが多く，多変数の間でも相関関係は存在します．たとえば健康診断を考えると，身長や体重や血液検査などたくさんの項目があり，データとしては高次元です．しかし，特定の疾患の解析を考えると，その患者の数は10名に満たないということもあります．このような場合，この疾患のデータは，スモールですが高次元となります．

方程式

$$a_1x_1 + a_2x_2 + a_3x_3 = k \quad (a_1, a_2, a_3 \neq 0) \tag{2.11}$$

は3次元空間内における2次元のアフィン部分空間[*15]を示していますが，このような高次元での線形従属な拘束が多変数間の相関関係となります．このように高次元空間の中で，より低次元の空間にサンプルが拘束されているときに，変数間に相関関係があるといいます．実際はこれに測定ノイズなどが混入しているため，**図2.7**のように2次元平面の“周囲”にサンプルが分布することになります．

ただし，一つのデータセットが一つだけの相関関係を有しているとは限りません．一つのデータセットのなかに複数のグループが存在し，それぞれの

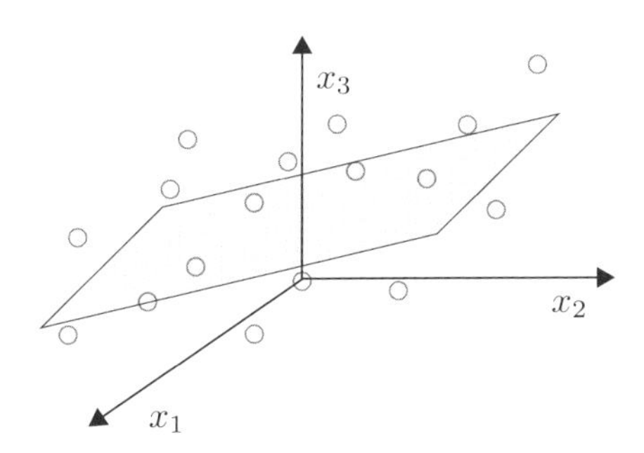

図2.7 3次元空間内で相関関係を有するデータの例．2次元平面がデータの有する相関関係を表していて，サンプルはこの平面の“周囲”に分布しています．サンプルが厳密にこの平面の上に位置しないのは，ノイズや変数間に存在する非線形関係のためだと考えられます．

*15 アフィン部分空間とは，部分空間を平行移動することによって得られる部分集合のことで，つまり原点を含まない平面のことです．(2.11) 式の場合，$k = 0$のとき部分空間となります．

グループで異なった相関関係を有している場合もあります．たとえば，生産プロセスなどで複数の工程にまたがって操業データを収集する場合，それぞれの工程で測定される変数がグループとなり，工程間で異なった相関関係を有していることがあります．このような異なった相関関係の異なる変数グループの扱いについては，第4章で触れます．

2.5 主成分分析（PCA）とは

多くの人から，身長と体重を聞いて収集したデータを散布図にしてみましょう．すると，背の高い人は体重も重くなりがちという正の相関関係があるので，およそ**図 2.8** のようなプロットになると思われます．この身長と体重の間の正の相関関係をどのように表現するかですが，これは図中の実線の矢印で表現することができます．このように，二変数の相関関係の有無は，相関係数を計算して散布図をプロットして目視で確認すればよいわけですが，高次元データ，つまり多変数であるときに目で確認するのは困難です．そこで，データから変数間の相関関係を抽出する方法が主成分分析（PCA）です．

PCAでは，データから**図 2.8** の実線の矢印を表す軸を抽出することができ，この軸のことを第1主成分とよびます．この第1主成分は，データの“特徴”を最もよく表現するように決められています．**図 2.8** の第1主成分は「身体の大きさ」を表しているとも考えられ，実際に「身体の大きさ」という軸で見ると，このデータの特徴はほとんど表現できているといえます．

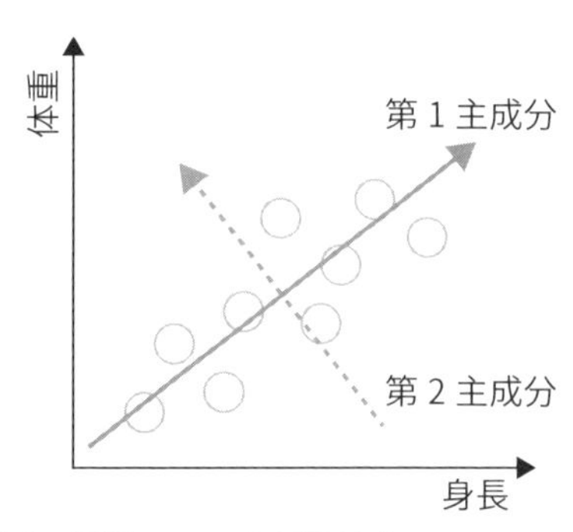

図 2.8　身長と体重の関係には正の相関関係があります．PCAではこのような相関関係を主成分という新たな軸として抽出できます．

さらにこの第1主成分と直交する方向に，もう一つ軸を設定しましょう．**図2.8**では破線の矢印となり，これを第2主成分とよびます．第2主成分では第1主成分では表現しきれなかったデータの特徴を表現していると考えられ，**図2.8**では肥満度のようなものを表していると考えられます．このように，データの“特徴”を表現する互いに直交する新たな主成分とよばれる軸を，学習データのみから作り出すのがPCAです．

第2主成分を無視して，第1主成分上の値だけでデータを表現すれば，もともと身長と体重という2次元のデータを1次元だけで表現できるため，PCAを用いることでデータの次元を削減できるようになります．データを主成分上で表現したときの値のことを主成分得点（スコア）とよび，主成分は互いに直交しているため，主成分得点は無相関となります[*16]．

図2.7の例は，3次元空間内で2次元空間の“周囲”にサンプルが分布していますが，PCAはデータからこの2次元空間を表現する主成分，つまりこの空間を張る基底を構成する方法だといってもよいでしょう．

2.6 データの特徴

PCAは，データの“特徴”を最もよく表現するように主成分を決める方法だと説明しました．では，データの“特徴”とはなんでしょうか？ ここでは，データの“特徴”のことをデータの情報量とよんでもよいかもしれません．情報という言葉も多義的ですが，この場合はデータの“ばらつき”のことを指します．たとえば，毎日，晴れていて気温もほぼ一定の地域に住む人には，外出時に傘を持っていくべきだろうかとか，今日はコートを着るべきだろうか，などの悩みを抱くことはないでしょう．天気予報さえ見る必要がありません．しかし，晴れの日もあれば曇りも雨の日もある，また気温の変化が大きな地域に住んでいると，毎日，傘を携帯すべきか服装はどうするかについて悩むことになり，天候は生活において重要なファクターとなります．このような変化，変動の大きさが情報量です．データがばらついているからこそ，それを知ることには意味があります．

---

*16　相関係数は，2ベクトル間の角度の余弦でしたので，直交する軸上のデータは相関係数が0，つまり無相関となります．

またはこう考えてもよいでしょう．ある実験をしていたとして，測定値が常に一定だったとします．このようなときは実験の背後にある物理化学的な現象に変化はないので，そこをあえて調べる意義はないでしょう．ところが測定値が大きく変動している場合，その背後の現象にも変化があるはずで，詳細に調査することで新しい発見につながる可能性があるかもしれません．

2.1 節で説明したように，データの“ばらつき”を表す指標として分散がありました．つまり，主成分得点の分散が最大となるように主成分，つまり新しい軸を決定すればよいことになります．ここまでの説明をまとめると

- PCA とは，データの特徴を最もよく表現するように新しく直交する軸を作り出す方法です．
- データの特徴（情報量）とは，ここではデータのばらつきのことです．
- データのばらつきの指標として分散があり，PCA では分散が最大となるように新しい軸を作ります．

となります．

2.7 第1主成分の導出

では，第1主成分から求めてみましょう．いま，M個の測定値（変数）があり，n回目の測定で得られたサンプルを$\boldsymbol{x}_n = [x_{n,1}, \ldots, x_{n,M}]^\top \in \mathbb{R}^M$とします．これを$N$個，行として並べたデータ行列$\boldsymbol{X} \in \mathbb{R}^{N \times M}$を

$$\boldsymbol{X} = \begin{bmatrix} x_{1,1} & x_{1,2} & \cdots & x_{1,M} \\ x_{2,1} & x_{2,2} & \cdots & x_{2,M} \\ \vdots & \vdots & \ddots & \vdots \\ x_{N,1} & x_{N,2} & \cdots & x_{N,M} \end{bmatrix} \tag{2.12}$$

とします*17．ただし，$\boldsymbol{X}$は各列で平均0に中心化されているとします．

$\boldsymbol{X}$の第1主成分を表すベクトルを$\boldsymbol{p}_1 = [p_{1,1}, \ldots, p_{M,1}]^\top \in \mathbb{R}^M$とし，このベクトルをローディング（負荷量）ベクトルとよびます．後で理由を説明しますが，ローディングベクトルのノルムは，$\|\boldsymbol{p}_1\| = 1$と制約します．このとき，$\boldsymbol{p}_1$上の$\boldsymbol{x}_n$の主成分得点$t_{n,1}$は，**図2.9**より$\boldsymbol{x}_n$の$\boldsymbol{p}_1$への射影なので

$$t_{n,1} = \|\boldsymbol{x}_n\| \cos\theta = \|\boldsymbol{x}_n\| \frac{\boldsymbol{x}_n^\top \boldsymbol{p}_1}{\|\boldsymbol{x}_n\| \|\boldsymbol{p}_1\|} = \boldsymbol{x}_n^\top \boldsymbol{p}_1 \tag{2.13}$$

と$\boldsymbol{x}_n$と$\boldsymbol{p}_1$の内積となります．

サンプルは全部でN個あるので，主成分得点もN個あります．これらN

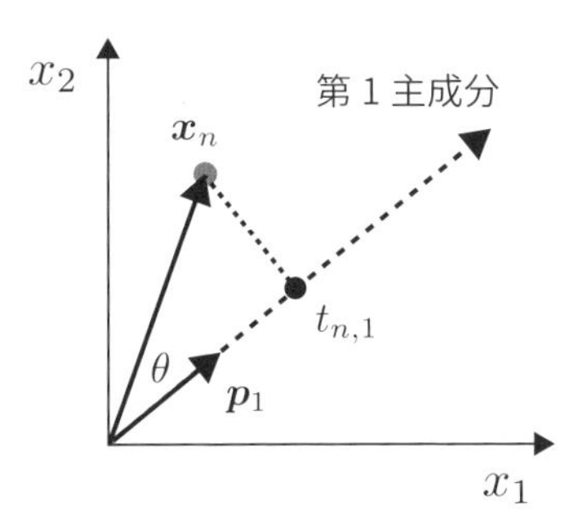

図2.9　主成分得点$t_{n,1}$はサンプル$\boldsymbol{x}_n$のローディング$\boldsymbol{p}_1$への射影となります．

---

*17　$\boldsymbol{X} \in \mathbb{R}^{N \times M}$という表記は行列$\boldsymbol{X}$の要素の種類とサイズを示しています．$\mathbb{R}$は行列の要素が実数であること，$\mathbb{R}$の上付き文字である$N \times M$は，行列のサイズが$N$行$M$列であることを表しています．また，$\boldsymbol{x}_n \in \mathbb{R}^M$は$M$次元列ベクトルを意味します（本書では特に明示しない限り，ベクトルは列（縦）で並べるものとします）．

個の主成分得点$\boldsymbol{t}_1 = [t_{1,1}, \ldots, t_{N,1}]^\top \in \mathbb{R}^N$をまとめて書くと

$$\begin{bmatrix} t_{1,1} \\ t_{2,1} \\ \vdots \\ t_{N,1} \end{bmatrix} = \begin{bmatrix} x_{1,1} & x_{1,2} & \cdots & x_{1,M} \\ x_{2,1} & x_{2,2} & \cdots & x_{2,M} \\ \vdots & \vdots & \ddots & \vdots \\ x_{N,1} & x_{N,2} & \cdots & x_{N,M} \end{bmatrix} \begin{bmatrix} p_{1,1} \\ p_{2,1} \\ \vdots \\ p_{M,1} \end{bmatrix} \tag{2.14}$$

なので，ベクトルと行列で表記すると

$$\boldsymbol{t}_1 = \boldsymbol{X}\boldsymbol{p}_1 \tag{2.15}$$

と書けます．次に，主成分得点$\boldsymbol{t}_1$の分散$s_{t_1}^2$ですが，データが平均0に中心化されているので，$\boldsymbol{t}_1$も平均0になっていることを注意すると

$$\begin{aligned} s_{t_1}^2 &= \frac{1}{N-1}\sum_{n=1}^{N} t_{n1}^2 = \frac{1}{N-1}\boldsymbol{t}_1^\top \boldsymbol{t}_1 \\ &= \frac{1}{N-1}(\boldsymbol{X}\boldsymbol{p}_1)^\top(\boldsymbol{X}\boldsymbol{p}_1) = \frac{1}{N-1}\boldsymbol{p}_1^\top \boldsymbol{X}^\top \boldsymbol{X}\boldsymbol{p}_1 \\ &= \boldsymbol{p}_1^\top \boldsymbol{V}\boldsymbol{p}_1 \end{aligned} \tag{2.16}$$

となります[*18]，ここで行列$\boldsymbol{V} \in \mathbb{R}^{M\times M}$は

$$\boldsymbol{V} = \frac{1}{N-1}\boldsymbol{X}^\top \boldsymbol{X} \tag{2.17}$$

です．この$\boldsymbol{V}$のi番目の対角成分はi番目の変数の分散s_i^2であり，(i,j)成分$(i \neq j)$はi番目とj番目の変数の共分散$s_{i,j}$となっていますので，$\boldsymbol{V}$を共分散行列とよびます[*19]．

共分散行列$\boldsymbol{V}$は(2.17)式より対称行列，つまり$\boldsymbol{V} = \boldsymbol{V}^\top$です．$\boldsymbol{V}$は対称行列であることから，その固有値はすべて実数となる性質があります[*20]．さらに分散s_{t_1}は非負ですから，$s_{t_1} = \boldsymbol{p}_1^\top \boldsymbol{V}\boldsymbol{p}_1 \geq 0$であり，$\boldsymbol{V}$は半正定値行列であることがわかります[*21]．共分散行列の性質はシンプルではありますが，

---

*18　公式$(\boldsymbol{AB})^\top = \boldsymbol{B}^\top \boldsymbol{A}^\top$を使いました．

*19　データ行列$\boldsymbol{X}$の各列が平均0，分散1に標準化されている場合は，$\boldsymbol{V}$の対角成分はすべて1で，非対角成分は相関係数$r_{i,j}$となるので，$\boldsymbol{V}$を相関行列とよびます．

*20　固有値については，コラムで解説しました．

*21　半正定値行列，または非負定値行列とは，任意のベクトル$\boldsymbol{x}$について，常に二次形式が$\boldsymbol{x}^\top \boldsymbol{A}\boldsymbol{x} \geq 0$となる行列$\boldsymbol{A}$のことです．半正定値行列はいろいろな性質を有していますが，ここではその固有値が非負の実数であることを覚えておけばよいでしょう．なお，$\boldsymbol{A}$が半正定値行列であることを$\boldsymbol{A} \succeq 0$と表現することがあります．

データを扱うさまざまな分野に登場する重要な行列の一つです.

2.6 節で説明したようにローディングベクトル $\boldsymbol{p}_1$ は，主成分得点 $\boldsymbol{t}_1$ の持つ情報量，つまり $\boldsymbol{t}_1$ の分散 $s_{t_1}^2$ を最大とするように決定します．これは $\boldsymbol{p}_1$ についての最大化問題となります．ただし，$\boldsymbol{p}_1$ のノルムを大きくすれば，分散 $s_{t_1}^2$ はいくらでも大きくできるため，これでは最大化問題として意味をなしません．そこで先ほども述べましたが，$\boldsymbol{p}_1$ について $\|\boldsymbol{p}_1\| = 1$，つまり正規ベクトルであるという条件が必要になります．したがって，主成分得点 $\boldsymbol{t}_1$ の分散 $s_{t_1}^2 = \boldsymbol{p}_1^\top \boldsymbol{V} \boldsymbol{p}_1$ を制約条件 $\|\boldsymbol{p}_1\|^2 = \boldsymbol{p}_1^\top \boldsymbol{p}_1 = 1$ の下で最大化します.

これは制約付き極値問題であり，ラグランジュの未定乗数法を用いて解析的に解くことができます．ラグランジュの未定乗数法についてはコラムにて解説しますが，制約条件に対してある変数（ラグランジュ乗数といいます）を用意して．これらを係数とした線形結合を新しい関数として考えることで，制約付き極値問題を普通の極値問題として解くことができる，という方法です.

本問題のラグランジュの未定乗数法による目的関数 J_1 は

$$J_1 = \boldsymbol{p}_1^\top \boldsymbol{V} \boldsymbol{p}_1 - \lambda \left(\boldsymbol{p}_1^\top \boldsymbol{p}_1 - 1\right) \tag{2.18}$$

と書けます．ここで，λ はラグランジュ乗数です．J_1 を $\boldsymbol{p}_1$ で偏微分して[*22]，$\boldsymbol{0}$ とおくと

$$\frac{\partial J_1}{\partial \boldsymbol{p}_1} = 2\boldsymbol{V} \boldsymbol{p}_1 - 2\lambda \boldsymbol{p}_1 = \boldsymbol{0} \tag{2.19}$$

です．これを整理すると，最終的にローディングベクトル $\boldsymbol{p}_1$ の条件式は

$$\boldsymbol{V} \boldsymbol{p}_1 = \lambda \boldsymbol{p}_1 \tag{2.20}$$

となることがわかりました

この条件 (2.20) 式は行列の固有値問題なので，$\boldsymbol{V}$ の固有値が λ，ローディングベクトル $\boldsymbol{p}_1$ が固有ベクトルになることがわかります．しかし，$\boldsymbol{V}$ は M 次正方行列であるため，その固有値は重複を含めて M 個存在しますから，それに対応する固有ベクトルも M 個あります．この M 個の固有ベクトルのうち，どれが第 1 主成分のローディングベクトル $\boldsymbol{p}_1$ に該当するのでしょうか.

$\boldsymbol{p}_1$ は主成分得点 $\boldsymbol{t}_1$ の分散 $s_{t_1}^2$ を最大にするベクトルでした．そこで，実際

*22 ベクトルの微分については，コラムを参照してください.

に$s_{t_1}^2$を求めてみます．(2.20)式を用いると

$$s_{t_1}^2 = \boldsymbol{p}_1^\top \boldsymbol{V} \boldsymbol{p}_1 = \boldsymbol{p}_1^\top \lambda \boldsymbol{p}_1 \tag{2.21}$$

$$= \lambda \boldsymbol{p}_1^\top \boldsymbol{p}_1 = \lambda \tag{2.22}$$

となり，主成分得点の分散が固有値λとなります*23.

第1主成分は主成分得点の分散を最大にするように決定するので，$\boldsymbol{V}$の最大固有値が主成分得点$\boldsymbol{t}_1$の分散$s_{t_1}^2$とならなければなりません．したがって，第1主成分のローディングベクトル$\boldsymbol{p}_1$は，$\boldsymbol{V}$の最大固有値に対応する固有ベクトルとなることがわかりました．

第1主成分の導出についての議論をまとめると

- 第1主成分のローディングベクトル$\boldsymbol{p}_1$は，主成分得点$\boldsymbol{t}_1$の分散$s_{t_1}^2$を最大とするように決定します．
- $\boldsymbol{p}_1$を求める問題は，データ行列$\boldsymbol{X}$の共分散行列$\boldsymbol{V}$の固有値問題に帰着します．
- $\boldsymbol{p}_1$は$\boldsymbol{V}$の最大固有値に対応する固有ベクトルになります．

となります．

ラグランジュの未定乗数法

ラグランジュの未定乗数法とは，制約条件の下での関数の極値問題を解析的に解く方法です．具体的には，それぞれの制約条件に対して未定乗数とよばれる定数を用意して，これらを係数とする線形結合を新しい関数として扱うことで，普通の極値問題として解くことができるという方法です．ここでは簡単のために2次元の場合で説明しましょう．

二変数x, yが拘束$g(x, y) = c$を満たすという条件において，関数$f(x, y)$を最大化（最小化）したいとします．cは与えられた定数です．このとき新しい変数λを用意して，関数$L(\lambda, x, y)$を

$$L(\lambda, x, y) = f(x, y) - \lambda g(x, y) \tag{2.23}$$

と定義します．ここでλをラグランジュの未定乗数，Lをラグランジュ関数とよびます．

*23　(2.22)式で，ローディングベクトルについての制約$\|\boldsymbol{p}_1\| = \boldsymbol{p}_1^\top \boldsymbol{p}_1 = 1$を使いました．

このとき，ある(x_0, y_0)において拘束$g(x_0, y_0) = c$を満たし，関数$f(x, y)$を最大化または最小化するならば，あるλ_0が存在して(λ_0, x_0, y_0)で

$$\frac{\partial L}{\partial x} = \frac{\partial L}{\partial y} = \frac{\partial L}{\partial \lambda} = 0 \tag{2.24}$$

が成り立ちます．

ラグランジュの未定乗数法は，機械学習だけではなく物理学でも頻出の方法ですが，この証明はやや厄介です．ここでは厳密な証明ではなく，**図 2.10**を眺めながら直感的な説明を試みることにします．

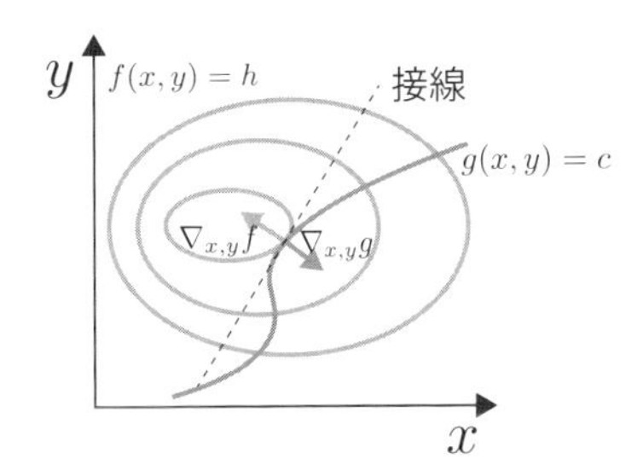

図 2.10 ラグランジュの未定乗数法の説明．拘束$g(x, y) = c$の下で$f(x, y)$が最大となるのは，等高線$f(x, y) = h$と$g(x, y) = c$の接線が平行になるときです．曲線は等高線を横切るとき，$f(x, y)$は増加するか減少することになります．

まず関数$f(x, y)$と$g(x, y)$についての勾配ベクトルを

$$\nabla_{x,y} f = \left[\frac{\partial f}{\partial x}, \frac{\partial f}{\partial y}\right], \nabla_{x,y} g = \left[\frac{\partial g}{\partial x}, \frac{\partial g}{\partial y}\right] \tag{2.25}$$

と定義します．**図 2.10**は$f(x, y)$の値を高さとしたときの山の等高線です．たとえば高さがhのときの等高線は$f(x, y) = h$です．さて，この山の斜面を任意の曲線$g(x, y) = c$に沿って移動することを考えます．すると，等高線を横切って移動する場合は高さが変化するので，$f(x, y)$は増加するか減少します．一方で，等高線に沿って斜面を移動するときは，高さは変化しないので$f(x, y)$も変化しません．

この曲線$g(x, y) = c$の上で高さが最大となる点を探したいわけですが，最も簡単な場合は曲線が山の頂点を通過する場合です．このとき$f(x, y)$の勾配ベクトルは$\nabla_{x,y} f = \mathbf{0}$です．$g(x, y)$が山の頂点を通過しない場合は，図を見るとこれは$g(x, y)$と接する等高線を探すことにほかなりません．そうでなければ，曲線は等高線を横切ることになり，$f(x, y)$は増加するか減少することになります．つまり，等高線$f(x, y) = h$と$g(x, y) = c$の接線は平行でなけ

ればなりません．接線ベクトルは勾配ベクトルと直交しますので，接線が平行であるとき，勾配ベクトルとパラメータλを用いて

$$\nabla_{x,y} f = \lambda \nabla_{x,y} g \tag{2.26}$$

となることがわかります．$\lambda = 0$のときは，$\nabla_{x,y} f = \mathbf{0}$なので，曲線が山の頂点を通過する場合も (2.26) 式に含まれています．

(2.26) 式を変形すると

$$\nabla_{x,y}(f - \lambda g) = \mathbf{0} \tag{2.27}$$

であるので，結局，$L(\lambda, x, y) = f(x, y) - \lambda g(x, y)$の極値を求めれば，$g(x, y) = c$を満たす条件の下で関数$f(x, y)$を最大化できることになります．

ベクトルの微分

PCAの導出ではベクトルの微分が出てきました．ベクトルの微分はこの後の章でも登場するので，ここで簡単に計算方法をまとめておきましょう．まず，ベクトルの微分の定義ですが，$f \in \mathbb{R}$，$\boldsymbol{x} \in \mathbb{R}^n$のとき

$$\frac{\partial f}{\partial \boldsymbol{x}} = \left[\frac{\partial f}{\partial x_1}, \quad \cdots \quad \frac{\partial f}{\partial x_i}, \quad \cdots \quad \frac{\partial f}{\partial x_n}\right]^\top \in \mathbb{R}^n \tag{2.28}$$

です．この定義より，$\boldsymbol{a} = [a_1, \ldots, a_n] \in \mathbb{R}^n$のとき

$$\frac{\partial}{\partial \boldsymbol{x}} \boldsymbol{a}^\top \boldsymbol{x} = \left[\frac{\partial(a_1 x_1 + \cdots + a_n x_n)}{\partial x_1}, \quad \cdots \quad \frac{\partial(a_1 x_1 + \cdots + a_n x_n)}{\partial x_n}\right]^\top \tag{2.29}$$

$$= [a_1, \ldots, a_n]^\top = \boldsymbol{a} \tag{2.30}$$

です．ベクトルの内積についての微分は係数ベクトルだけが得られますので，通常の微分と同じように計算できます．同様に考えると，$\partial(\boldsymbol{x}^\top \boldsymbol{x})/\partial \boldsymbol{x} = 2\boldsymbol{x}$であることは，すぐにわかるでしょう．

次に正方行列$\boldsymbol{A} \in \mathbb{R}^{n \times n}$の二次形式$\boldsymbol{x}^\top \boldsymbol{A} \boldsymbol{x}$について考えましょう．$\boldsymbol{x}^\top \boldsymbol{A} \boldsymbol{x}$を展開すると，その$(i, j)$成分は

$$(\boldsymbol{x}^\top \boldsymbol{A} \boldsymbol{x})_{\{i,j\}} = \sum_{i=1}^{n} \sum_{j=1}^{n} a_{i,j} x_i x_j \tag{2.31}$$

と表せます．ここで，$a_{i,j}$ は $\boldsymbol{A}$ の (i,j) 成分です．ここで $\boldsymbol{x}$ の第 k 成分 x_k についての微分を考えると

$$\frac{\partial}{\partial x_k}\boldsymbol{x}^\top \boldsymbol{A}\boldsymbol{x} = \sum_{j=1}^{n}\sum_{i=1}^{n} a_{ij}\left(\frac{\partial}{\partial x_k}x_i\right)x_j + \sum_{j=1}^{n}\sum_{i=1}^{n} a_{ij}x_i\frac{\partial}{\partial x_k}x_j \tag{2.32}$$

$$= \sum_{j=1}^{n} a_{kj}x_j + \sum_{i=1}^{n} a_{ik}x_i \tag{2.33}$$

が得られます．第1項は $\boldsymbol{A}\boldsymbol{x}$ の第 k 成分，第2項は $\boldsymbol{A}^\top\boldsymbol{x}$ の第 k 成分となっています．したがって，これをすべての成分で並べると

$$\frac{\partial}{\partial \boldsymbol{x}}\boldsymbol{x}^\top \boldsymbol{A}\boldsymbol{x} = (\boldsymbol{A}+\boldsymbol{A}^\top)\boldsymbol{x} \tag{2.34}$$

となります．特に，$\boldsymbol{A}$ が対称行列のとき，$\boldsymbol{A}^\top = \boldsymbol{A}$ ですので $\partial(\boldsymbol{x}^\top\boldsymbol{A}\boldsymbol{x})/\partial\boldsymbol{x} = 2\boldsymbol{A}\boldsymbol{x}$ です．

2.8 第 r 主成分の導出

第1主成分のローディングベクトル $\boldsymbol{p}_1$ は，主成分得点 $\boldsymbol{t}_1$ の分散 $s_{t_1}^2$ を最大にするように決めました．そうであれば第2主成分のローディングベクトル $\boldsymbol{p}_2$ は，主成分得点 $\boldsymbol{t}_2$ の分散 $s_{t_2}^2$ が2番目に大きくなるように決めるべきです．前節の考察から，$\boldsymbol{V}$ の2番目に大きな固有値に対応する固有ベクトルが $\boldsymbol{p}_2$ ではないかと，類推されます．さらに，$\boldsymbol{p}_2$ は $\boldsymbol{p}_1$ と直交するように，すなわち $\boldsymbol{p}_1^\top\boldsymbol{p}_2 = 0$ となるようにしなければなりません．これを一般的に考えてみましょう．

いま，第 $r-1$ 番目までのローディングベクトル $\boldsymbol{p}_i \in \mathbb{R}^M$ $(i=1,\ldots,r-1)$ はすべて固有値問題

$$\boldsymbol{V}\boldsymbol{p}_i = \lambda_i\boldsymbol{p}_i \tag{2.35}$$

の解であると仮定し，また $\boldsymbol{p}_i$ はすべて互いに正規直交しているとします．すなわち

$$\boldsymbol{p}_i^\top\boldsymbol{p}_j = \begin{cases} 1 & (i=j) \\ 0 & (i\neq j) \end{cases} \tag{2.36}$$

を仮定します．

これらの条件の下で，第r主成分の主成分得点$\boldsymbol{t}_r$の分散$s_{t_r}^2$を最大化してみます．さきほどと同様にラグランジュの未定乗数法を用いると，最大化すべき目的関数J_rは

$$J_r = \boldsymbol{p}_r^\top \boldsymbol{V} \boldsymbol{p}_r - \lambda_r \left(\boldsymbol{p}_r^\top \boldsymbol{p}_r - 1 \right) - \sum_{i=1}^{r-1} \mu_i \boldsymbol{p}_r^\top \boldsymbol{p}_i \tag{2.37}$$

です．第2項までは(2.18)式と同様で，λもラグランジュ乗数です．第3項は，$\boldsymbol{p}_r$は$r-1$番目までの$\boldsymbol{p}_i$と直交しなければならないという条件$\boldsymbol{p}_r^\top \boldsymbol{p}_i = 0 \ (i = 1, \ldots, r-1)$をまとめて書いたもので，$\mu_i \ (i = 1, \ldots, r-1)$はこれらの制約条件に対応するラグランジュ乗数です．

$\boldsymbol{p}_r$でJ_rを偏微分すると

$$\frac{\partial J_r}{\partial \boldsymbol{p}_r} = 2\boldsymbol{V}\boldsymbol{p}_r - 2\lambda_r \boldsymbol{p}_r - \sum_{i=1}^{r-1} \mu_i \boldsymbol{p}_i = \boldsymbol{0} \tag{2.38}$$

となりますが，$\boldsymbol{p}_j^\top$を左からかけると

$$2\boldsymbol{p}_j^\top \boldsymbol{V} \boldsymbol{p}_r - 2\lambda_r \boldsymbol{p}_j^\top \boldsymbol{p}_r - \sum_{i=1}^{r-1} \mu_i \boldsymbol{p}_j^\top \boldsymbol{p}_i = \boldsymbol{0} \tag{2.39}$$

となります．ここで，(2.36)式の条件を用いると，第2項は$\boldsymbol{p}_j^\top \boldsymbol{p}_r = 0$となり，第3項は$i = j$のときに限り$\boldsymbol{p}_j^\top \boldsymbol{p}_i = 1$，$i \neq j$では0になるため，$\mu_j$だけが残ります．したがって

$$\boldsymbol{p}_j^\top \boldsymbol{V} \boldsymbol{p}_r - \mu_j = 0 \quad (j = 1, \ldots, r-1) \tag{2.40}$$

です．ここで，固有値問題$\boldsymbol{V}\boldsymbol{p}_i = \lambda_i \boldsymbol{p}_i$が成り立つと仮定していたため，上式の第1項は

$$\boldsymbol{p}_j^\top \boldsymbol{V} \boldsymbol{p}_r = \boldsymbol{p}_r^\top \boldsymbol{V} \boldsymbol{p}_j = \boldsymbol{p}_r^\top \lambda_j \boldsymbol{p}_j = \lambda_j \boldsymbol{p}_r^\top \boldsymbol{p}_j = 0 \tag{2.41}$$

となり，最終的に

$$\mu_j = 0 \quad (j = 1, 2, \ldots, r-1) \tag{2.42}$$

でなければなりません．これを(2.38)式に適用すると

$$\boldsymbol{V}\boldsymbol{p}_r = \lambda_r \boldsymbol{p}_r \tag{2.43}$$

となり，再び固有値問題の式が得られました．つまり，第r主成分のローディングベクトル$\boldsymbol{p}_r$は，共分散行列$\boldsymbol{V}$のr番目に大きい固有値λ_rに対応する固有値ベクトルになることがわかりました．

これまでの考察より，第1主成分のローディングベクトル$\boldsymbol{p}_1$を求める問題は共分散行列$\boldsymbol{V}$の固有値問題であることを示しました．さらに第$r-1$主成分までのローディングベクトル$\boldsymbol{p}_j$ $(j=1,\ldots,r-1)$を求める問題は，やはり$\boldsymbol{V}$の固有値問題であるという仮定を用いて，第r主成分のローディングベクトル$\boldsymbol{p}_r$を求める問題も$\boldsymbol{V}$の固有値問題に帰着することを示しました．したがって数学的帰納法より，すべてのr $(\leq M)$において，ローディングベクトル$\boldsymbol{p}_r$を求める問題は，共分散行列$\boldsymbol{V}$の固有値問題であることが証明されたことになります．

ローディングベクトルの導出についてまとめると

- ローディングベクトル$\boldsymbol{p}_r$を求める問題は，共分散行列$\boldsymbol{V}$の固有値問題になります．
- r番目に大きな固有値λ_rに対応する固有ベクトルが，第r主成分のローディングベクトル$\boldsymbol{p}_r$です．

となります．

ローディングベクトル$\boldsymbol{p}_r (r=1,\ldots,R)$は，$N$次元空間の中で$R$次元部分空間の基底となりますが，このローディングベクトルの張る部分空間のことを，主成分の張る部分空間Πとよび，Πが測定変数間の相関関係を表現しています．

行列の固有値問題を解く関数は，ほとんどの数学ライブラリにあるため，PCAの実装は容易です．Pythonでは`numpy.linalg`モジュールに`eig()`という関数があります．MATLABでは標準関数として`eig()`が用意されています．ここでは，`numpy.linalg.eig()`を用いたPythonでのプログラム例を示しましょう[*24]．

なお，以降の本書のプログラム例では，必要に応じて**プログラム2.1**を用いて，データは既に標準化されているものとします．

---

*24 **プログラム2.3**の23行目で，@という演算子が使用されていますが，これは行列や配列の積です．これはPython 3.5以降で使用できるようになった演算子で，Numpyの`matmul`や`dot`などに該当します．

プログラム 2.3　固有値問題を用いたPCAのプログラム（pca.py）

```
import numpy as np

def pca(X):
    """
    固有値問題を用いて主成分分析を実行します．

    パラメータ
    ----------
    X: データ行列

    戻り値
    -------
    P: ローディング行列
    t: 主成分得点行列
    """

    # 共分散行列を計算します
    V = np.cov(X.T)
    # 共分散行列の固有値問題を解きます
    _, P = np.linalg.eig(V)

    # 主成分得点を計算します
    t = X @ P
    return P, t
```

行列の固有値・固有ベクトル

大学初年度の線形代数の講義の目標の一つは，固有値と固有ベクトルを理解することだといわれます．本書でも固有値・固有ベクトルが繰り返し登場しますので，簡単にまとめておきます．

固有値・固有ベクトルとは，行列の線形変換の特徴を表す指標で，線形変換によって写像されたあるベクトルが，写像される前のベクトルのスカラ倍になっているときの，そのベクトルと倍率のことです．つまり正方行列$\boldsymbol{A} \in \mathbb{R}^{n \times n}$について

$$\boldsymbol{A}\boldsymbol{u} = \lambda \boldsymbol{u} \tag{2.44}$$

となるスカラλとベクトル$\boldsymbol{u}(\boldsymbol{u} \neq \boldsymbol{0})$が存在するとき，$\lambda$を$\boldsymbol{A}$の固有値，$\boldsymbol{u}$を$\lambda$に対応する固有ベクトルとよびます．そして，固有値$\lambda$と固有ベクトル$\boldsymbol{u}$を求める問題を行列$\boldsymbol{A}$の固有値問題とよびます．

図は固有値と固有ベクトルのイメージです．通常，ベクトル$\boldsymbol{u}$を行列$\boldsymbol{A}$で線形変換すると**図 2.11**（左）のようにベクトルの向きも長さも変わるのですが，$\boldsymbol{u}$が固有ベクトルであると**図 2.11**（右）のように向きが変わらずに長さだけλ倍されます．

これは2次元の例ですが，3次元であれば**図 2.12**のような地球の自転を考えることができます[*25]．地球中心から地表にベクトルを向けたとしましょう．すると，地球が自転するとベクトルも一緒に回り，ベクトルの向きが変わります．ところが地球中心から北極または南極に向かう地軸上のベクトルは，地球が自転しても向きが変わることはありません．これが固有ベクトルです．さらに，地球が回転してもこのベクトルの長さは変わらないので，固有値は1です．

さて，(2.44) 式を書き直すと

$$(\lambda \boldsymbol{I} - \boldsymbol{A})\boldsymbol{u} = \boldsymbol{0} \tag{2.45}$$

となりますが，これは$\boldsymbol{u}$についての連立1次方程式です．これが非自明な解，つまり$\boldsymbol{u} = \boldsymbol{0}$以外の解を持つためには，係数行列$(\lambda \boldsymbol{I} - \boldsymbol{A})$の行列式が0でなければなりません[*26]．つまり

$$\det(\lambda \boldsymbol{I} - \boldsymbol{A}) = \boldsymbol{0} \tag{2.46}$$

であることが求められます．これはλのn次方程式で，固有方程式[*27]とよび

*25 回転も線形変換です！

*26 これは行列が正則であるか，ということに関係してきます．第3章のコラムも参照してください．

*27 特性方程式ともいいます．

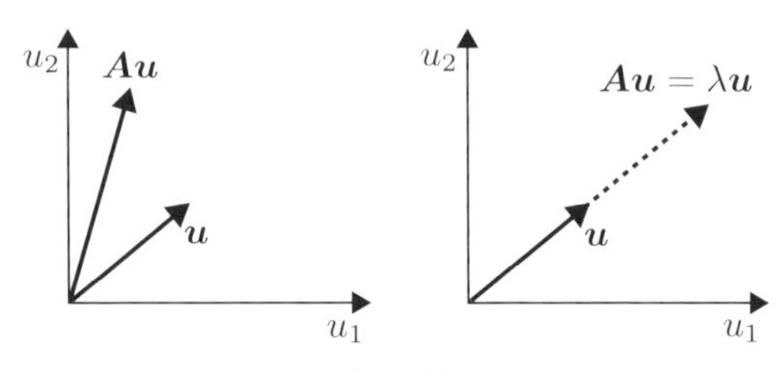

図 2.11　固有値と固有ベクトルのイメージ．通常はベクトル $\boldsymbol{u}$ を行列 $\boldsymbol{A}$ で線形変換するとベクトルの向きも長さも変わりますが（左），$\boldsymbol{u}$ が固有ベクトルのときは向きが変わらずに長さだけが λ 倍されます（右）．

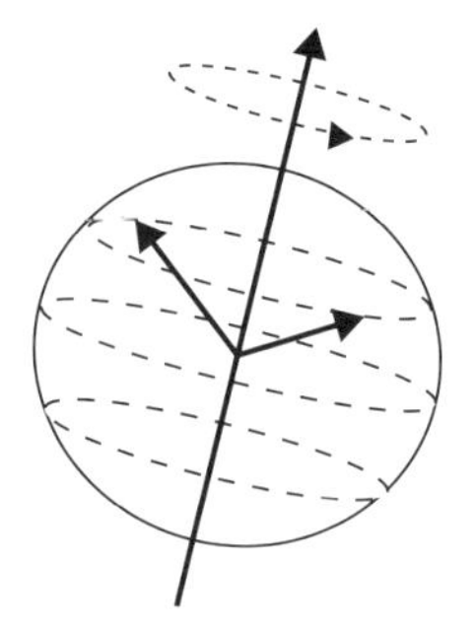

図 2.12　地球中心から地表に向けたベクトルは地球の自転とともに回転しますが，地軸は自転しても変化しません．つまり地軸は回転させても変化しないので，固有ベクトルです．

ます．この固有方程式は重複も含めて n 個の解 $\lambda_1, \lambda_2, \ldots, \lambda_n$ を持ち，この解が固有値となります．特に，行列 $\boldsymbol{A}$ が対称行列であるとき，固有値は必ず実数となり，固有値を異にする固有ベクトルは互いに直交するという重要な性質があります．

固有値問題は数学的には (2.44) 式の関係に過ぎず，固有ベクトルは線形変換で向きの変わらないベクトルのことだ，としかいえません．ところが，固有値問題は物理学や情報科学などのさまざまな場面で登場し，その意味付けはそれぞれの場面によって異なります．たとえば，Google の検索エンジンの基礎は PageRank というアルゴリズムですが [8]，PageRank も固有値問題の性質をうまく用いている例です．

PCA のローディングベクトルは共分散行列の固有ベクトルとなりますが，これは主成分得点の分散を最大とするような軸を求めた結果として，たまたま共分散行列の固有値問題に帰着したもので，ローディングベクトルが固有ベクトルであること自体には意味はありません．いいかえると，固有値問題はそれ自体は特定の意味を持たないからこそ，多くの応用があるとも考えられます．

2.9 PCAの数値例

PCAのイメージを掴むために，簡単な数値例を用いて主成分を計算してみましょう．ここでは2次元空間において**図 2.13**の四つのサンプルが得られたとしましょう．これらのサンプルをまとめると，データ行列$\boldsymbol{X} \in \mathbb{R}^{4\times 2}$は

$$\boldsymbol{X} = \begin{bmatrix} 2 & 2 \\ 1 & -1 \\ -1 & 1 \\ -2 & -2 \end{bmatrix} \tag{2.47}$$

となります．次に，共分散行列$\boldsymbol{V}$は

$$\boldsymbol{V} = \frac{1}{N-1}\boldsymbol{X}^\top \boldsymbol{X} = \frac{1}{3}\begin{bmatrix} 10 & 6 \\ 6 & 10 \end{bmatrix} \tag{2.48}$$

となります．ここで積和行列$\boldsymbol{X}^\top \boldsymbol{X}$の固有値問題は

$$\begin{bmatrix} 10 & 6 \\ 6 & 10 \end{bmatrix}\begin{bmatrix} p_1 \\ p_2 \end{bmatrix} = \lambda \begin{bmatrix} p_1 \\ p_2 \end{bmatrix} \tag{2.49}$$

となります．

これは二次正方行列の固有値問題なので，手計算でも解くことができます．この固有値問題の固有方程式は

$$\begin{vmatrix} 10-\lambda & 6 \\ 6 & 10-\lambda \end{vmatrix} = 0 \tag{2.50}$$

と書けるので，二次方程式に直して整理すると

$$(10-\lambda)(10-\lambda) - 36 = (\lambda - 16)(\lambda - 4) = 0 \tag{2.51}$$

です．つまり，第1主成分に対応する固有値は$\lambda_1 = 16$で，第2主成分に対応する固有値が$\lambda_2 = 4$です．(2.49)式に$\lambda_1 = 16$を代入して整理すると，

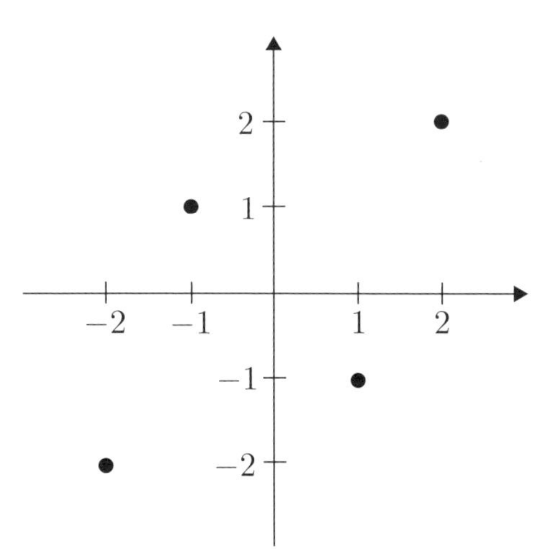

図 2.13　ここでは四つのサンプル $(2, 2)$，$(1, -1)$，$(-1, 1)$，$(-2, -2)$ が得られたとします．

第1主成分のローディングベクトル $\boldsymbol{p}_1$ の条件として

$$p_1 = p_2 \tag{2.52}$$

が得られます．ここでローディングベクトルのノルムについての条件 $\|\boldsymbol{p}_1\| = 1$ を用いると

$$\boldsymbol{p}_1 = \begin{bmatrix} \frac{1}{\sqrt{2}} \\ \frac{1}{\sqrt{2}} \end{bmatrix} \tag{2.53}$$

となりました．

同様にして，第2主成分に対応する固有値は $\lambda_2 = 4$ を用いると，第2主成分のローディングベクトル $\boldsymbol{p}_2$

$$\boldsymbol{p}_2 = \begin{bmatrix} \frac{1}{\sqrt{2}} \\ -\frac{1}{\sqrt{2}} \end{bmatrix} \tag{2.54}$$

となります．これらより，$\boldsymbol{p}_1^\top \boldsymbol{p}_2 = 0$ となり，確かに主成分は直交していることが確認できます．また，ローディングベクトルを用いると，主成分得点は

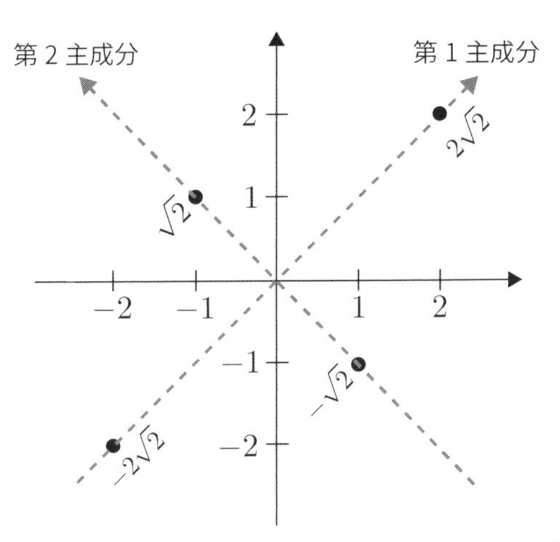

図 2.14 ローディングベクトルと主成分得点をプロットした結果．サンプルは移動せず，元の座標軸が反時計回りに 45° 回転したものが主成分になっています．

$$
\boldsymbol{t}_1 = \begin{bmatrix} 2\sqrt{2} \\ 0 \\ 0 \\ -2\sqrt{2} \end{bmatrix}, \ \boldsymbol{t}_2 = \begin{bmatrix} 0 \\ -\sqrt{2} \\ \sqrt{2} \\ 0 \end{bmatrix} \tag{2.55}
$$

となりました．

これら求めたローディングベクトルと主成分得点を**図 2.14**にプロットしてみました．点線の矢印が新たに得られた主成分です．このように図にしてみると，サンプルはまったく移動しておらず，もともとの座標軸が反時計回りに45° 回転したものが主成分になっていることがわかります．そのため，たとえばもともとの座標では$(2, 2)$であったサンプルは，主成分上では$(2\sqrt{2}, 0)$となっています．また，**図 2.14**より，確かに第1主成分はデータの分散を最大にする方向に向いていることも，視覚的に確認できるでしょう．

このように2次元で数値例を作って計算してみると，手法のイメージも把握しやすいです．実際の機械学習では高次元のデータを扱うため，なかなか手法のイメージを持つのは困難です．勉強していて何かに詰まったら，このように簡単な2次元の数値例を考えてみると，理解の助けになるでしょう．

先ほどのPCAのPythonプログラムpca()で，この数値例を計算してみましょう．

プログラム 2.4　PCAの数値例

```
import numpy as np
from pca import pca

data = [[2, 2], [1, -1], [-1, 1], [-2, -2]]
x = np.array(data)
P, T = pca(x)

print(P)
[[ 0.70710678 -0.70710678]
 [ 0.70710678  0.70710678]]
```

Pがローディング行列なので，これを確認すると

$$\boldsymbol{p}'_1 = \begin{bmatrix} 0.7071 \\ -0.7071 \end{bmatrix} \sim \begin{bmatrix} \frac{1}{\sqrt{2}} \\ -\frac{1}{\sqrt{2}} \end{bmatrix} \tag{2.56}$$

$$\boldsymbol{p}'_2 = \begin{bmatrix} 0.7071 \\ 0.7071 \end{bmatrix} \sim \begin{bmatrix} \frac{1}{\sqrt{2}} \\ \frac{1}{\sqrt{2}} \end{bmatrix} \tag{2.57}$$

であり，解析的に求めた結果と一致していることがわかります．

2.10 主成分数の決定

これまでPCAとはどのような手法か，またその導出方法について説明してきましたが，どのように主成分の数の決定すればよいか，という問題が残っています．PCAはデータの次元を削減する方法ですが，それぞれの主成分がオリジナルのデータをどの程度表現しているのか，あるいは何個の主成分を採用すればオリジナルのデータを十分に表現できるのかを考えなければなりません．この主成分数の決め方には明確な基準はなく，いくつかの考え方がありますが，ここではデータが含む情報量に基づいた方法を紹介します．

データの持つ情報量とは分散でした．そして，第r主成分の主成分得点$\boldsymbol{t}_r$の分散$s_{t_r}^2$は，共分散行列$\boldsymbol{V}$のr番目に大きい固有値λ_rです．したがって，第r主成分がデータ全体の分散に占める寄与率は

$$C_r = \frac{\lambda_r}{\sum_{r=1}^{M} \lambda_r} \tag{2.58}$$

で計算されます．そして，PCAでは持っている情報が大きい第1主成分から順に主成分を採用しますので，第1主成分から第R主成分までの累積寄与率は

$$A_R = \sum_{r=1}^{R} C_r = \frac{\sum_{r=1}^{R} \lambda_r}{\sum_{r=1}^{M} \lambda_r} \tag{2.59}$$

と表されます．この累積寄与率A_Rが，たとえば80％や90％以上となる主成分まで採用する，などの方法がしばしば用いられます．しかし，この80％や90％という数字には根拠がなく，あくまで目安程度だと思っておきましょう．

また，各変数の分散をあらかじめ1に標準化している場合には，元の変数が持つ分散よりも大きな分散を持つ主成分のみを採用するという考え方から，1以上の固有値に対応する主成分を採用するという基準が利用されることもありますが[*28]，これにもやはり根拠はありません．実際にはデータを眺めながら，試行錯誤で主成分数を決めることになることが多いでしょう．

2.11 PCAの行列表現

第r主成分の主成分得点ベクトル$\boldsymbol{t}_r \in \mathbb{R}^N$は，データ行列$\boldsymbol{X} \in \mathbb{R}^{N \times M}$とローディングベクトル$\boldsymbol{p}_r \in \mathbb{R}^M$を用いて

$$\boldsymbol{t}_r = \boldsymbol{X}\boldsymbol{p}_r \tag{2.60}$$

ですので，これをすべてのM個の主成分でまとめて書くと

$$\boldsymbol{T} = \boldsymbol{X}\boldsymbol{P} \tag{2.61}$$

となります．ここで$\boldsymbol{T} \in \mathbb{R}^{N \times M}$は主成分得点$\boldsymbol{t}_r (r = 1, \ldots, M)$を並べた主成分得点行列，$\boldsymbol{P} \in \mathbb{R}^{M \times M}$はローディングベクトル$\boldsymbol{p}_r$を並べたローディング行列です．$\boldsymbol{p}_r$は互いに直交するので，ローディング行列$\boldsymbol{P}$は直交行列となります．直交行列では$\boldsymbol{P}^{-1} = \boldsymbol{P}^\top$が成りたつので，(2.61)式の右から

*28 このような主成分の数の決め方をカイザー基準とよぶことがあります [9].

$\boldsymbol{P}^{-1}$をかけると

$$\boldsymbol{X} = \boldsymbol{T}\boldsymbol{P}^\top \tag{2.62}$$

となります．つまり，任意の行列$\boldsymbol{X}$はPCAによって，二つの行列$\boldsymbol{T}$と$\boldsymbol{P}$の積で表現できることになります．このように一つの行列を複数の行列の積で表現することを，行列分解とよびます．

第R主成分まで採用したとすると，行列$\boldsymbol{X}$は

$$\boldsymbol{X} = \boldsymbol{T}_R\boldsymbol{P}_R^\top + \boldsymbol{E} \tag{2.63}$$

と表現できます．なお，$\boldsymbol{T}_R \in \mathbb{R}^{N \times R}$と$\boldsymbol{P}_R \in \mathbb{R}^{M \times R}$は，それぞれ行列$\boldsymbol{T}$と$\boldsymbol{P}$の第$R$列までを取り出した行列です．$\boldsymbol{E} \in \mathbb{R}^{N \times M}$は残差行列で，採用しなかった第$R+1$主成分以降のマイナな主成分が持っていた，いわば情報の“絞りかす”です．この$\boldsymbol{E}$を無視すると

$$\tilde{\boldsymbol{X}} = \boldsymbol{T}_R\boldsymbol{P}_R^\top \tag{2.64}$$

となり，行列$\boldsymbol{X}$のランクRの近似表現が得られます．6.3節にて，今回採用しなかった第$R+1$主成分以降の情報の絞りかすである$\boldsymbol{E}$に，実は重要な使い途があることを示します．

行列のランク（階数）

行列$\boldsymbol{A}$のランクrank($\boldsymbol{A}$)とは，$\boldsymbol{A}$の列ベクトルもしくは行ベクトルのうち，線形独立なベクトルの最大個数のことで，行列の性質を表す指標の一つです．これはいいかえると，$\boldsymbol{A}$の列空間の次元，または行空間の次元のことです．列ベクトルおよび行ベクトルがすべて線形独立であるときフルランクであるとよび，列ベクトルおよび行ベクトルがすべて線形独立でない場合はランク落ちしていると表現することがあります．

行列$\boldsymbol{A} \in \mathbb{R}^{n \times n}$のランクが$\mathrm{rank}(\boldsymbol{A}) = r\ (\leq n)$のとき，$n$次元の線形空間$V$を$\boldsymbol{A}$で線形変換すると，その変換後の空間$W$の次元は$r$以下となります．また，線形空間$V$を$\boldsymbol{A}$で線形変換しても$n$次元が保持されているとき，非退化であるといいます．このとき$\boldsymbol{A}$はフルランク，つまり$\mathrm{rank}(\boldsymbol{A}) = n$です．このように，ランクとは線形変換において，空間の次元がどの程度縮小するかを表しています．

PCAの行列表現(2.64)式では，データ行列$\boldsymbol{X} \in \mathbb{R}^{N \times M}$を$R$個のローディングベクトル$\boldsymbol{P}_R \in \mathbb{R}^{M \times R}$ $(R \leq M)$で表現します．このとき$\mathrm{rank}(\boldsymbol{P}) = R$

なので，近似行列 $\tilde{\boldsymbol{X}}$ のランクは $\mathrm{rank}(\tilde{\boldsymbol{X}}) = R$ となります．このように行列を元のランクよりも低いランクで近似することを，低ランク表現とよびます．

行列のランクはPCAだけではなく線形代数では常に重要な概念であり，たとえば次章で登場する多重共線性とも密接に関わってきます．

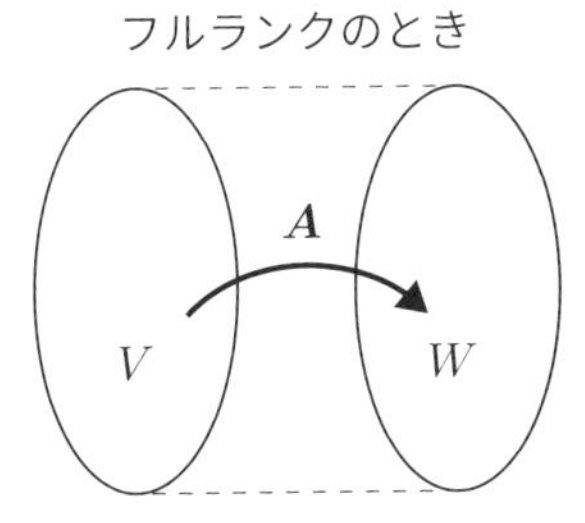

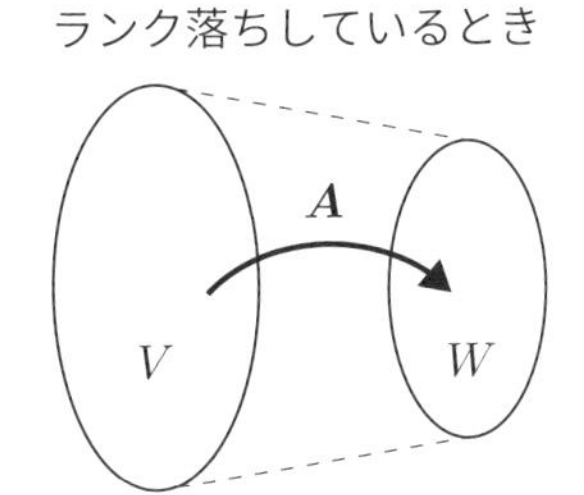

図 2.15 行列のランクは，その行列を用いて線形変換したときに変換元の空間の次元がどの程度縮小するかを表します．行列がフルランクのときは変換元の空間 V の次元は変換後の空間 W でも保持されますが（左），ランク落ちしていると W の次元は縮小します（右）．

2.12 PCAと特異値分解

前節で説明した行列分解には，PCA以外にもさまざまな種類があり，どれも応用上重要です．ここではPCAと関係の深い特異値分解について説明し，本章の締めとしましょう．

任意の行列 $\boldsymbol{X} \in \mathbb{R}^{N \times M}$ を考えましょう．このとき

$$\boldsymbol{X} = \boldsymbol{U}\boldsymbol{\Sigma}\boldsymbol{V}^{\top} \tag{2.65}$$

という形の分解が存在します．ここで，$\boldsymbol{U} \in \mathbb{R}^{N \times N}$ および $\boldsymbol{V} \in \mathbb{R}^{M \times M}$ は直交行列で，それぞれ左特異ベクトル，右特異ベクトルとよばれます．さらに $\boldsymbol{X}^{\top}\boldsymbol{X}$ の正の固有値の平方根 $\sigma_1 \geq \cdots \geq \sigma_q$ $(q = \min(N, M))$ が存在して，$\boldsymbol{\Sigma} \in \mathbb{R}^{N \times M} = \mathrm{diag}[\sigma_1, \ldots, \sigma_q]$ となります[*29]．$\sigma_1, \ldots, \sigma_q$ を行列 $\boldsymbol{X}$ の特異値，この分解のことを特異値分解（Singular Value Decomposition; SVD）とよびます．

*29 $\mathrm{diag}[a_1, \ldots, a_r]$ は，対角上に $a_1, \ldots, a_r$ の要素をもつ対角行列を意味します．

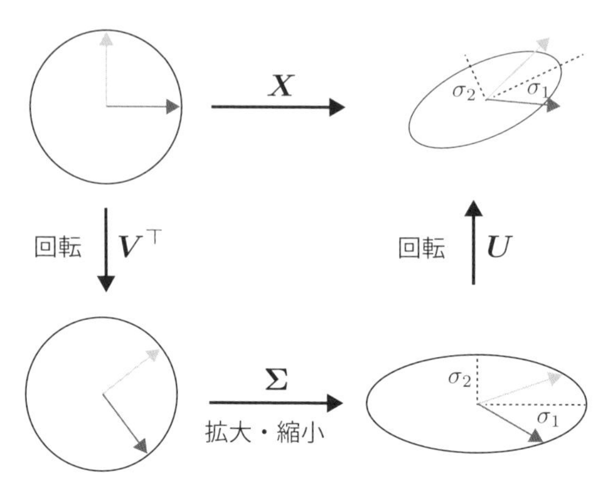

図 2.16　SVDの図示．X による線形写像は，$V^\top$ による回転，Σ による拡大・縮小，U による回転に分解されます．この図では単位円が Σ によって楕円に変形されていますが，楕円の長径と短径が特異値 σ_1，σ_2 に相当します．

SVDは，行列 X をベクトル v の線形写像 Xv とみたとき，その写像の性質を分解して表現したものだと考えることができます．U と V は直交行列で，直交行列は写像として回転を表します．Σ は対角行列であり，対角行列は v のそれぞれの要素を対応する対角成分で拡大・縮小させる作用があります．つまり，線形写像 Xv は，ベクトル v を U によって回転した後に，Σ で要素ごとに拡大・縮小して，再度 V によって回転する写像である，ということを意味しています．**図 2.16** にSVDによる写像のイメージを示します．

固有値分解は正方行列に対してのみ適用できるのに対して，特異値分解は任意の形の行列に適用できます．また，行列 $X^\top X$ が半正定値行列である場合，$X^\top X$ の固有値は実数で非負となりますが，このとき X の特異値は，積和行列 $X^\top X$ の正の固有値の平方根に一致します．PCAを導出する際に登場した共分散行列 V は半正定値行列でしたので，V を固有値分解した結果とデータ行列 X をSVDした結果は，一致することになります．

(2.65)式において，特異値を大きな順に R 個選択し，R 番目の以前と以降で分割すると

$$X = \begin{bmatrix} U_R & U_0 \end{bmatrix} \begin{bmatrix} \Sigma_R & 0 \\ 0 & \Sigma_0 \end{bmatrix} \begin{bmatrix} V_R & V_0 \end{bmatrix}^\top \tag{2.66}$$

となりますが，$R+1$ 番目以降を無視すると X の低ランク表現として

$$\tilde{\boldsymbol{X}} = \boldsymbol{U}_R \boldsymbol{\Sigma}_R \boldsymbol{V}_R^\top \tag{2.67}$$

が得られます．これをPCAによる低ランク表現(2.64)式 $\tilde{\boldsymbol{X}} = \boldsymbol{T}_R \boldsymbol{P}_R^\top$ と見比べると

$$\boldsymbol{P}_R = \boldsymbol{V}_R, \quad \boldsymbol{T}_R = \boldsymbol{U}_R \boldsymbol{\Sigma}_R \tag{2.68}$$

とすると，二つの式が一致します．したがって，PCAはSVDに他ならないということがわかります．

SVDを計算する関数は，固有値同様にほとんどの数学ライブラリにあるため，PCAの実装はどちらでも構いません．Pythonでは`numpy.linalg.svd()`という関数があります．MATLABでは標準関数として`svd()`が用意されています．SVDを用いたPythonでのPCAの実装例を**プログラム2.5**に示します．

プログラム2.5 SVDを用いたPCA（pca_svd.py）

```
import numpy as np

def pca_svd(X):
    """
    SVDを用いて主成分分析を実行します.

    パラメータ
    ----------
    X: データ行列

    戻り値
    -------
    P: ローディング行列
    t: 主成分得点行列
    """

    # 行列を特異値分解します
    _, _, P = np.linalg.svd(X)

    # 主成分得点を計算します
    t = X @ P.T
    return P, t
```

このプログラムで求めたローディングベクトルが2.9節の数値例の結果と一致することを確認してみてください[*30]．

実際に固有値問題とSVDのどちらを使うかについては，データ行列 $\boldsymbol{X} \in \mathbb{R}^{N \times M}$ のサイズを考慮して決めることをおすすめします．SVDの計

算量は$O(N^2) \sim O(N^3)$程度ですが，行列のサイズが大きくなるほど，つまりサンプル数Nが多くなるほど計算時間を要します．固有値分解の計算量も同様に$O(N^3)$程度ですが，PCAでは共分散行列$\boldsymbol{V} \in \mathbb{R}^{M \times M}$を固有値分解しますので，$N \gg M$であれば$\boldsymbol{X}$から直接特異値を求めるよりも，共分散行列$\boldsymbol{V}$を計算して固有値問題を解いた方が計算時間的に有利な場合が多いです．ただし，本書ではサンプル数Nが少ないスモールデータを相手にしていますので，実用上の差はほとんどないでしょう．

第2章のまとめ

本章では，変数間の相関関係とPCAについて説明しました．変数間の相関関係については，本書で説明するスモールデータ解析では，特に重要な意味を持ちます．変数間の相関関係についてのイメージをしっかりと持っていただくと，この後に登場する手法の理解も早いかと思います．また，相関関係を確認するには相関係数を計算するだけでは不十分で，必ず散布図をプロットしてみること，そして相関関係と因果関係は異なるもので，データに相関関係が確認できたからといって，そのまま因果関係もあると思い込むのは危険である，ということを肝に銘じておきましょう．

PCAは相関関係の抽出や次元削減などに，最もベーシックな方法です．PCAを使いこなせるようになると，さまざまなデータ解析の場面で役に立ちます．プログラムを書いてみたり例題を解いたりしてみて，自分の手を動かしながら学習を進めて，PCAをマスターしましょう．

*30　ここで求めたローディングベクトルの符号が，2.9節で求めた結果と反転していることがありますが，重要なのはローディングベクトルの方向なので，符号の反転は気にする必要がありません．

第3章 回帰分析と最小二乗法

回帰と分類（判別）は，データ解析の最も基本的なタスクの一つです．本章では，このうち回帰について取り上げます．回帰手法として，まず線形回帰分析について紹介し，最小二乗法とよばれる方法で回帰係数を推定できることを説明します．最小二乗法はシンプルでよい性質をいくつも持っていますが，多重共線性というたいへん困った問題も抱えており，いつも最小二乗法を適用できるわけではありません．そこで本章では，最小二乗法の問題点を回避できる方法をいくつか紹介し，特にデータがスモールである場合に威力を発揮する部分的最小二乗法（Partial Least Squares; PLS）を紹介します．PLSは強力な方法ですので，ぜひ，使いこなせるようになってください．

3.1 回帰分析とは

連続値の変数yと，連続値または離散値のxの間に，$y = f(x)$というモデルを当てはめることを回帰とよび，関数fをデータから決定することを学習といいます．このとき，yを出力変数，xを入力変数とよびます[*1]．

図3.1はバネにおもりを吊したときのバネの長さの変化を調べた実験のデータで，横軸xはおもりの重量，縦軸yはバネの長さの測定値になっています．このとき図中の直線は，おもりの重量とバネの長さについての関係を示しており

$$y = kx + y_0 \tag{3.1}$$

という式で表現されます．高校の物理を思い出すと，kがバネ定数〔N/m〕

*1　xとyのペアを，説明変数と目的変数，または独立変数と従属変数とよぶこともあります．本書では入力変数と出力変数で統一します．

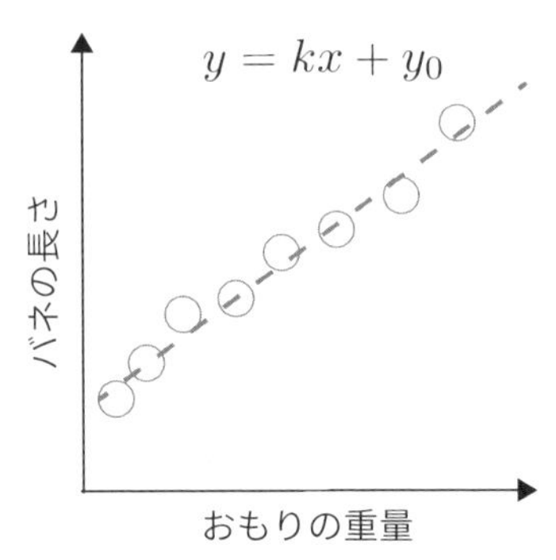

図 3.1　おもりの重量とバネの長さについての実験データ．理想的にはバネはおもりの重量に比例して伸びますが，現実には測定誤差などもあるため，実験データは完全に一直線にはなりません．

で y_0 がバネの自然長〔m〕です．これら k と y_0 をサンプルの組 $\mathcal{D} = \{x, y\}$ から決定する方法が回帰分析です．

この (3.1) 式のように，モデルとして線形式を考えるのが線形回帰分析です．また (3.1) 式は入力変数が一つしかありません．入力変数が一つのときを単回帰といい，入力変数が複数ある場合を重回帰とよびます．入力変数が $\boldsymbol{x} = [x_1, \ldots, x_M]^\top \in \mathbb{R}^M$ のときの重回帰モデルは

$$y = \beta_1 x_1 + \beta_2 x_2 + \cdots + \beta_M x_M + \beta_0 + \varepsilon \tag{3.2}$$

$$= \sum_{i=1}^{M} \beta_i x_i + \beta_0 + \varepsilon = \boldsymbol{\beta}^\top \boldsymbol{x} + \beta_0 + \varepsilon \tag{3.3}$$

と書けます．ここで，$\boldsymbol{\beta} = [\beta_1, \ldots, \beta_M]^\top \in \mathbb{R}^M$ は回帰係数，$\beta_0 \in \mathbb{R}$ は切片またはバイアスとよばれます．ε は誤差です．これら $\boldsymbol{\beta}$ と β_0 をデータから決定することを，重回帰分析（Multiple Linear Regression; MLR）とよびます．

3.2　最小二乗法

回帰分析のためには，入力側と出力側データ双方を準備しなければなりません．いま M 個の変数を測定していたとし，n 回目の測定で得られた入力変数を $\boldsymbol{x}_n = [x_{n,1}, \ldots, x_{n,M}]^\top \in \mathbb{R}^M$，これに対応する出力データを $y_n \in \mathbb{R}$ とします．$\boldsymbol{x}_n$ を N 個，行として並べた入力データ行列 $\boldsymbol{X} \in \mathbb{R}^{N \times M}$ を

$$\boldsymbol{X} = \begin{bmatrix} x_{1,1} & x_{1,2} & \cdots & x_{1,M} \\ x_{2,1} & x_{2,2} & \cdots & x_{2,M} \\ \vdots & \vdots & \ddots & \vdots \\ x_{N,1} & x_{N,2} & \cdots & x_{N,M} \end{bmatrix} \tag{3.4}$$

とし，y_n を N 個，列として並べた出力データベクトル $\boldsymbol{y} \in \mathbb{R}^N$ を

$$\boldsymbol{y} = \begin{bmatrix} y_1 \\ y_2 \\ \vdots \\ y_N \end{bmatrix} \tag{3.5}$$

とします．ただし，$\boldsymbol{X}$ は各列で平均0に中心化されているとします．同様に $\boldsymbol{y}$ も平均0に中心化されているとします．データが中心化されているとき，**図 3.2** のように回帰モデルは必ず原点を通ります．したがって，このときのモデルは

$$\boldsymbol{y} = \boldsymbol{X}\boldsymbol{\beta} + \boldsymbol{\varepsilon} \tag{3.6}$$

となり，バイアス β_0 を求める必要がなくなりますので，計算を少し簡単にできます．なお，このモデルでの $\boldsymbol{\beta}$ は，神様だけが知ることのできる“真の”回帰係数，つまり母集団全体のデータを利用できたときに計算できる回帰係数であり，私たちはこの $\boldsymbol{\beta}$ の推定値 $\hat{\boldsymbol{\beta}}$ を測定データ $\mathcal{D} = \{\boldsymbol{X}, \boldsymbol{y}\}$ から求めることになります．

さらに誤差ベクトル $\boldsymbol{\varepsilon}$ を無視したとすると，回帰モデルは

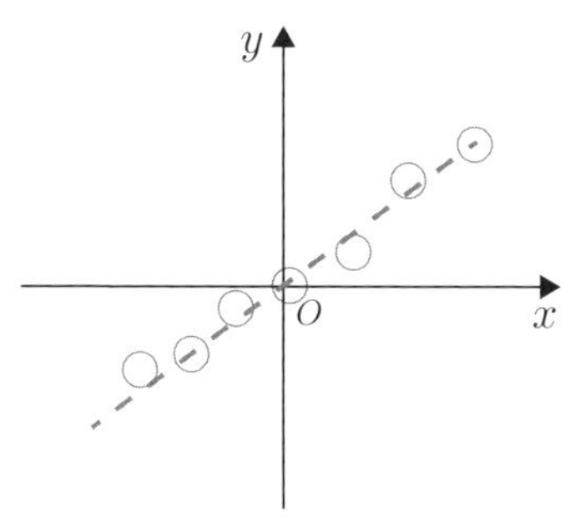

図 3.2 データを平均0に中心化した場合，回帰モデルは必ず原点を通るため，バイアスを求める必要がなくなります．

$$\hat{\boldsymbol{y}} = \boldsymbol{X}\boldsymbol{\beta} \tag{3.7}$$

と書けます．出力変数が $\hat{\boldsymbol{y}}$ となっていることに注意してください．(3.6) 式における誤差を無視したため，出力変数はオリジナルの $\boldsymbol{y}$ とは異なっています．そのために両者を区別するために，(3.7) 式では $\boldsymbol{y}$ を $\hat{\boldsymbol{y}}$ と書き直しました．

最小二乗法とは，このオリジナルの y と $\hat{y}$ との差 $\varepsilon_n = y_n - \hat{y}_n$ の残差二乗和（Residual Sum of Squares; RSS）を最小とするように回帰係数 $\boldsymbol{\beta}$ を推定するという方法です[*2]．RSSは

$$Q = \sum_{n=1}^{N}(y_n - \hat{y}_n)^2 = \|\boldsymbol{y} - \hat{\boldsymbol{y}}\|^2 \tag{3.8}$$

$$= (\boldsymbol{y} - \hat{\boldsymbol{y}})^\top(\boldsymbol{y} - \hat{\boldsymbol{y}}) \tag{3.9}$$

と書けます．この式に (3.7) 式を代入すると

$$Q = (\boldsymbol{y} - \hat{\boldsymbol{y}})^\top(\boldsymbol{y} - \hat{\boldsymbol{y}}) = (\boldsymbol{y} - \boldsymbol{X}\boldsymbol{\beta})^\top(\boldsymbol{y} - \boldsymbol{X}\boldsymbol{\beta}) \tag{3.10}$$

$$= \boldsymbol{y}^\top\boldsymbol{y} - \boldsymbol{y}\boldsymbol{X}\boldsymbol{\beta} - (\boldsymbol{X}\boldsymbol{\beta})^\top\boldsymbol{y} + (\boldsymbol{X}\boldsymbol{\beta})^\top\boldsymbol{X}\boldsymbol{\beta} \tag{3.11}$$

$$= \boldsymbol{y}^\top\boldsymbol{y} - \boldsymbol{y}\boldsymbol{X}\boldsymbol{\beta} - \boldsymbol{X}^\top\boldsymbol{\beta}^\top\boldsymbol{y} + \boldsymbol{X}^\top\boldsymbol{\beta}^\top\boldsymbol{X}\boldsymbol{\beta} \tag{3.12}$$

$$= \boldsymbol{y}^\top\boldsymbol{y} - 2\boldsymbol{y}^\top\boldsymbol{X}\boldsymbol{\beta} + \boldsymbol{\beta}^\top\boldsymbol{X}^\top\boldsymbol{X}\boldsymbol{\beta} \tag{3.13}$$

と変形できます[*3]．

これを最小化する $\boldsymbol{\beta}$ を求めたいので，(3.13) 式を $\boldsymbol{\beta}$ で偏微分して0とおくと

$$\frac{\partial Q}{\partial \boldsymbol{\beta}} = 2\boldsymbol{X}^\top\boldsymbol{X}\boldsymbol{\beta} - 2\boldsymbol{X}^\top\boldsymbol{y} = 0 \tag{3.14}$$

が得られます．整理するとRSSを最小とする回帰係数 $\boldsymbol{\beta}$ は，方程式

$$\boldsymbol{X}^\top\boldsymbol{X}\boldsymbol{\beta} = \boldsymbol{X}^\top\boldsymbol{y} \tag{3.15}$$

の解となることがわかります．この方程式には正規方程式という名前がついています．

積和行列 $\boldsymbol{X}^\top\boldsymbol{X}$ が正則であれば，逆行列 $(\boldsymbol{X}^\top\boldsymbol{X})^{-1}$ が存在するので，

---

*2　以下では，特に区別する必要がないときは，“真の”回帰係数もその推定値も $\boldsymbol{\beta}$ と表記します．

*3　(3.12) 式にて，公式 $(\boldsymbol{AB})^\top = \boldsymbol{B}^\top\boldsymbol{A}^\top$ を利用して，第3項を $\boldsymbol{X}^\top\boldsymbol{\beta}^\top\boldsymbol{y} = \boldsymbol{y}^\top\boldsymbol{X}\boldsymbol{\beta}$ と変形しました

$(\boldsymbol{X}^\top \boldsymbol{X})^{-1}$を両辺の左からかけると，回帰係数ベクトル$\boldsymbol{\beta}$は

$$\boldsymbol{\beta} = \left(\boldsymbol{X}^\top \boldsymbol{X}\right)^{-1} \boldsymbol{X}^\top \boldsymbol{y} \tag{3.16}$$

と解析的に求めることができました．この解を最小二乗解とよびます．

したがって，回帰係数ベクトル$\boldsymbol{\beta}$を用いて，未知の入力$\boldsymbol{x}$についての出力予測式は

$$\hat{y} = \boldsymbol{\beta}^\top \boldsymbol{x} \tag{3.17}$$

となります．回帰係数ベクトル$\boldsymbol{\beta}$を求めるプログラムと，求めた$\boldsymbol{\beta}$を用いて未知の入力$\boldsymbol{x}$の出力を予測するプログラムを，**プログラム 3.1** に示します．ただし，入力，出力データともに標準化されていることを前提とします．

プログラム 3.1　最小二乗法（linear_regression.py）

```
1  import numpy as np
2  
3  def least_squares(X, y):
4      """
5      最小二乗法を用いて回帰係数を計算します．
6  
7      パラメータ
8      ----------
9      X: 入力データ
10     y: 出力データ
11 
12     戻り値
13     -------
14     beta: 回帰係数
15     """
16 
17     # yをベクトル化します
18     y = y.reshape(-1, 1)
19 
20     # 正規方程式
21     beta = np.linalg.inv(X.T @ X) @ X.T @ y
22     return beta
23 
24 def ls_est(x, beta):
25     """
26     線形回帰モデルを用いて出力を予測します．
27 
28     パラメータ
29     ----------
30     x: 未知サンプル
31     beta: 回帰係数
32 
33     戻り値
```

```
34      -------
35      y_hat: 予測値
36      """
37
38      y_hat = beta.T @ x
39      return y_hat
```

では，簡単な数値例を解いてみましょう．出力データ$\boldsymbol{y}$が

$$\boldsymbol{y} = \begin{bmatrix} 0.25 \\ 0.08 \\ 1.03 \\ -1.37 \end{bmatrix} \tag{3.18}$$

のとき，これに対応する入力データ$\boldsymbol{X}$が

$$\boldsymbol{X}_1 = \begin{bmatrix} 0.01 & 0.50 & -0.12 \\ 0.97 & -0.63 & 0.02 \\ 0.41 & 1.15 & -1.17 \\ -1.38 & -1.02 & 1.27 \end{bmatrix} \tag{3.19}$$

とします．さらに，未知のサンプル

$$\boldsymbol{x} = [1\ 0.7\ \ -0.2]^\top \tag{3.20}$$

があったとし，これより出力を予測したいものとします．

まず，**プログラム 3.1** を用いて，入出力データの組$\{\boldsymbol{X}, \boldsymbol{y}\}$から回帰係数を学習します．次に，学習した回帰係数を用いて，未知サンプル$\boldsymbol{x}$から出力の予測値$\hat{y}$を計算します．

プログラム 3.2　最小二乗法の数値例

```
1   import numpy as np
2   from linear_regression import least_squares, ls_est
3
4   # データを定義します
5   X = np.array([[0.01, 0.50, -0.12],
6                 [0.97, -0.63, 0.02],
7                 [0.41, 1.15, -1.17],
8                 [-1.38, -1.02, 1.27]])
9
10  y = np.array([[0.25], [0.08], [1.03], [-1.37]])
11  x = na.array([1, 0.7, -0.2])
```

```
12
13    # 回帰係数を求めます.
14    beta = least_squares(X, y)
15    print(beta)
16
17    [[ 0.36347065]
18    [ 0.41624871]
19    [-0.34677593]]
20
21    # 未知サンプルから出力を予測します
22    y_hat = ls_est(x, beta)
23    print(y_hat)
24
25    [0.72419993]
```

3.3 回帰係数と相関係数

前節では，入力変数が複数ある重回帰における回帰係数を求めましたが，ここでは入力変数が一つである単回帰について考えてみましょう．この場合，入力データ行列 $\boldsymbol{X} \in \mathbb{R}^{N \times M}$ の列数 M が 1 となるので，入力データベクトル $\boldsymbol{x} \in \mathbb{R}^{N}$ となります．(3.16) 式の $\boldsymbol{X}$ を $\boldsymbol{x}$ に置き換えると

$$\beta = \left(\boldsymbol{x}^{\top}\boldsymbol{x}\right)^{-1} \boldsymbol{x}^{\top}\boldsymbol{y} = \frac{\boldsymbol{x}^{\top}\boldsymbol{y}}{\|\boldsymbol{x}\|^{2}} \tag{3.21}$$

となります．ここで，$\boldsymbol{x}$, $\boldsymbol{y}$ がともに平均 0・標準偏差 1 に標準化されていたとすると，分母は分散の定義より $\|\boldsymbol{x}\|^2 = (N-1)s^2 = N-1$，分子は (2.8) 式より，$x$ と y の間の相関係数 r_{xy} を用いて $(N-1)r_{xy}$ になることがわかります．つまり，$\beta = r_{xy}$ が成立します．

このように，単回帰であるとき入出力データがともに標準化されていると，回帰係数は相関係数と一致するということがわかります．最小二乗法は入出力変数間の相関関係に基づいた方法であることがわかります．

3.4 最小二乗法の幾何学的意味

最小二乗法における，誤差二乗和 RSS を最小とする，という操作はどのような意味があるのでしょうか．ここでは幾何学的に考えてみましょう．

回帰モデル (3.7) 式に，先ほど求めた回帰係数ベクトル $\boldsymbol{\beta}$ を代入すると

$$\hat{\boldsymbol{y}} = \boldsymbol{X}\left(\boldsymbol{X}^\top \boldsymbol{X}\right)^{-1} \boldsymbol{X}^\top \boldsymbol{y} = \boldsymbol{P}\boldsymbol{y} \tag{3.22}$$

が得られます．これは，出力データ$\boldsymbol{y}$を行列$\boldsymbol{P} = \boldsymbol{X}\left(\boldsymbol{X}^\top \boldsymbol{X}\right)^{-1} \boldsymbol{X}^\top$で写像した結果であるとみなすことができます．行列$\boldsymbol{P}$はどのような性質を持っているのでしょうか．

行列$\boldsymbol{P}$は対称な形をしていますので，$\boldsymbol{P}^\top = \boldsymbol{P}$，つまり対称行列です．また$\boldsymbol{P}^2$を計算してみると

$$\begin{aligned}
\boldsymbol{P}^2 &= \boldsymbol{P}\boldsymbol{P} && (3.23)\\
&= (\boldsymbol{X}\left(\boldsymbol{X}^\top \boldsymbol{X}\right)^{-1} \boldsymbol{X}^\top)(\boldsymbol{X}\left(\boldsymbol{X}^\top \boldsymbol{X}\right)^{-1} \boldsymbol{X}^\top) && (3.24)\\
&= \boldsymbol{X}\left(\boldsymbol{X}^\top \boldsymbol{X}\right)^{-1} (\boldsymbol{X}^\top \boldsymbol{X}) \left(\boldsymbol{X}^\top \boldsymbol{X}\right)^{-1} \boldsymbol{X}^\top && (3.25)\\
&= \boldsymbol{X}\left(\boldsymbol{X}^\top \boldsymbol{X}\right)^{-1} \boldsymbol{X}^\top = \boldsymbol{P} && (3.26)
\end{aligned}$$

と自分自身になります．このように対称行列かつ$\boldsymbol{P}^2 = \boldsymbol{P}$が成り立つ行列を射影行列とよびます．

射影行列には，$\boldsymbol{X}$の列空間[*4]$\mathrm{Im}\ \boldsymbol{X}$にベクトルを正射影するという性質があります．(3.22) 式は**図 3.3**のように，出力変数$\boldsymbol{y}$を$\mathrm{Im}\ \boldsymbol{X}$に正射影した先，つまり$\boldsymbol{y}$の垂線の足が$\hat{\boldsymbol{y}}$であるということを表しています．また，$\boldsymbol{y}$の$\mathrm{Im}\ \boldsymbol{X}$への射影の垂線が誤差$\varepsilon$になります．このとき，三平方の定理より$\|\boldsymbol{y}\|^2 = \|\hat{\boldsymbol{y}}\|^2 + \|\boldsymbol{\varepsilon}\|^2$が成り立っており，$\|\boldsymbol{\varepsilon}\|^2$が最小になります．

このように，最小二乗法とは$\boldsymbol{y}$から$\mathrm{Im}\ \boldsymbol{X}$への射影を求める操作であるといえます．

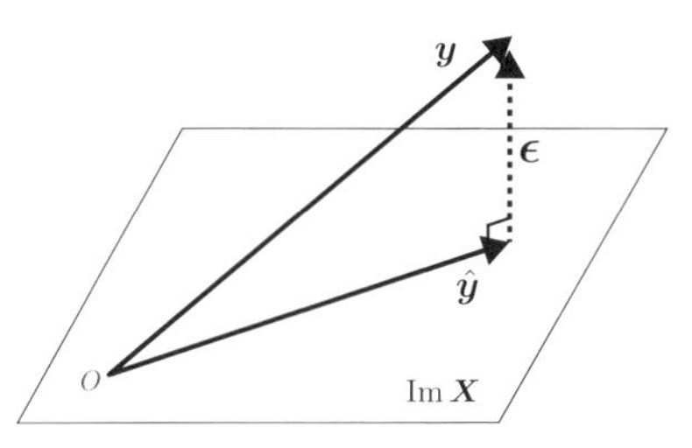

図 3.3　射影行列$\boldsymbol{P}$は，出力変数$\boldsymbol{y}$を入力$\boldsymbol{X}$の列空間に射影します．このときの垂線が誤差$\boldsymbol{\varepsilon}$です．

*4　列空間とは行列の列ベクトルを基底する空間，つまり列ベクトルの線形結合全体のことです．

3.5 ガウス–マルコフの定理

最小二乗法はシンプルながら，よい性質を持っています．それは誤差$\boldsymbol{\varepsilon}$が

- **仮定1**：$E[\boldsymbol{\varepsilon}] = \boldsymbol{0}$（誤差の平均は0）
- **仮定2**：$Cov[\boldsymbol{\varepsilon}] = \sigma^2 \boldsymbol{I}$（誤差は等分散・無相関）[*5]

を満たすとき，最小二乗法で求めた回帰係数（最小二乗推定量）は最良線形不偏推定量（Best Linear Unbiased Estimator; BLUE）になる，というものです．これをガウス–マルコフの定理とよびます．最良線形不偏推定量とはわかりにくい言葉ですので，この言葉を“線形”，“不偏”，そして“最良”に分解しながら説明しましょう．

まず“線形”ですが，これは推定量が$\boldsymbol{y}$の線形結合であるという意味です．(3.16) 式より，最小二乗推定量$\hat{\boldsymbol{\beta}}$は行列$\boldsymbol{C}$を用いて$\boldsymbol{\beta} = \boldsymbol{C}\boldsymbol{y}$と書けるので，線形推定量であることがわかります．

“不偏”については，すでに2.1節の不偏分散で説明しました．回帰分析においても，母集団全体から“真の”回帰係数$\boldsymbol{\beta}$を求めることはできないため，一部の観測できた標本から回帰係数の推定量$\hat{\boldsymbol{\beta}}$を計算することになります．標本が変わると推定される回帰係数も異なりますが，最小二乗推定量の期待値$E[\hat{\boldsymbol{\beta}}]$が母集団から求めた“真の”回帰係数と一致するとき，不偏といいます．

最後に“最良”ですが，最小二乗推定量$\hat{\boldsymbol{\beta}}$は最小の分散を持つ，ということを意味しています．いいかえると，$\hat{\boldsymbol{\beta}}$の分散は，最小二乗法以外の任意の方法で推定した回帰係数$\tilde{\boldsymbol{\beta}}$の分散よりも必ず小さくなります．

$$Cov[\hat{\boldsymbol{\beta}}] \leq Cov[\tilde{\boldsymbol{\beta}}] \tag{3.27}$$

測定した標本が変わるごとに推定される回帰係数は変化しますが，いかに不偏であっても，推定量のばらつきが大きいと信頼がおけません．最小二乗推定量$\hat{\boldsymbol{\beta}}$は，ほかのどの回帰手法で求めた回帰係数の推定量よりもばらつきが小さくなる，という意味で最良なわけです．

ここでは，不偏性から証明しましょう．最小二乗推定量$\hat{\boldsymbol{\beta}}$の期待値$E[\hat{\boldsymbol{\beta}}]$

*5　$Cov[\boldsymbol{x}]$はベクトル$\boldsymbol{x}$の共分散行列で$Cov[\boldsymbol{x}] = E[(\boldsymbol{x} - E[\boldsymbol{x}])(\boldsymbol{x} - E[\boldsymbol{x}])^\top]$です．また，$\boldsymbol{I}$は単位行列です．

を考えます．(3.6) 式の回帰モデルを用いると

$$
\begin{aligned}
E[\hat{\boldsymbol{\beta}}] &= E[\left(\boldsymbol{X}^\top \boldsymbol{X}\right)^{-1} \boldsymbol{X}^\top \boldsymbol{y}] &(3.28)\\
&= \left(\boldsymbol{X}^\top \boldsymbol{X}\right)^{-1} \boldsymbol{X}^\top E[\boldsymbol{X}\boldsymbol{\beta} + \boldsymbol{\varepsilon}] &(3.29)\\
&= \left(\boldsymbol{X}^\top \boldsymbol{X}\right)^{-1} \boldsymbol{X}^\top \boldsymbol{X}\boldsymbol{\beta} &(3.30)\\
&= \boldsymbol{\beta} &(3.31)
\end{aligned}
$$

したがって，最小二乗推定量$\hat{\boldsymbol{\beta}}$の期待値は，母集団全体から求めた“真の”回帰係数$\boldsymbol{\beta}$と一致することがわかりました．なお，(3.28) 式で，誤差$\boldsymbol{\varepsilon}$についての仮定 1を用いました．

つぎに最良性ですが，$\tilde{\boldsymbol{\beta}}$が線形推定量だと仮定すると，行列$\boldsymbol{C}$を用いて$\tilde{\boldsymbol{\beta}} = \boldsymbol{C}\boldsymbol{y}$と書けます．$\tilde{\boldsymbol{\beta}}$が“真の”回帰係数$\boldsymbol{\beta}$の不偏推定量であるとき

$$
\begin{aligned}
E[\tilde{\boldsymbol{\beta}}] &= E[\boldsymbol{C}\boldsymbol{y}] &(3.32)\\
&= E[\boldsymbol{C}(\boldsymbol{X}\boldsymbol{\beta} + \boldsymbol{\varepsilon})] &(3.33)\\
&= \boldsymbol{C}\boldsymbol{X}\boldsymbol{\beta} &(3.34)\\
&= \boldsymbol{\beta} &(3.35)
\end{aligned}
$$

とならなければならないため，$\boldsymbol{C}\boldsymbol{X} = \boldsymbol{I}$でなければなりません．さらに共分散行列$Cov[\tilde{\boldsymbol{\beta}}]$は

$$
\begin{aligned}
Cov[\tilde{\boldsymbol{\beta}}] &= E[(\tilde{\boldsymbol{\beta}} - E[\tilde{\boldsymbol{\beta}}])(\tilde{\boldsymbol{\beta}} - E[\tilde{\boldsymbol{\beta}}])^\top] &(3.36)\\
&= E[(\boldsymbol{C}\boldsymbol{y} - \boldsymbol{\beta})(\boldsymbol{C}\boldsymbol{y} - \boldsymbol{\beta})^\top] &(3.37)\\
&= E[(\boldsymbol{C}\boldsymbol{X}\boldsymbol{\beta} - \boldsymbol{C}\boldsymbol{\varepsilon} - \boldsymbol{\beta})(\boldsymbol{C}\boldsymbol{X}\boldsymbol{\beta} - \boldsymbol{C}\boldsymbol{\varepsilon} - \boldsymbol{\beta})^\top] &(3.38)\\
&= E[\boldsymbol{C}\boldsymbol{\varepsilon}(\boldsymbol{C}\boldsymbol{\varepsilon})^\top] &(3.39)\\
&= \boldsymbol{C}E[\boldsymbol{\varepsilon}\boldsymbol{\varepsilon}^\top]\boldsymbol{C}^\top &(3.40)\\
&= \sigma^2 \boldsymbol{C}\boldsymbol{C}^\top &(3.41)
\end{aligned}
$$

となります．(3.40) 式の変形ですが，$E[\boldsymbol{\varepsilon}] = \boldsymbol{0}$より，共分散行列の定義から$E[\boldsymbol{\varepsilon}\boldsymbol{\varepsilon}^\top] = E[(\boldsymbol{\varepsilon} - E[\boldsymbol{\varepsilon}])(\boldsymbol{\varepsilon} - E[\boldsymbol{\varepsilon}])^\top] = Cov[\boldsymbol{\varepsilon}]$ですので，誤差$\boldsymbol{\varepsilon}$についての仮定2より，$E[\boldsymbol{\varepsilon}\boldsymbol{\varepsilon}^\top] = \sigma^2\boldsymbol{I}$となります．

したがって，最小二乗推定量が$\hat{\boldsymbol{\beta}} = \hat{\boldsymbol{C}}\boldsymbol{y}$のとき，$Cov[\tilde{\boldsymbol{\beta}}] \succeq Cov[\hat{\boldsymbol{\beta}}]$を証明

するには，$\boldsymbol{C}\boldsymbol{C}^\top \succeq \hat{\boldsymbol{C}}\hat{\boldsymbol{C}}^\top$ を示せばよいことになります[*6]．ややトリッキーですが，$\boldsymbol{C}\boldsymbol{C}^\top$ は

$$\boldsymbol{C}\boldsymbol{C}^\top = (\boldsymbol{C} - \hat{\boldsymbol{C}} + \hat{\boldsymbol{C}})(\boldsymbol{C} - \hat{\boldsymbol{C}} + \hat{\boldsymbol{C}})^\top \tag{3.42}$$

$$= (\boldsymbol{C} - \hat{\boldsymbol{C}})\boldsymbol{C}^\top - (\boldsymbol{C} - \hat{\boldsymbol{C}})\hat{\boldsymbol{C}}^\top + \hat{\boldsymbol{C}}\hat{\boldsymbol{C}}^\top \tag{3.43}$$

と書き直せます．第 2 項に着目すると $\hat{\boldsymbol{C}} = (\boldsymbol{X}^\top\boldsymbol{X})^{-1}\boldsymbol{X}^\top$，および $\boldsymbol{C}\boldsymbol{X} = \hat{\boldsymbol{C}}\boldsymbol{X} = \boldsymbol{I}$ でしたので

$$(\boldsymbol{C} - \hat{\boldsymbol{C}})\hat{\boldsymbol{C}}^\top = (\boldsymbol{C} - \hat{\boldsymbol{C}})\boldsymbol{X}(\boldsymbol{X}^\top\boldsymbol{X})^{-1} \tag{3.44}$$

$$= (\boldsymbol{C}\boldsymbol{X} - \hat{\boldsymbol{C}}\boldsymbol{X})(\boldsymbol{X}^\top\boldsymbol{X})^{-1} \tag{3.45}$$

$$= \boldsymbol{O} \tag{3.46}$$

です．ここで，$\boldsymbol{O} \in \mathbb{R}^{M \times M}$ はすべての要素がゼロであるゼロ行列です．(3.46) 式の意味を考えてみましょう．$(\boldsymbol{C} - \hat{\boldsymbol{C}})\hat{\boldsymbol{C}}^\top = \boldsymbol{O}$ という式は，行列 $\boldsymbol{C} - \hat{\boldsymbol{C}}$ の任意の列と行列 $\hat{\boldsymbol{C}}$ の任意の列とが直交であることを示しています．つまり，$\boldsymbol{C} - \hat{\boldsymbol{C}}$ の列空間と $\hat{\boldsymbol{C}}$ の列空間が直交しています．この関係を**図 3.4** に示しました．

図 3.4 から，$(\boldsymbol{C} - \hat{\boldsymbol{C}})\boldsymbol{C}^\top \neq \boldsymbol{O}$ ということもわかるので，最終的に

$$\boldsymbol{C}\boldsymbol{C}^\top = (\boldsymbol{C} - \hat{\boldsymbol{C}})\boldsymbol{C}^\top + \hat{\boldsymbol{C}}\hat{\boldsymbol{C}}^\top \tag{3.47}$$

$$\succeq \hat{\boldsymbol{C}}\hat{\boldsymbol{C}}^\top \tag{3.48}$$

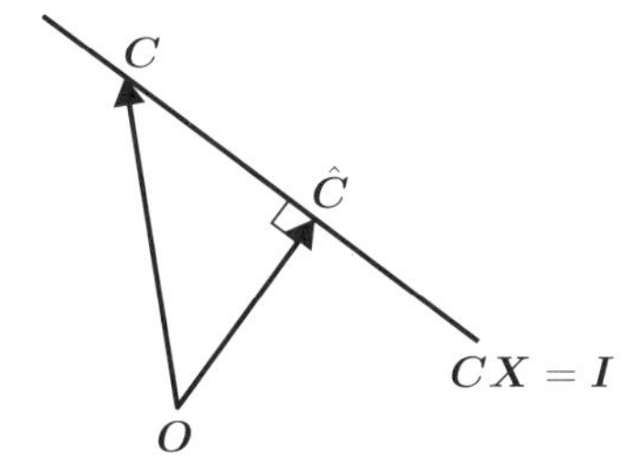

図 3.4 ここでは，図示のために行列をそれぞれベクトルとして表現しています．(3.46) 式より，と $\hat{\boldsymbol{C}}$ と $\boldsymbol{C} - \hat{\boldsymbol{C}}$ は直交し，特に $\hat{\boldsymbol{C}}$ は $\boldsymbol{C} - \hat{\boldsymbol{C}}$ への垂線となっています．なお，$\boldsymbol{C} - \hat{\boldsymbol{C}}$ は方程式 $\boldsymbol{C}\boldsymbol{X} = \boldsymbol{I}$ の解となっています．

*6 行列 $\boldsymbol{A}$ について $\boldsymbol{A} \succeq 0$ は，$\boldsymbol{A}$ が半正定値行列であることを意味します．そこで $\boldsymbol{C}\boldsymbol{C}^\top \succeq \hat{\boldsymbol{C}}\hat{\boldsymbol{C}}^\top$ ですが，$\boldsymbol{C}\boldsymbol{C}^\top - \hat{\boldsymbol{C}}\hat{\boldsymbol{C}}^\top \succeq 0$ と書き直され，行列 $\boldsymbol{C}\boldsymbol{C}^\top - \hat{\boldsymbol{C}}\hat{\boldsymbol{C}}^\top$ が半正定値行列であることを示します．つまり，常に $\boldsymbol{C}\boldsymbol{C}^\top$ の二次形式が $\hat{\boldsymbol{C}}\hat{\boldsymbol{C}}^\top$ の二次形式よりも大きくなるということを意味しています．

が成立することになります．以上から，最小二乗推定量$\hat{\beta}$が最良であることが示せました．

3.6 最尤法と最小二乗法

最小二乗法は，ガウス–マルコフの定理で示されるBLUEのほかにもよい性質を持っています．それは，誤差$\boldsymbol{\varepsilon} = [\varepsilon_1, \ldots, \varepsilon_N]^\top$が互いに独立で正規分布に従うとき，最小二乗推定量$\hat{\beta}$が誤差$\boldsymbol{\varepsilon}$についての最尤推定量になるというものです．ここでは最尤推定量から説明しましょう．

尤度とは，前提とする条件によって結果が変化すると考えられるときに，逆に結果からみてその前提条件のもっともらしさを評価する値のことです．前提条件Yがyと定まっているとき，結果Xの条件付き確率は$P(X|Y=y)$です[*7]．これを逆に見ると，結果Yが観測されているとき，条件付き確率を前提条件xの関数と考えることができ，これを尤度関数とよびます．

2.1 節で説明したように，統計学では標本の観察結果から母集団を表現する母数を求めることが重要でした．母数がある特定の値であることを前提条件として結果が得られたとすると，これを逆に考えると尤度となります．母数が$\boldsymbol{\theta}$の確率密度関数を$f(x|\boldsymbol{\theta})$とします[*8]．変数xの互いに独立な標本を$\{x_1, \ldots, x_N\}$とすると，その同時分布は

$$f(x_1, \ldots, x_N|\boldsymbol{\theta}) = \prod_{i=1}^{N} f(x_i|\boldsymbol{\theta}) \tag{3.49}$$

となります．このとき$x_1, \ldots, x_N$はすでに観測された値であり，変数ではありません．そこで，母数$\boldsymbol{\theta}$を変数とみなすと(3.49)式は$\boldsymbol{\theta}$の関数となり，尤度関数$L(\boldsymbol{\theta})$となります．

$$L(\boldsymbol{\theta}) = \prod_{i=1}^{N} f(\boldsymbol{\theta}|x_i) \tag{3.50}$$

この尤度関数は，母数$\boldsymbol{\theta}$を仮定したときに標本$\{x_1, \ldots, x_n\}$が観測される確

*7　条件付き確率とは，ある事象Bが起こるという条件下での別の事象Aが起きる確率のことで，$P(A|B)$と表されます．

*8　確率密度関数の母数$\boldsymbol{\theta}$とは，たとえば正規分布$\mathcal{N}(m, \sigma^2)$の場合は平均mと分散σ^2であり，この場合は$\boldsymbol{\theta} = [m, \sigma^2]^\top$となります．

率を表しています[*9]．そこで，すでに観測された現象が発生する確率が高いのが，最ももっともらしいという考え方に基づいて，この尤度関数を最大化するように母数$\boldsymbol{\theta}$を決定します．この方法を，最尤推定または最尤法とよびます．さらに

$$\tilde{\boldsymbol{\theta}} = \max_{\boldsymbol{\theta}} L(\boldsymbol{\theta}) \tag{3.51}$$

となる$\tilde{\boldsymbol{\theta}}$を最尤推定量といいます．ただし，(3.50)式のように，確率どうしのかけ算を計算するのはなかなか大変です[*10]．そこで計算を簡単にするために尤度関数の対数をとり[*11]，これを対数尤度関数$\log L(\boldsymbol{\theta})$とよびます．尤度関数を最大化することは，対数尤度関数を最大化することと同じですので，最尤法では対数尤度関数を用いるのが一般的です．

さて，最尤法と最小二乗法の関係を見ていきましょう．最尤法では確率分布の種類は既知でなければなりません．ここでは，線形回帰モデル$\boldsymbol{\beta}^\top \boldsymbol{x} + \varepsilon$における$i$番目のサンプル$\boldsymbol{x}_i$の推定値についての誤差$\varepsilon_i$が平均0，分散$\sigma^2$の正規分布$\mathcal{N}(0, \sigma^2)$に従うものとしましょう．$i$番目の測定値$\boldsymbol{x}_i$についての誤差$\varepsilon_i$は

$$\varepsilon_i = y_i - \boldsymbol{\beta}^\top \boldsymbol{x}_i \tag{3.52}$$

であり，これは

$$\varepsilon_i \sim \frac{1}{\sqrt{2\pi\sigma^2}} \exp\Bigl(-\frac{(y_i - \boldsymbol{\beta}^\top \boldsymbol{x}_i)^2}{2\sigma^2}\Bigr) \tag{3.53}$$

に従います．(3.53) 式における変数は回帰係数$\boldsymbol{\beta}$ですので，これを最尤法によって決定します[*12]．対数尤度関数は

$$\log L(\boldsymbol{\beta}) = \sum_{i=1}^{N} \log\left(\frac{1}{\sqrt{2\pi\sigma^2}} \exp\Bigl(-\frac{(y_i - \boldsymbol{\beta}^\top \boldsymbol{x}_i)^2}{2\sigma^2}\Bigr)\right) \tag{3.54}$$

$$= -\frac{1}{2\sigma^2} \sum_{i=1}^{N} \bigl((y_i - \boldsymbol{\beta}^\top \boldsymbol{x}_i)^2\bigr) - \frac{n}{2} \log(2\pi\sigma^2) \tag{3.55}$$

*9 観測された標本$\{x_1, \ldots, x_N\}$から計算される母数が$\boldsymbol{\theta}$となる確率，ではありません！

*10 0から1の範囲の値をとる確率どうしをどんどんかけていくと非常に小さな値となりますが，0に近い値はコンピュータでは扱いづらいという問題があります．

*11 高校で習いますが，対数をとると，かけ算は足し算になります．

*12 (3.53) 式では，分散σ^2は仮定として与えられた値であるので，変数ではありません．

となります．この $\log L(\boldsymbol{\beta})$ を最大化する $\boldsymbol{\beta}$ を求めたいのですが，(3.55) 式をよく見ると，$\log L(\boldsymbol{\beta})$ を最大化するには

$$\sum_{i=1}^{N}(y_i - \boldsymbol{\beta}^\top \boldsymbol{x}_i)^2 \tag{3.56}$$

を最小化すればよいことに気がつきます．(3.56) 式は，残差平方和 RSS (3.8) 式になっており，これを最小化するのが最小二乗法でした．このように，最小二乗推定量は，誤差 ε_i が正規分布であるという仮定の下で最尤推定量になっていることがわかります．

3.7 多重共線性の問題

このように，誤差にいくつかの仮定を必要とするものの，最小二乗推定量 $\hat{\boldsymbol{\beta}}$ はBLUEであったり，最尤推定量であったりと，いろいろとよい性質を持っているので，回帰係数の推定には常に最小二乗法を使えばよいのではと思われます．しかし，現実のデータに当てはめようとすると，多重共線性とよばれる問題に直面し，必ずしもうまくいきません．多重共線性の問題には，変数間の相関関係と，最小二乗解が含む逆行列の性質が関わっています．

正方行列が逆行列を持つには，正則でなければなりません．コラムにあるように，行列が正則であるための条件は同値な表現がいくつかありますが，結局のところ行と列がすべて線形独立，つまりフルランクであるということにつきます．では，次の行列の逆行列を考えてみましょう．

$$\boldsymbol{A} = \begin{bmatrix} 2.01 & 1 \\ 4 & 2.01 \end{bmatrix}, \ \boldsymbol{B} = \begin{bmatrix} 1.99 & 1 \\ 4 & 2.02 \end{bmatrix} \tag{3.57}$$

行列 $\boldsymbol{A}$，$\boldsymbol{B}$ はほぼ同一の行列であり，ともにフルランクです．ですので，逆行列もほぼ同一になると思われますが，実際に逆行列を求めてみると，次の行列が得られます．

$$\boldsymbol{A}^{-1} = \begin{bmatrix} 50.12 & -24.94 \\ -99.75 & 50.12 \end{bmatrix}, \ \boldsymbol{B}^{-1} = \begin{bmatrix} 102.02 & -50.50 \\ -202.02 & 100.50 \end{bmatrix} \tag{3.58}$$

元の行列はほぼ同じものだったにもかかわらず，$\boldsymbol{B}^{-1}$ の要素は $\boldsymbol{A}^{-1}$ のおよそ倍となっています．これはどのような現象なのでしょうか．

実は行列 $\boldsymbol{A}$，$\boldsymbol{B}$ はデータ行列 $\boldsymbol{C}$ に，測定時に微少なノイズが混入して変

化したものでした．

$$\boldsymbol{C} = \begin{bmatrix} 2 & 1 \\ 4 & 2 \end{bmatrix} \tag{3.59}$$

ノイズは測定のタイミングで変化するので，得られるデータも測定のたびに微妙に変化します．行列$\boldsymbol{C}$のランクは1でフルランクではありませんので，逆行列は持ちません．しかし，行列$\boldsymbol{A}$，$\boldsymbol{B}$はノイズが混入したために，みかけ上，行と列が線形独立，つまりフルランクとなったために，逆行列を持つようになったのでした．このようなときに逆行列を求めようとすると，わずかなノイズの違いで結果が大きくばらついてしまいます．

このように，本来はランクが落ちているはずの行列が，測定ノイズなどによってフルランクとなり，逆行列が大きくばらつく状況を悪条件（ill-conditioned）といいます．行列が悪条件であるかは，条件数とよばれるコンピュータでの数値解析のしやすさの尺度で判定できます．行列$\boldsymbol{A}$の条件数$\kappa(\boldsymbol{A})$は，$\boldsymbol{A}$の最大特異値，最小特異値を$\sigma_{\max}$，$\sigma_{\min}$として$\kappa(\boldsymbol{A}) = \sigma_{\max}/\sigma_{\min}$で定義されます．$\kappa(\boldsymbol{A})$が大きいほど，条件が悪いとされます．悪条件な行列では，ノイズ混入などで微少に変化するだけで，対応する逆行列が大きく変動します．また，ランクが落ちている行列は最小特異値は0であるため条件数は無限大となり，逆行列が計算できないことになるのです．ちなみに，先ほどの行列$\boldsymbol{A}$，$\boldsymbol{B}$の条件数は$\kappa(\boldsymbol{A}) = 625$，$\kappa(\boldsymbol{B}) = 1,265$で，$\kappa(\boldsymbol{C})$は無限大となります[*13]．

最小二乗解が含む逆行列は$(\boldsymbol{X}^\top\boldsymbol{X})^{-1}$ですが，どのような時に積和行列$\boldsymbol{X}^\top\boldsymbol{X}$の条件が悪化するのでしょうか．2.12 節で説明した特異値分解$\boldsymbol{X} = \boldsymbol{U\Sigma V}^\top$を使って考えてみましょう．

$$\begin{aligned} \boldsymbol{X}^\top\boldsymbol{X} &= (\boldsymbol{U\Sigma V}^\top)^\top(\boldsymbol{U\Sigma V}^\top) && (3.60) \\ &= \boldsymbol{V\Sigma U}^\top\boldsymbol{U\Sigma V}^\top && (3.61) \\ &= \boldsymbol{V\Sigma}^2\boldsymbol{V}^\top && (3.62) \end{aligned}$$

ここで，$\boldsymbol{U}$は直交行列であるため$\boldsymbol{U}^\top\boldsymbol{U} = \boldsymbol{I}$，また$\boldsymbol{\Sigma}$は対角行列なので$\boldsymbol{\Sigma}^\top = \boldsymbol{\Sigma}$という関係を用いています．この結果を特異値分解の式と見比べ

*13 条件数はPythonだと numpy.linalg モジュールの cond() で計算できます．MATLABの場合は標準関数として cond() が用意されています．

ると，$\boldsymbol{X}^\top \boldsymbol{X}$ の特異値は元の行列 $\boldsymbol{X}$ の特異値の二乗となることがわかります．条件数は行列の最大特異値と最小特異値の比で定義されるので，$\boldsymbol{X}^\top \boldsymbol{X}$ の条件数は $\kappa(\boldsymbol{X}^\top \boldsymbol{X}) = (\kappa(\boldsymbol{X}))^2$ となることがわかります．したがって，元の行列 $\boldsymbol{X}$ の条件が悪いとき，$\boldsymbol{X}^\top \boldsymbol{X}$ の条件はさらに悪化してしまうのです．

データ行列 $\boldsymbol{X}$ が悪条件であるときは，$\boldsymbol{X}$ の中に線形従属に近い列が存在していることになります．データ行列の列は変数を表しているので，線形従属に近い列が存在しているということは，いくつかの変数間に相関があるということを意味します．

このように入力データ行列の変数間に相関がある場合，最小二乗法で回帰係数を求めようとすると，回帰係数の値がわずかな測定ノイズの違いの影響で大きくばらついてしまうことになることがわかります．この現象を多重共線性とよびます．

では，多重共線性の影響を数値例で調べてみましょう．まず多重共線性の問題がないデータです．出力データ $\boldsymbol{y}$ が

$$\boldsymbol{y} = \begin{bmatrix} 0.25 \\ 0.08 \\ 1.03 \\ -1.37 \end{bmatrix} \tag{3.63}$$

のとき，これに対応する2種類の入力データがあったとします．

$$\boldsymbol{X}_1 = \begin{bmatrix} 0.01 & 0.50 & -0.12 \\ 0.97 & -0.63 & 0.02 \\ 0.41 & 1.15 & -1.17 \\ -1.38 & -1.02 & 1.27 \end{bmatrix} \tag{3.64}$$

$$\boldsymbol{X}_2 = \begin{bmatrix} -0.01 & 0.52 & -0.12 \\ 0.96 & -0.64 & 0.03 \\ 0.43 & 1.14 & -1.17 \\ -1.38 & -1.01 & 1.27 \end{bmatrix} \tag{3.65}$$

これら入力データ，出力データはともに平均0・標準偏差1に標準化されています．入力データ行列 $\boldsymbol{X}_1$，$\boldsymbol{X}_2$ は見た目はほぼ同一の行列で，測定ノイズのみが異なっています．$\boldsymbol{X}_1$，$\boldsymbol{X}_2$ ともにフルランクで変数間の相関関係もあり

ません．これらの積和行列 $\boldsymbol{X}_1^\top \boldsymbol{X}_1$，$\boldsymbol{X}_2^\top \boldsymbol{X}_2$ の条件数は $\kappa(\boldsymbol{X}_1^\top \boldsymbol{X}_1) = 135$，$\kappa(\boldsymbol{X}_2^\top \boldsymbol{X}_2) = 113$ でした[*14]．

実際に二つの入出力データ $\mathcal{D}_1 = \{\boldsymbol{X}_1, \boldsymbol{y}\}$ と $\mathcal{D}_2 = \{\boldsymbol{X}_2, \boldsymbol{y}\}$ から，最小二乗法を用いて回帰係数 $\hat{\boldsymbol{\beta}}_1$ と $\hat{\boldsymbol{\beta}}_2$ を，さきほど作った最小二乗法のPythonプログラム least_squares() を用いて計算してみましょう．

プログラム 3.3 多重共線性がないデータの場合

```
1  import numpy as np
2  from linear_regression import least_squares
3
4  # データを定義します
5  X1 = np.array([[0.01, 0.50, -0.12],
6                 [0.97, -0.63, 0.02],
7                 [0.41, 1.15, -1.17],
8                 [-1.38, -1.02, 1.27]])
9
10 X2 = np.array([[-0.01, 0.52, -0.12],
11                [0.96, -0.64, 0.03],
12                [0.43, 1.14, -1.17],
13                [-1.38, -1.01, 1.27]])
14
15 y = np.array([[0.25], [0.08], [1.03], [-1.37]])
16
17 # X1, X2それぞれでの回帰係数を計算します
18 beta1 = least_squares(X1, y)
19 print(beta1)
20 [[ 0.36347065]
21  [ 0.41624871]
22  [-0.34677593]]
23
24 beta2 = least_squares(X2, y)
25 print(beta2)
26 [[ 0.37270979]
27  [ 0.41379869]
28  [-0.34252764]]
```

$$\hat{\boldsymbol{\beta}}_1 = \begin{bmatrix} 0.36 \\ 0.41 \\ -0.34 \end{bmatrix}, \ \hat{\boldsymbol{\beta}}_2 = \begin{bmatrix} 0.37 \\ 0.41 \\ -0.34 \end{bmatrix} \tag{3.66}$$

となり，ほぼ同一の回帰係数が得られました．

*14 本書の数値例の結果ですが，紙面の都合上，数値を適当なところで丸めています．そのため，PythonやMATLABで計算した結果と多少異なる値で記載されています．

一方で，次のデータを考えます．

$$\boldsymbol{y}' = \begin{bmatrix} 0.40 \\ 1.17 \\ -1.14 \\ -0.42 \end{bmatrix} \tag{3.67}$$

のとき，これに対応する2種類の入力データがあったとします．

$$\boldsymbol{X}_1' = \begin{bmatrix} -1.12 & -0.51 & 0.69 \\ -0.43 & -1.12 & 1.02 \\ 0.37 & 1.10 & -0.98 \\ 1.19 & 0.53 & -0.73 \end{bmatrix} \tag{3.68}$$

$$\boldsymbol{X}_2' = \begin{bmatrix} -1.12 & -0.51 & 0.70 \\ -0.43 & -1.12 & 1.01 \\ 0.36 & 1.10 & -0.98 \\ 1.20 & 0.53 & -0.73 \end{bmatrix} \tag{3.69}$$

先ほどと同様に，これら入力データ，出力データはともに平均0・標準偏差1に標準化されており，$\boldsymbol{X}_1'$，$\boldsymbol{X}_2'$は，測定ノイズのみが異なっています．実は，これらの行列には$0.25 \times (1列目) - 0.8 \times (2列目) = (3列目)$という相関関係があるため，多重共線性の問題が発生する状況です．なお，$\boldsymbol{X}_1'$，$\boldsymbol{X}_2'$ともにフルランクですが，これらの積和行列$\boldsymbol{X}_1'^\top \boldsymbol{X}_1'$，$\boldsymbol{X}_2'^\top \boldsymbol{X}_2'$の条件数は$\kappa(\boldsymbol{X}_1'^\top \boldsymbol{X}_1') = 2.35 \times 10^5$，$\kappa(\boldsymbol{X}_2'^\top \boldsymbol{X}_2') = 4.70 \times 10^5$と先ほどの例と比較して非常に大きな値であり，極めて条件が悪いことがわかります．

入出力データ$\mathcal{D}_1' = \{\boldsymbol{X}_1', \boldsymbol{y}\}$と$\mathcal{D}_2' = \{\boldsymbol{X}_2', \boldsymbol{y}\}$から，最小二乗法のプログラムleast_squares()を用いて回帰係数$\hat{\boldsymbol{\beta}}_1'$と$\hat{\boldsymbol{\beta}}_2'$を計算してみましょう．

プログラム 3.4　多重共線性があるデータの場合

```
import numpy as np
from linear_regression import least_squares

# データを定義します
X1 = np.array([[-1.12, -0.51, 0.69],
               [-0.43, -1.12, 1.02],
               [0.37, 1.10, -0.98],
               [1.19, 0.53, -0.73]])

```

```
10  X2 = np.array([[-1.12, -0.51, 0.70],
11                 [-0.43, -1.12, 1.01],
12                 [0.36, 1.10, -0.98],
13                 [1.20, 0.53, -0.73]])
14
15  y = np.array([0.4, 1.17, -1.14, -0.42])
16
17  # X1, X2それぞれでの回帰係数を計算します
18  beta1 = least_squares(X1, y)
19  print(beta1)
20  [[0.54496962]
21  [0.24094799]
22  [1.64044474]]
23
24  beta2 = least_squares(X2, y)
25  print(beta2)
26  [[-0.42794288]
27  [-2.86298696]
28  [-2.2029719 ]]
```

$$\hat{\beta}'_1 = \begin{bmatrix} 0.54 \\ 0.24 \\ 1.64 \end{bmatrix}, \ \hat{\beta}'_2 = \begin{bmatrix} -0.42 \\ -2.86 \\ -2.20 \end{bmatrix} \tag{3.70}$$

となり，ほぼ同一のデータから異なる二つの回帰係数が求まりました．本来，最小二乗解はBLUEであり，回帰係数のばらつきは最も小さくなるはずです．しかし，多重共線性の問題が発生すると，まったく信頼できない結果となってしまうのです．さらに，1番目と3番目の入力変数に対応する回帰係数は，値だけでなく符号も逆転しています．線形回帰分析は，出力の予測だけではなく，どの入力変数がどのように出力に影響するかを確認したいという目的でも使われますが，このように符号も逆転してしまうと，出力への影響の確認どころではありません．

実データでは，多数の変数を測定していると，よほど注意深く回帰分析の入力とする変数を選択しない限り，変数間には相関があるのが一般的です．たとえば，ある装置で，流体の温度と圧力を測定していたとしましょう．すると，容積が一定であれば温度が上昇すると圧力も上昇するという関係がありますので[*15]，これらの変数間には強い相関があります．したがって，これらの測定結果を一つの行列にまとめてしまうと行列の条件が悪化し，多重共

*15 いわゆるボイル＝シャルルの法則です．

線性の問題が発生します．

温度と圧力というわかりやすい関係であれば，どちらかの変数をデータから取り除けばデータ行列の条件は悪化しないかもしれません．しかし，多数の変数を測定していると，解析対象とする変数を吟味するのはそれだけでも大変な作業になりますし，なりより私たちが把握していないところで変数間の相関が生じていることがあります．したがって，多重共線性のおそれがある場合は，安易に最小二乗法を用いるべきではないということになります．

行列が正則である条件

N 次正方行列 $\boldsymbol{A}$ について，$\boldsymbol{AB} = \boldsymbol{BA} = \boldsymbol{I}$ となる行列 $\boldsymbol{B}$ が存在するとき，$\boldsymbol{A}$ を正則行列とよびます．$\boldsymbol{A}$ が正則であるとき，$\boldsymbol{B}$ は一意に決まります．このとき行列 $\boldsymbol{B}$ を $\boldsymbol{A}$ の逆行列とよび，$\boldsymbol{A}^{-1}$ と表します．

$\boldsymbol{A}$ が正則であるとき，以下の条件は同値です（ほかにもあります）．

1. $\boldsymbol{A}$ のランクは N である（つまり $\boldsymbol{A}$ はフルランクです）．
2. 連立方程式 $\boldsymbol{Ax} = \boldsymbol{0}$ は自明な解（つまり $\boldsymbol{x} = \boldsymbol{0}$ のこと）しか持たない．
3. 連立方程式 $\boldsymbol{Ax} = \boldsymbol{b}\ (\boldsymbol{b} \neq \boldsymbol{0})$ は唯一の解を持つ．
4. $\boldsymbol{A}$ の行列式は 0 ではない．
5. $\boldsymbol{A}$ の列ベクトルは線形独立である．
6. $\boldsymbol{A}$ の行ベクトルは線形独立である．
7. $\boldsymbol{A}$ の固有値はどれも 0 ではない．

このように行列が正則である条件はいろいろな表現があるわけですが，行列を写像という観点で見た場合，$\boldsymbol{A}$ でベクトル $\boldsymbol{x} \in \mathbb{R}^N$ を線形変換した場合，変換先のベクトル $\boldsymbol{Ax}$ も N 次元であるとき，つまり「空間が潰れない」ときに正則であるといいます．

3.8 サンプル数が入力変数の数よりも少ない場合

最小二乗法にはもう一つ問題があります．多重共線性は重大な問題ですが，信頼できないとはいえ回帰係数自体は計算できます[*16]．しかし，データに含まれるサンプル数Nが，入力変数の数Mよりも少ない場合は回帰係数の計算そのものができなくなります．

入力データ行列$\boldsymbol{X} \in \mathbb{R}^{N \times M}$ $(N < M)$では$\mathrm{rank}(\boldsymbol{X}) \leq N$であり，さらに$\mathrm{rank}(\boldsymbol{X}^\top \boldsymbol{X}) \leq N$となります[*17]．積和行列$\boldsymbol{X}^\top \boldsymbol{X}$は$M$次正方行列ですが，$N < M$であるためフルランクではありません．したがって，$\boldsymbol{X}^\top \boldsymbol{X}$は正則ではないので逆行列を持たないことになり，回帰係数が計算できないことになります．

スモールデータを扱う場合，$N < M$は一般的にあり得る状況であり，この場合は最小二乗法そのものが適用できません．

3.9 擬似逆行列を用いる方法

最小二乗法では，積和行列$\boldsymbol{X}^\top \boldsymbol{X}$の逆行列$(\boldsymbol{X}^\top \boldsymbol{X})^{-1}$が，計算できるかが常に問題となります．そこで，サンプル数が入力変数の数よりも少ない場合や多重共線性が問題となる場合でも，積和行列$\boldsymbol{X}^\top \boldsymbol{X}$の逆行列$(\boldsymbol{X}^\top \boldsymbol{X})^{-1}$と似た働きをする都合のよい行列があれば便利です．

行列$\boldsymbol{A}$に対して

- $\boldsymbol{A}\boldsymbol{A}^+\boldsymbol{A} = \boldsymbol{A}$
- $\boldsymbol{A}^+\boldsymbol{A}\boldsymbol{A}^+ = \boldsymbol{A}^+$
- $(\boldsymbol{A}\boldsymbol{A}^+)^\top = \boldsymbol{A}\boldsymbol{A}^+$
- $(\boldsymbol{A}^+\boldsymbol{A})^\top = \boldsymbol{A}^+\boldsymbol{A}$

を満たす行列$\boldsymbol{A}^+$がただ一つ存在して，これを擬似逆行列とよびます[*18]．

---

*16 中途半端に回帰係数の計算ができてしまうのが，問題なのかもしれません．

*17 行列$\boldsymbol{A}$，$\boldsymbol{B}$の積$\boldsymbol{AB}$のランクについて，$\mathrm{rank}(\boldsymbol{AB}) \leq \mathrm{rank}(\boldsymbol{A})$または$\mathrm{rank}(\boldsymbol{AB}) \leq \mathrm{rank}(\boldsymbol{B})$が成り立ちます．

擬似逆行列と元の行列をかけても単位行列にはならないのですが，$\boldsymbol{A}\boldsymbol{A}^\top\boldsymbol{A} = \boldsymbol{A}$をみればわかるように，逆行列に近い働きをしていることがわかります．なお，擬似逆行列は$\boldsymbol{A}$が正則でなくても存在し，それどころか正方行列ではない行列でも$\boldsymbol{A}^+$は存在します．そして，$\boldsymbol{A}$が正則のとき，逆行列$\boldsymbol{A}^{-1}$もこれらすべての条件を満たしているので，擬似逆行列$\boldsymbol{A}^+$は逆行列$\boldsymbol{A}^{-1}$の一般化になっていることがわかります．

最小二乗法において擬似逆行列を用いて正規方程式を解くと，求まる回帰係数は

$$\boldsymbol{\beta}^* = \left(\boldsymbol{X}^\top\boldsymbol{X}\right)^+\boldsymbol{X}^\top\boldsymbol{y} \tag{3.71}$$

と書けます．擬似逆行列を用いれば正規方程式 (3.15) 式の解が求まり，しかも擬似逆行列が逆行列の一般化なので，最小二乗法では常に擬似逆行列を用いればよいのではないか，と思えます．しかし，そんな簡単な話ではありません．擬似逆行列で求まる解は，最小ノルム解とよばれる特殊な解となっています．

行列$\boldsymbol{A}$が正則であるとき，連立方程式

$$\boldsymbol{A}\boldsymbol{x} = \boldsymbol{b} \quad (\boldsymbol{b} \neq \boldsymbol{0}) \tag{3.72}$$

は唯一の解を持ちます[*19]．逆に$\boldsymbol{A}$が正則ではないとき，(3.72) 式の解は一つに定まらず，無数の解を持ちます．$\tilde{\boldsymbol{x}}$を (3.72) 式の解とします．また，$\boldsymbol{A}\boldsymbol{x} = \boldsymbol{0}$を満たす$\boldsymbol{x}$の全体を行列$\boldsymbol{A}$の零空間とよび，$\mathrm{Ker}(\boldsymbol{A})$と表します[*20]．そこで，$\mathrm{Ker}(\boldsymbol{A})$の要素の一つを$\boldsymbol{x}_{null}$とすると

$$\boldsymbol{A}\tilde{\boldsymbol{x}} + \boldsymbol{A}\boldsymbol{x}_{null} = \boldsymbol{A}(\tilde{\boldsymbol{x}} + \boldsymbol{x}_{null}) \tag{3.73}$$

$$= \boldsymbol{b} + \boldsymbol{0} = \boldsymbol{b} \tag{3.74}$$

なので，$\tilde{\boldsymbol{x}} + \boldsymbol{x}_{null}$も (3.72) 式の解になります．このように，$\mathrm{Ker}(\boldsymbol{A})$の要素$\boldsymbol{x}_{null}$は無数に存在するため，(3.72) 式の解は一つに定まらないことなります．このとき解全体の集合を解空間とよび

$$\boldsymbol{x} = \tilde{\boldsymbol{x}} + \mathrm{Ker}(\boldsymbol{A}) \tag{3.75}$$

*18　正確には，ムーア-ペンローズの擬似逆行列といいます．

*19　コラムを参照してください．

*20　$\boldsymbol{A} \in \mathbb{R}^{M\times N}\,(M \geq N)$の零空間の次元$\dim(\mathrm{Ker}(\boldsymbol{A}))$は，$\mathrm{rank}(\boldsymbol{A}) + \dim(\mathrm{Ker}(\boldsymbol{A})) = N$を満たします．これを次元定理とよびます．

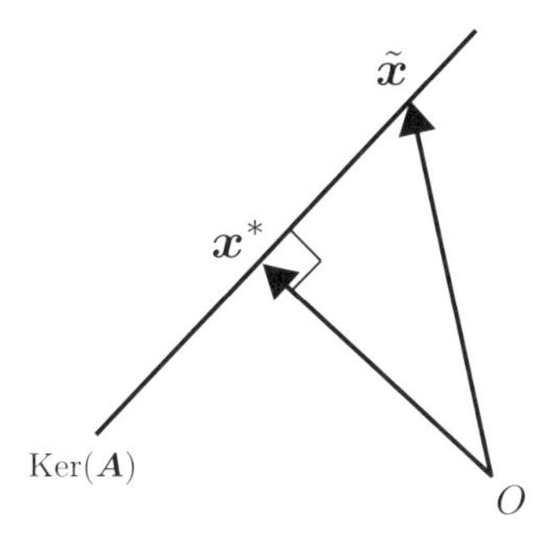

図 3.5 $\boldsymbol{A}$ が正則ではないとき，連立方程式は一意な解を持たず，無数の解が存在します．このとき解空間は連立方程式の一つの解 $\tilde{\boldsymbol{x}}$ と零空間 $\mathrm{Ker}(\boldsymbol{A})$ の和となります．その中で擬似逆行列を用いて求めた解 $\boldsymbol{x}^*$ は最小ノルム解となり，このとき解 $\boldsymbol{x}^*$ と $\mathrm{Ker}(\boldsymbol{A})$ は直交します．

と表されます．**図 3.5**を見てみましょう．この図は，$N = 2$ で $\mathrm{rank}(\boldsymbol{A}) = 1$ の場合を表しています．このとき，$\dim(\mathrm{Ker}(\boldsymbol{A})) = 1$ であるため，解空間は $\tilde{\boldsymbol{x}}$ を通る直線となります．つまりこの直線上の任意の点は，すべて方程式 (3.72) 式の解となります．

この中で最小ノルム解 $\boldsymbol{x}^*$ とは，解 $\boldsymbol{x}$ の中で最もノルム $\|\boldsymbol{x}\|$ が小さくなる解のことで，擬似逆行列 $\boldsymbol{A}^+$ によって求めた解は最小ノルム解 $\boldsymbol{x}^*$ となるのです．つまり，**図 3.5**のように原点から $\mathrm{Ker}(\boldsymbol{A})$ に下ろした垂線が $\boldsymbol{x}^*$ となります．

最小二乗法の話を戻すと，(3.71) 式のように擬似逆行列によって正規方程式を解いた場合，得られる回帰係数 $\boldsymbol{\beta}^*$ はノルムが最小になるというだけで，回帰係数自体は無数に存在し，こちらで解を選択する必要があります．もちろん，どの解でも同じ結果が得られるなら，とりあえず最小ノルム解を選択しよう，というのは一つの考え方です．

なお，行列 $\boldsymbol{A}$ の擬似逆行列 $\boldsymbol{A}^+$ は，2.12 節で説明した特異値分解 $\boldsymbol{A} = \boldsymbol{U}\boldsymbol{\Sigma}\boldsymbol{V}^\top$ を用いて

$$\boldsymbol{A}^+ = \boldsymbol{V}\boldsymbol{\Sigma}^+\boldsymbol{U}^\top \tag{3.76}$$

にて計算できます[*21]．ここで，$\boldsymbol{U}$ と $\boldsymbol{V}$ はそれぞれ左特異ベクトルと右特異ベクトルで，$\boldsymbol{\Sigma}$ は特異値 $\sigma_1, \ldots, \sigma_M$ を並べた対角行列ですが，$\boldsymbol{\Sigma}^+$ は0でない特異値について，その逆数 $1/\sigma_m$ を対角に並べた行列です．(3.76) 式が，

*21 擬似逆行列の計算は，MATLAB だと組み込み関数として `pinv()` が用意されています．Python の場合は，`numpy.linalg.pinv()` です．

擬似逆行列の四つの条件を満たしていることは容易に確認することができます．たとえば，一つ目の条件については

$$\boldsymbol{A}\boldsymbol{A}^{+}\boldsymbol{A} = (\boldsymbol{U}\boldsymbol{\Sigma}\boldsymbol{V}^{\top})(\boldsymbol{V}\boldsymbol{\Sigma}^{+}\boldsymbol{U}^{\top})(\boldsymbol{U}\boldsymbol{\Sigma}\boldsymbol{V}^{\top}) \tag{3.77}$$

$$= \boldsymbol{U}\boldsymbol{\Sigma}\boldsymbol{\Sigma}^{+}\boldsymbol{\Sigma}\boldsymbol{V}^{\top} \tag{3.78}$$

$$= \boldsymbol{U}\boldsymbol{\Sigma}\boldsymbol{V}^{\top} = \boldsymbol{A} \tag{3.79}$$

となります．ここで，$\boldsymbol{U}$と$\boldsymbol{V}$は直交行列なので，$\boldsymbol{U}^{\top}\boldsymbol{U} = \boldsymbol{I}$，$\boldsymbol{V}^{\top}\boldsymbol{V} = \boldsymbol{I}$という関係を用いました．

3.10 主成分回帰（PCR）

多重共線性の問題は，入力データの変数間に相関があることに起因するものでした．そうであれば，変数間が無相関となるように前処理してあげればよいことになりますが[*22]，これにはPCAを利用することができます．すなわち，入力データに前処理としてPCAを適用し，PCAにて得られた主成分得点を入力として最小二乗法により回帰係数を求めればよいことになります．この方法のことを主成分回帰（Principal Component Regression; PCR）とよびます．PCRの構造を**図3.6**に示します．

PCAにおいてR個（$R < M$）の主成分までを採用，つまりR次元まで次元を削減したとして，主成分得点行列を$\boldsymbol{T}_R \in \mathbb{R}^{N\times R} = \boldsymbol{X}\boldsymbol{P}_R$とします．た

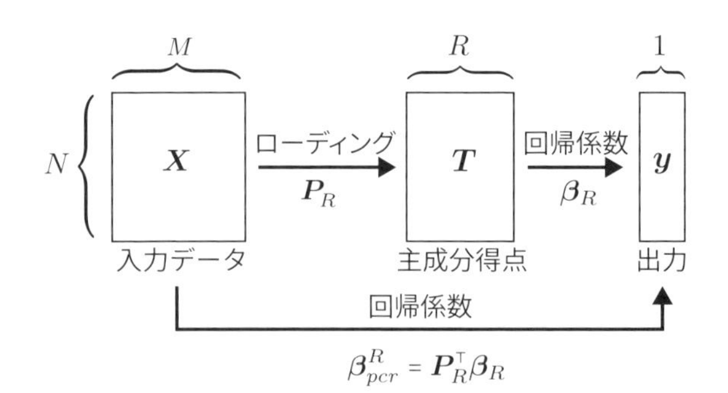

図3.6　PCRでは，入力データ$\boldsymbol{X}$を直接モデルの入力とするのではなく，前処理としてPCAを適用して得られた主成分得点$\boldsymbol{T}$を入力として，出力データ$\boldsymbol{y}$を回帰します．このようにPCAと組み合わせることで，PCRでは多重共線性の問題を回避しています．

*22　データが無相関となるように変換することを，白色化といいます．

だし，$\boldsymbol{P}_R$はR個の主成分によるローディング行列です．このとき，データ$\mathcal{D}_R = \{\boldsymbol{T}_R, \boldsymbol{y}\}$より最小二乗法によって回帰係数を求めると

$$\boldsymbol{\beta}_R = (\boldsymbol{T}_R^\top \boldsymbol{T}_R)^{-1} \boldsymbol{T}_R^\top \boldsymbol{y} \tag{3.80}$$

となります．さらに未知のデータ$\boldsymbol{x} \in \mathbb{R}^M$について，主成分得点は$\boldsymbol{t}_R = \boldsymbol{P}_R \boldsymbol{x}$なので，$\boldsymbol{x}$を入力したときの出力予測式は

$$\hat{y} = \boldsymbol{\beta}_R^\top \boldsymbol{t}_R = \boldsymbol{\beta}_R^\top \boldsymbol{P}_R \boldsymbol{x} \tag{3.81}$$

です．したがって，第R番目の主成分まで採用したときのPCRの回帰係数は

$$\boldsymbol{\beta}_{pcr}^R = \boldsymbol{P}_R^\top \boldsymbol{\beta}_R \tag{3.82}$$

となります．

PCRの回帰係数を求めるPythonプログラムを，**プログラム3.5**に示します．ここでは，numpyに加えて，これまでに作成したPCA（pca()）と最小二乗法のプログラム（least_squares()）をimportして，利用しているので注意してください．

プログラム3.5 RCR（linear_regression.py）

```
import numpy as np
from linear_regression import least_squares
from pca import pca

def pcr(X, y, R):
  """
  PCRを用いて回帰係数を計算します.

  パラメータ
  ----------
  X: 入力データ
  y: 出力データ
  R: 主成分の数

  戻り値
  -------
  beta: 回帰係数
  """

  # yをベクトル化します
  y = y.reshape(-1, 1)

  # 主成分分析を行います
```

```
    P, T = pca(X)

    # R番目までの主成分得点行列を取り出します
    T = T[:,:R]

    # 最小二乗法により回帰係数を求めます
    beta_R = least_squares(T, y)
    beta = P[:,:R] @ beta_R
    return beta
```

第R主成分に対応する特異値をσ_Rとしましょう．このときの$\boldsymbol{T}_R^\top \boldsymbol{T}_R$の条件数は$\kappa(\boldsymbol{T}_R^\top \boldsymbol{T}_R) = \sigma_{\max}^2/\sigma_R^2$です．元のデータの積和行列$\boldsymbol{X}^\top \boldsymbol{X}$の条件数が$\kappa(\boldsymbol{X}^\top \boldsymbol{X}) = \sigma_{\max}^2/\sigma_{\min}^2$であったため，前処理としてPCAを適用することで，条件数が$\kappa(\boldsymbol{T}_R^\top \boldsymbol{T}_R)/\kappa(\boldsymbol{X}^\top \boldsymbol{X}) = \sigma_{\min}^2/\sigma_R^2$倍に改善することになり，それだけ逆行列が計算しやすくなるのです．これによってPCRでは，多重共線性の問題を回避しています．

たとえば，3.7 節の数値例の$\boldsymbol{X}_1'$の場合，主成分数を$R=2$とすると，積和行列の条件数は$\kappa(\boldsymbol{X}_1'^\top \boldsymbol{X}_1') = 2.35 \times 10^5$から$\kappa(\boldsymbol{T}_R^\top \boldsymbol{T}_R) = 8.08$にまで劇的に改善します．そのため，PCRを用いると3.7 節の数値例の回帰係数は

プログラム 3.6　主成分数を2とした場合

```
# データを定義します
X1 = np.array( [[-1.12, -0.51, 0.69],
  [-0.43, -1.12, 1.02],
  [0.37, 1.10, -0.98],
  [1.19, 0.53, -0.73]])

X2 = np.array( [[-1.12, -0.51, 0.70],
  [-0.43, -1.12, 1.01],
  [0.36, 1.10, -0.98],
  [1.20, 0.53, -0.73]])

y = np.array([[0.4], [1.17], [-1.14], [-0.42]])

#主成分数を2に設定します
R = 2

beta1 = pcr(X1, y, R)
print(beta1)
[[ 0.25849154]
[-0.68874152]
[ 0.49387146]]

beta2 = pcr(X2, y, R)
```

```
24    print(beta2)
25    [[ 0.25929082]
26    [-0.69212429]
27    [ 0.49149105]]
```

$$\boldsymbol{\beta}_{1,pcr}^{R=2} = \begin{bmatrix} 0.25 \\ -0.68 \\ 0.49 \end{bmatrix}, \ \boldsymbol{\beta}_{2,pcr}^{R=2} = \begin{bmatrix} 0.25 \\ -0.69 \\ 0.49 \end{bmatrix} \tag{3.83}$$

となり，変数間に相関関係のあるデータでも安定した回帰係数を得ることができました．

なお，すべての主成分を採用する場合，つまり$R = M$だとすると最小特異値は$\sigma_{\min}$のままなので，条件数は改善しません．したがって，PCRにて回帰係数を推定する場合は，適切に次元を削減する必要があります．

サンプル数Nが入力変数の数Mよりも少ない場合は，そもそも最小二乗法は使えないわけですが，PCRでは採用する主成分の数Rを$R < N$とすることで，最小二乗法による回帰係数の推定が可能となります．

PCRでは，採用する主成分の数Rによって予測性能が変化します．つまり，Rはハイパーパラメータに該当します*23．たとえば$R = 1$のとき

プログラム 3.7　主成分数を1とした場合

```
1     #主成分数を1に設定します
2     R = 1
3     
4     beta1 = pcr(X1, y, R)
5     print(beta1)
6     [[-0.30313539]
7     [-0.32858522]
8     [ 0.34217102]]
9     
10    beta2 = pcr(X2, y, R)
11    print(beta2)
12    [[-0.30335458]
13    [-0.32755389]
14    [ 0.34127419]]
```

*23　ハイパーパラメータとは学習の枠組みの中では決定することのできないパラメータで，多くの場合，ハイパーパラメータの調整がモデルの性能を左右します．

$$\boldsymbol{\beta}_{1,pcr}^{R=1} = \begin{bmatrix} -0.30 \\ -0.32 \\ 0.34 \end{bmatrix},\ \boldsymbol{\beta}_{2,pcr}^{R=1} = \begin{bmatrix} -0.30 \\ -0.32 \\ 0.34 \end{bmatrix} \tag{3.84}$$

となり$R=2$のときとは，回帰係数が異なっていることがわかります．ハイパーパラメータの調整については3.18節にて説明します．

3.11 リッジ回帰

多重共線性の問題を回避するもう一つの方法が，リッジ回帰です．これは学習させたモデルが複雑にならないようにするためにペナルティを設ける正則化とよばれる方法の一種で，回帰係数のL_2ノルム[*24]の大きさにペナルティを設けます．つまり，最小二乗法における二乗誤差の最小化の際に，$\|\boldsymbol{\beta}\|_2 \leq t$の制約条件を付加します[*25]．リッジ回帰の考え方を**図 3.7**に示します．

リッジ回帰は

$$\hat{\boldsymbol{\beta}}_{ridge} = \arg\min_{\boldsymbol{\beta}} \|\boldsymbol{y} - \boldsymbol{X}\boldsymbol{\beta}\|_2^2, \ \ \text{subject to } \|\boldsymbol{\beta}\|_2 \leq t \tag{3.85}$$

と定式化されます[*26]．(3.85)式は制約付きの極値問題ですので，これまでも登場したラグランジュの未定乗数法で解くことができます．

$$\hat{\boldsymbol{\beta}}_{ridge} = \arg\min_{\boldsymbol{\beta}} \left(\|\boldsymbol{y} - \boldsymbol{X}\boldsymbol{\beta}\|_2^2 + \mu\|\boldsymbol{\beta}\|_2\right) \tag{3.86}$$

ここでμはラグランジュ乗数ですが，リッジ回帰ではtがハイパーパラメータであることから，μもハイパーパラメータとして扱います．

リッジ回帰は最小二乗法同様に解析的に解くことができます．

$$Q_{ridge} = \|\boldsymbol{y} - \boldsymbol{X}\boldsymbol{\beta}\|^2 + \mu\|\boldsymbol{\beta}\| \tag{3.87}$$

---

*24　通常のユークリッドノルムのことです．

*25　$\|\boldsymbol{a}\|_2$は，ベクトル$\boldsymbol{a}$のL_2ノルム（ユークリッドノルム）であることを強調しています．あえてこのように表現しているのは，後に出てくるL_1ノルムとの区別を明確にするためです．前後の文脈から明らかな場合は，ノルムの下付き文字を省略するものとします．

*26　$\arg\min_{\boldsymbol{x}} f(x)$は関数$f(x)$を最小とする$x$を取り出す，という意味で，argument of the minimumの略です．その反対のarg maxの意味はわかりますね？ また，“subject to”は制約条件を意味しています．

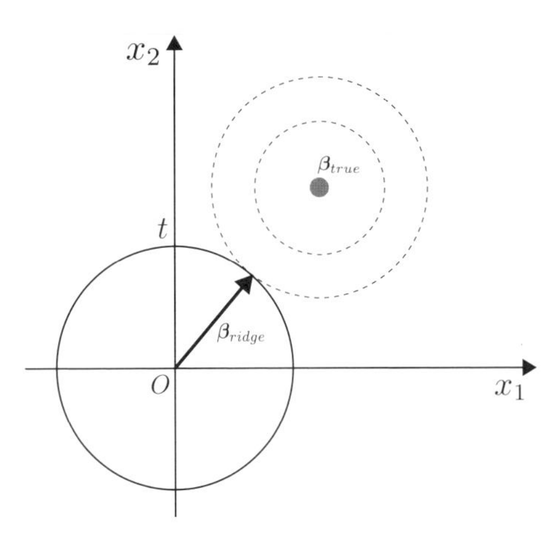

図 3.7 リッジ回帰では回帰係数のノルムが t 以下となるようにペナルティを設けるので，原点を中心とした半径 t の円の中で回帰係数を探索することになります．丸で示された $\boldsymbol{\beta}_{true}$ が真の回帰係数とすると，リッジ回帰で求める回帰係数 $\boldsymbol{\beta}_{ridge}$ は矢印のベクトルで表されます．つまり，ノルムの制約の中で最も $\boldsymbol{\beta}_{true}$ に近いベクトルが $\boldsymbol{\beta}_{ridge}$ となります．

$$= \boldsymbol{y}^\top \boldsymbol{y} - 2\boldsymbol{y}^\top \boldsymbol{X}\boldsymbol{\beta} + \boldsymbol{\beta}^\top \boldsymbol{X}^\top \boldsymbol{X}\boldsymbol{\beta} + \mu\boldsymbol{\beta}^\top \boldsymbol{\beta} \tag{3.88}$$

なので，$\boldsymbol{\beta}$ で偏微分して 0 とおくと

$$\frac{\partial Q_{ridge}}{\partial \boldsymbol{\beta}} = 2\boldsymbol{X}^\top \boldsymbol{X}\boldsymbol{\beta} - 2\boldsymbol{X}^\top \boldsymbol{y} + 2\mu\boldsymbol{\beta} = 0 \tag{3.89}$$

です．したがって，リッジ回帰における正規方程式は

$$(\boldsymbol{X}^\top \boldsymbol{X} + \mu \boldsymbol{I})\boldsymbol{\beta} = \boldsymbol{X}^\top \boldsymbol{y} \tag{3.90}$$

となるので，求める回帰係数は

$$\boldsymbol{\beta}_{ridge} = (\boldsymbol{X}^\top \boldsymbol{X} + \mu \boldsymbol{I})^{-1} \boldsymbol{X}^\top \boldsymbol{y} \tag{3.91}$$

となります．**プログラム 3.8** にリッジ回帰の Python プログラムを示します．このプログラムではパラメータ μ のデフォルト値は 0.1 となっています．

プログラム 3.8 リッジ回帰（linear_regression）

```
1  import numpy as np
2
3  def ridge(X, y, mu=0.1):
4      """
5      リッジ回帰を用いて回帰係数を計算します．
6
```

```
    パラメータ
    ----------
    X: 入力データ
    y: 出力データ
    mu: パラメータ（デフォルト：0.1）

    戻り値
    -------
    beta_ridge: 回帰係数
    """

    # yをベクトル化します
    y = y.reshape(-1, 1)

    # リッジ回帰の回帰係数を求めます
    I = np.eye(X.shape[1])
    beta_ridge = np.linalg.inv(X.T @ X + mu * I) @ X.T @ y
    return beta_ridge
```

ここで，通常の最小二乗法の正規方程式 (3.15) 式と比較すると，通常の最小二乗法には $\boldsymbol{X}^\top\boldsymbol{X}$ の逆行列を計算していますが，リッジ回帰における正規方程式では $\boldsymbol{X}^\top\boldsymbol{X}+\mu\boldsymbol{I}$ の逆行列を用いていることがわかります．つまり，行列 $\boldsymbol{X}^\top\boldsymbol{X}$ の対角成分に μ を加えています．これにはどのような意味があるのでしょうか．

正方行列 $\boldsymbol{A}\in\mathbb{R}^{N\times N}$ の対角成分の和 $\sum_{i=1}^{N}a_{ii}$ をトレース（跡）とよび，$\mathrm{tr}(\boldsymbol{A})$ と表します．トレースには，λ_i を $\boldsymbol{A}$ の固有値として

$$\mathrm{tr}(\boldsymbol{A})=\sum_{i=1}^{N}\lambda_i \tag{3.92}$$

という，トレースがすべての固有値の和と一致するという重要な性質があります．対角成分に μ を加えることは，行列 $\boldsymbol{X}^\top\boldsymbol{X}$ のトレース，つまり固有値の和を大きくしているということになり，最小固有値も μ だけ大きくなります．最小固有値が大きいということは，同時に最小特異値が大きいということを意味するので[*27]，逆行列計算の条件のよさを測る条件数 $\kappa(\boldsymbol{A})$ を小さくすることになります[*28]．

条件数は小さいほど条件がよいことを意味するので，リッジ回帰において

*27　2.12 節で説明しましたが，行列 $\boldsymbol{A}$ の特異値は，積和行列 $\boldsymbol{A}^\top\boldsymbol{A}$ の正の固有値の平方根に一致する，ということを思い出してください．

*28　条件数 $\kappa(\boldsymbol{A})$ の定義は．最大特異値，最小特異値を $\sigma_{\max}$，$\sigma_{\min}$ として $\kappa(\boldsymbol{A})=\sigma_{\max}/\sigma_{\min}$ でした．

対角成分にμを加えることは，行列$\boldsymbol{X}^\top \boldsymbol{X}$の条件数を改善させ，逆行列計算を安定させる効果があります．

3.7 節の数値例について，リッジ回帰を適用してみましょう．リッジ回帰はパラメータμによって変化しますので，ここでは$\mu = 0.1, 1$で計算してみます．

プログラム 3.9 リッジ回帰の数値例

```
# パラメータを0.1に設定します
mu = 0.1
beta1 = ridge(X1, y, mu)
print(beta1)

[[ 0.21088992]
[-0.65139114]
[ 0.47615414]]

beta2 = ridge(X2, y, mu)
print(beta2)

[[ 0.21198147]
[-0.65545325]
[ 0.47322964]]

# パラメータを1に設定します
mu = 1
beta1 = ridge(X1, y, mu)
print(beta1)

[[ 0.01017256]
[-0.47145393]
[ 0.3798    ]]

beta2 = ridge(X2, y, mu)
print(beta2)

[[ 0.01227368]
[-0.47396013]
[ 0.37864896]]
```

$\mu = 0.1$のとき

$$\boldsymbol{\beta}_{1,ridge}^{\mu=0.1} = \begin{bmatrix} 0.21 \\ -0.65 \\ 0.47 \end{bmatrix}, \ \boldsymbol{\beta}_{2,ridge}^{\mu=0.1} = \begin{bmatrix} 0.21 \\ -0.65 \\ 0.47 \end{bmatrix} \tag{3.93}$$

$\mu = 1$のとき

$$\boldsymbol{\beta}_{1,ridge}^{\mu=1} = \begin{bmatrix} 0.01 \\ -0.47 \\ 0.37 \end{bmatrix}, \ \boldsymbol{\beta}_{2,ridge}^{\mu=1} = \begin{bmatrix} 0.01 \\ -0.47 \\ 0.37 \end{bmatrix} \tag{3.94}$$

となり，変数間に相関関係のあるデータでも安定した回帰係数を得ることができました．

なお，$\boldsymbol{X}_1'$の場合は積和行列の条件数は$\kappa(\boldsymbol{X}_1'^{\top}\boldsymbol{X}_1') = 2.35 \times 10^5$でしたが，$\mu = 0.1$と$\mu = 1$とした場合の条件数は，81および9.01まで改善します．やはりμを大きくした方が，条件数が小さくなっていることがわかります．

リッジ回帰はパラメータμをどのように決めるのかという問題はありますが，多重共線性の問題を回避でき，また直感的でわかりやすい方法です．しかし，データに含まれるサンプル数が，入力変数の数よりも少ないというスモールデータにありがちな状況となると，回帰係数の計算そのものができなくなってしまうという最小二乗法の問題は解決できていません．

3.12 部分的最小二乗法（PLS）

ここまで，多重共線性の問題を回避するための方法として，PCRとリッジ回帰を紹介しました．しかし，リッジ回帰ではサンプル数が入力変数の数よりも少ない場合，最小二乗法同様に回帰係数の計算ができません．PCRでは採用する主成分数をサンプル数以下まで削減すれば，回帰係数の計算自体はできますが，そこまで次元を削減して，つまり大量の情報を捨てて無理矢理，線形回帰モデルを学習させたとして，高い精度を達成できるかは疑問です．また，PCRではPCAを用いて入力データ$\boldsymbol{X}$の次元を削減しますが，PCAでは入力変数間における相関関係しか考慮していません．しかし，3.3節で説明したとおり，線形回帰では入力変数と出力変数との間での相関関係が重要ですので，入力データの次元を削減する際も，入力変数間の相関関係のみならず入出力間の相関関係も考慮すべきではないかと考えられます．

そこで線形回帰モデルの学習アルゴリズムとしておすすめしたいのが，部分的最小二乗法（Partial Least Squares; PLS）です[10]．PLSでは，入力

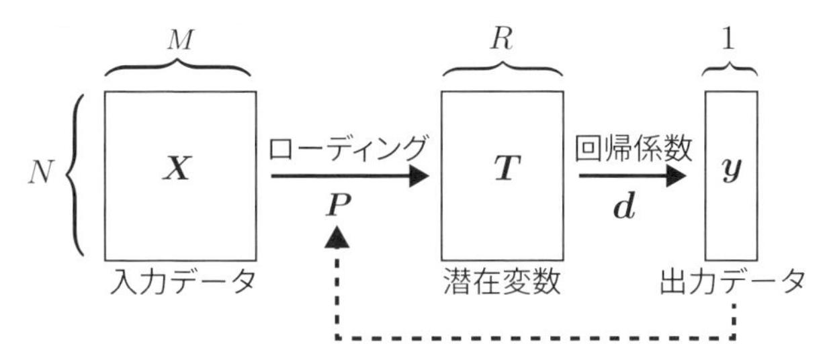

図 3.8 PLS では，共通の潜在変数 $\boldsymbol{T}$ を用いて入力データ $\boldsymbol{X}$ と出力データ $\boldsymbol{y}$ を表現します．PCR との違いは，潜在変数 $\boldsymbol{T}$ の決定には入力のみならず，出力の情報も活用するところにあります．

変数と出力変数を直接モデル化せず，入力変数の線形結合で潜在変数を導出し，その潜在変数の線形結合で出力変数を表現します．

ここで潜在変数とは，その値が直接観測されることはありませんが，モデルの中に存在する変数のことで，サンプル生成の背後にある状態などを表現するのに用いられるものです．潜在変数という概念はPLSに特有のものではなく機械学習では一般的なもので，たとえば混合ガウス分布や隠れマルコフモデルなどに登場します．また，機械学習以外でも，現代制御理論で登場する状態空間モデルの状態変数も，直接観測できない変数という意味では潜在変数の一種です．

PLSの特徴は，入力データ $\boldsymbol{X}$ と出力データ $\boldsymbol{y}$ を共通の潜在変数 $\boldsymbol{T}$ で表現するところです．PLSの構造を**図 3.8** に示します．

出力変数が一つのときのPLSを，PLS1とよびます．PLS1モデルは

$$\boldsymbol{X} = \boldsymbol{T}\boldsymbol{P}^\top + \boldsymbol{E} = \sum_{r=1}^{R} \boldsymbol{t}_r \boldsymbol{p}_r^\top + \boldsymbol{E} \tag{3.95}$$

$$\boldsymbol{y} = \boldsymbol{T}\boldsymbol{d} + \boldsymbol{f} = \sum_{r=1}^{R} d_r \boldsymbol{t}_r + \boldsymbol{f} \tag{3.96}$$

と表現されます．ここで，$\boldsymbol{t}_r \in \mathbb{R}^N (r = 1, \ldots, R)$ が潜在変数ベクトルであり，$\boldsymbol{T} \in \mathbb{R}^{N \times R}$ は $\boldsymbol{t}_r$ を並べた潜在変数行列です．また，$\boldsymbol{p}_r \in \mathbb{R}^M (r = 1, \ldots, R)$ はローディングベクトル，$\boldsymbol{P} \in \mathbb{R}^{M \times R}$ は $\boldsymbol{p}_r$ を並べたローディング行列であり，$\boldsymbol{d} \in \mathbb{R}^R$ は $\boldsymbol{y}$ を予測するための回帰係数です．また，$R (\leq M)$ は採用する潜在変数の数で，$\boldsymbol{E} \in \mathbb{R}^{N \times M}$ と $\boldsymbol{f} \in \mathbb{R}^N$ は，それぞれ誤差です．潜在変数の数 R が入力変数の数 M より小さいことから，潜在変数は入力変

数を次元削減したものであることがわかります．

PLSモデルを眺めていると，(3.95) 式はPCAと類似であり，(3.96) 式は潜在変数を入力とした線形回帰モデルになっているがわかります．つまり，PLSはPCRのように，PCAと回帰分析を組み合わせたような方法であるといえます．PCRではハイパーパラメータに相当する主成分の数によって結果が変化しますが，PLSでも同様に，採用する潜在変数の数Rによって結果が変わります．このようにPCRとPLSは似通った手法になっていますが，PCRとPLSではどのような点が異なるのでしょうか．

PCRでは，入力データ$\boldsymbol{X}$をPCAによってデータの次元を削減し，主成分得点を入力として最小二乗法によって回帰係数を求める方法でした．PCAにおける主成分の導出には，前章で説明したとおり，$\boldsymbol{X}$しか考慮していません．しかし，3.3 節で説明したように，回帰分析では入出力間の相関関係が重要です．したがって，データの次元を削減する際に$\boldsymbol{X}$のみしか考慮しないPCRには，不満が残ります．回帰モデルを学習させるのであれば，入力データ$\boldsymbol{X}$を次元削減する際に出力データ$\boldsymbol{y}$も考慮した方が，より回帰モデルに適した次元削減が可能ではないか，と考えられるのです．

3.13 PLS1モデルの導出

PLSの潜在変数は，入力変数間の相関関係のみならず，出力変数との相関関係も考慮して決定します．まず，第1潜在変数ベクトル$\boldsymbol{t}_1$の分散$\sigma_{t_1}^2$を考えます．

$$\sigma_{t_1}^2 = \frac{1}{N-1}\boldsymbol{t}_1^\top \boldsymbol{t} = \frac{1}{N-1}\|\boldsymbol{t}_1\|^2 \tag{3.97}$$

さらに，潜在変数と出力変数の共分散$\sigma_{yt_1}^2$は

$$\sigma_{yt_1}^2 = \frac{1}{N-1}\boldsymbol{y}^\top \boldsymbol{t}_1 = \frac{1}{N-1}\|\boldsymbol{y}\|\|\boldsymbol{t}_1\|\cos\theta_{yt_1} \tag{3.98}$$

です．2.2 節で説明したように，$\cos\theta_{yt_1}$が潜在変数と出力変数との相関係数に相当しますので，$\cos\theta_{yt_1}$を最大化するように潜在変数を決定します．Nはサンプルの数，$\boldsymbol{y}$は出力データで，これらは事前に観測されたデータですので，学習時には固定されています．つまり，潜在変数と出力変数との共分散$\sigma_{yt_1}^2$を最大化するには，出力変数と潜在変数の相関係数と，潜在変数の分散の積を最大にしなければなりません．このようにしてPLSでは，入力変

数間の相関関係のみならず出力変数との相関関係も考慮して潜在変数を決定します．

では，潜在変数を導出してみましょう．PCAと同様にまずは第1潜在変数からです．潜在変数は入力変数の線形結合で表現されるとします．

$$t_1 = \sum_{m=1}^{M} w_{m1} x_m \tag{3.99}$$

ここで，x_m は m 番目の入力変数で，$\boldsymbol{w}_1 = [w_{11}, \ldots, w_{m1}, \ldots, w_{M1}]^\top \in \mathbb{R}^M$ は第1潜在変数に対応する重みベクトルです．入力データのサンプルは N 個あるのでこれをまとめて書くと，第1潜在変数ベクトル $\boldsymbol{t}_1 \in \mathbb{R}^N$ は

$$\boldsymbol{t}_1 = \boldsymbol{X}\boldsymbol{w}_1 \tag{3.100}$$

となります．第1潜在変数ベクトル $\boldsymbol{t}_1$ を求めるには，重みベクトル $\boldsymbol{w}_1$ を決定しなければなりません．

さて，$\boldsymbol{t}_1$ は $\boldsymbol{y}$ と $\boldsymbol{t}_1$ の共分散である (3.98) 式が最大となるようにするのでした．共分散 (3.98) 式の中の $1/(N-1)$ は固定されているので，最大化の対象は

$$\phi_1 = \boldsymbol{y}^\top \boldsymbol{t}_1 = \boldsymbol{y}^\top \boldsymbol{X}\boldsymbol{w}_1 \tag{3.101}$$

の部分です．ただし，$\boldsymbol{w}_1$ のノルムを大きくすると ϕ_1 はいくらでも大きくできるため，$\|\boldsymbol{w}_1\|^2 = \boldsymbol{w}_1^\top \boldsymbol{w}_1 = 1$ と制約します．

つまり，この最大化問題は制約付き極値問題になるため，PCAと同様にラグランジュの未定乗数法を用いて解くことができます．ラグランジュ乗数を λ とすると，目的関数 J_1 は

$$J_1 = \boldsymbol{y}^\top \boldsymbol{X}\boldsymbol{w}_1 - \lambda(\boldsymbol{w}_1^\top \boldsymbol{w}_1 - 1) \tag{3.102}$$

と書けます．したがって，J_1 を $\boldsymbol{w}_1$ で偏微分して0とおくと

$$\frac{\partial J_1}{\partial \boldsymbol{w}_1} = \boldsymbol{X}^\top \boldsymbol{y} - 2\lambda \boldsymbol{w}_1 = 0 \tag{3.103}$$

となり，$\boldsymbol{X}^\top \boldsymbol{y} = 2\lambda \boldsymbol{w}_1$ という関係が成り立ちます．これを (3.101) 式に代入すると

$$\phi_1 = \boldsymbol{y}^\top \boldsymbol{X}\boldsymbol{w}_1 = \left(\boldsymbol{X}^\top \boldsymbol{y}\right)^\top \boldsymbol{w}_1 = 2\lambda \boldsymbol{w}_1^\top \boldsymbol{w}_1 = 2\lambda \tag{3.104}$$

です．一方で，(3.103) 式より $\boldsymbol{w}_1 = \boldsymbol{X}^\top \boldsymbol{y}/(2\lambda)$ ですから

$$\phi_1 = \boldsymbol{y}^\top \boldsymbol{X} \boldsymbol{w}_1 = \boldsymbol{y}^\top \boldsymbol{X} \boldsymbol{X}^\top \boldsymbol{y}/2\lambda = \left\| \boldsymbol{X}^\top \boldsymbol{y} \right\|^2 / \phi_1 \tag{3.105}$$

とも書けます．これらを整理すると

$$\phi_1 = \left\| \boldsymbol{X}^\top \boldsymbol{y} \right\| = 2\lambda \tag{3.106}$$

となります．このことから，ラグランジュ乗数 λ は $\boldsymbol{y}$ と $\boldsymbol{t}_1$ の共分散に対応していることがわかります．

この結果を (3.103) 式に代入すると，重みベクトル $\boldsymbol{w}_1$ は

$$\boldsymbol{w}_1 = \frac{\boldsymbol{X}^\top \boldsymbol{y}}{2\lambda} = \frac{\boldsymbol{X}^\top \boldsymbol{y}}{\|\boldsymbol{X}^\top \boldsymbol{y}\|} \tag{3.107}$$

と求めることができ，これによって (3.100) 式より第1潜在変数 $\boldsymbol{t}_1$ を計算できます．

しかし，(3.95) 式では，入力データ行列 $\boldsymbol{X}$ は潜在変数行列 $\boldsymbol{T}$ とローディング行列 $\boldsymbol{P}$ の積で表現されており，重みベクトル $\boldsymbol{w}_1$ は登場しません．したがって，求めた第1潜在変数ベクトル $\boldsymbol{t}_1$ より，これに対応するローディングベクトル $\boldsymbol{p}_1$ を求めなければなりません．

ここでは，m 番目の入力変数 x_m だけに着目します．すると，これは t_1 を入力として x_m を回帰しているとみなせるので，x_m に対応するローディング p_{m1} は最小二乗法で求めることができます．正規方程式の解より p_{m1} は

$$p_{m1} = \left(\boldsymbol{t}_1^\top \boldsymbol{t}_1 \right)^{-1} \boldsymbol{t}_1^\top \boldsymbol{x}_p = \frac{\boldsymbol{t}_1^\top \boldsymbol{x}_p}{\|\boldsymbol{t}_1\|^2} \tag{3.108}$$

となります．これをすべての変数 $x_m (m = 1, \ldots, M)$ で並べると，$\boldsymbol{t}_1$ に対応するローディングベクトル $\boldsymbol{p}_1$ は

$$\boldsymbol{p}_1 = \begin{bmatrix} \frac{\boldsymbol{t}_1^\top \boldsymbol{x}_1}{\|\boldsymbol{t}_1\|^2} & \frac{\boldsymbol{t}_1^\top \boldsymbol{x}_2}{\|\boldsymbol{t}_1\|^2} & \cdots & \frac{\boldsymbol{t}_1^\top \boldsymbol{x}_P}{\|\boldsymbol{t}_1\|^2} \end{bmatrix}^\top = \frac{\boldsymbol{X}^\top \boldsymbol{t}_1}{\|\boldsymbol{t}_1\|^2} \tag{3.109}$$

と決定することができました．

出力を予測する (3.96) 式ですが，これも第1潜在変数による回帰式ですので，やはり最小二乗法によって回帰係数 d_1 を求めることができます．

$$d_1 = \left(\boldsymbol{t}_1^\top \boldsymbol{t}_1 \right)^{-1} \boldsymbol{t}_1^\top \boldsymbol{y} = \frac{\boldsymbol{t}_1^\top \boldsymbol{y}}{\|\boldsymbol{t}_1\|^2} \tag{3.110}$$

したがって，第1潜在変数$\boldsymbol{t}_1$だけによる予測式は，(3.100)式を用いて

$$\hat{\boldsymbol{y}} = d_1\boldsymbol{t}_1 = d_1\boldsymbol{X}\boldsymbol{w}_1 = \boldsymbol{X}\boldsymbol{b}_1 \tag{3.111}$$

となります．ここで，$\boldsymbol{b}_1 = d_1\boldsymbol{w}_1$です．以上で，第1潜在変数$\boldsymbol{t}_1$を用いたPLSモデルが導出できました．

第2潜在変数$\boldsymbol{t}_2$ですが，第1潜在変数$\boldsymbol{t}_1$では表現できないデータの部分に対して，同じ操作を繰り返すことでも求めることができます．出力データ$\boldsymbol{y}$のうち，$\boldsymbol{t}_1$では表現できない部分は

$$\boldsymbol{y}_{(2)} = \boldsymbol{y} - d_1\boldsymbol{X}\boldsymbol{w}_1 = \left(\boldsymbol{I} - d_1\frac{\boldsymbol{X}\boldsymbol{X}^\top}{\|\boldsymbol{X}^\top\boldsymbol{y}\|}\right)\boldsymbol{y} \tag{3.112}$$

と書けます．同様に入力データ$\boldsymbol{X}$のうち，$\boldsymbol{t}_1$では表現できない部分は

$$\boldsymbol{X}_{(2)} = \boldsymbol{X} - \boldsymbol{t}_1\boldsymbol{p}_1^\top = \left(\boldsymbol{I} - \frac{\boldsymbol{t}_1\boldsymbol{t}_1^\top}{\|\boldsymbol{t}_1\|^2}\right)\boldsymbol{X} \tag{3.113}$$

となります．このように，データからそれまでに求めた潜在変数で表現されていない部分を抽出する手続きを，デフレーションとよびます．

第2潜在変数以降も，第1潜在変数導出と同様の手続きとデフレーションを繰り返すことで求めることができます．

3.14 PLS1モデルのNIPALSアルゴリズム

PLS1モデルを学習する一連の手続きを，**アルゴリズム3.1**にまとめましょう．このアルゴリズムを非線形反復部分最小二乗法（Nonlinear Iterative Partial Least Squares; NIPALS）とよびます．

このNIPALSアルゴリズムで注目すべきなのは，どこにも逆行列演算が登場しないことです．これによって，PLSでは多重共線性の問題や，サンプル数Nが入力変数Mよりも少なくなると最小二乗法では回帰係数が計算できなくなるなどの，逆行列計算に起因する問題を回避できるということがわかります．

PLSはこのような問題を考えなくてもよいため，スモールデータによる回帰分析には使い勝手のよいおすすめの手法です．

アルゴリズム 3.1　PLS1 の NIPALS アルゴリズム

1: 潜在変数の数 R を決定する.
2: $\boldsymbol{X}_{(1)} \longleftarrow \boldsymbol{X}$, $\boldsymbol{y}_{(1)} \longleftarrow \boldsymbol{y}$.
3: **for** $r = 1, \ldots, R$ **do**
4: 　重みベクトル $\boldsymbol{w}_r$ を決定する：$\boldsymbol{w}_r = \boldsymbol{X}_{(r)}^\top \boldsymbol{y}_{(r)} / \|\boldsymbol{X}_{(r)}^\top \boldsymbol{y}_{(r)}\|$.
5: 　潜在変数 $\boldsymbol{t}_r$ を計算する：$\boldsymbol{t}_r = \boldsymbol{X}_{(r)} \boldsymbol{w}_r$.
6: 　ローディングベクトル $\boldsymbol{p}_r$ を求める：$\boldsymbol{p}_r = \boldsymbol{X}_{(r)}^\top \boldsymbol{t}_r / \|\boldsymbol{t}_r\|^2$.
7: 　回帰係数 d_r を決定する：$d_r = \boldsymbol{t}_r^\top \boldsymbol{y}_{(r)} / \|\boldsymbol{t}_r\|^2$.
8: 　デフレーションを行う：$\boldsymbol{X}_{(r+1)} \longleftarrow \boldsymbol{X}_r - \boldsymbol{t}_r \boldsymbol{p}_r^\top$, $\boldsymbol{y}_{(r+1)} \longleftarrow \boldsymbol{y}_r - d_r \boldsymbol{t}_r$.
9: **end for**

3.15 重回帰モデルへの変換

PLSでは，入力と出力がそれぞれ (3.95)，(3.96) 式で表されますが，PLS も線形回帰モデルですので

$$\boldsymbol{y} = \boldsymbol{X}\boldsymbol{\beta}_{pls} + \boldsymbol{f}' \tag{3.114}$$

と通常の重回帰モデルの形で表現できます．ここで $\boldsymbol{\beta}_{pls} \in \mathbb{R}^M$ は回帰係数，$\boldsymbol{f}' \in \mathbb{R}^N$ は誤差です．

回帰係数 $\boldsymbol{b}$ は，ローディング行列 $\boldsymbol{P} \in \mathbb{R}^{M \times R}$ と，重みベクトルを並べた重み行列 $\boldsymbol{W}^{M \times R}$ を用いて

$$\boldsymbol{\beta}_{pls} = \boldsymbol{W}(\boldsymbol{P}^\top \boldsymbol{W})^{-1} \boldsymbol{d} \tag{3.115}$$

と書けます．

プログラム 3.10 に PLS1 で回帰係数を求める Python プログラムを示します．

プログラム 3.10　NIPALS による PLS1（linear_regression.py）

```
import numpy as np

def nipals_pls1(X, y, R):
  """
  NIPALSアルゴリズムを用いて回帰係数を計算します（PLS1）．

  パラメータ
  ----------
```

```
9      X: 入力データ
10     y: 出力データ
11     R: 潜在変数の数
12
13     戻り値
14     -------
15     beta: 回帰係数
16     W, P, D: PLS1モデルのパラメータ
17     T: 潜在変数
18     """
19
20     # yをベクトル化します
21     y = y.reshape(-1, 1)
22
23     # パラメータを保存する変数を作成します
24     W = np.zeros((X.shape[1], R))
25     P = np.zeros((X.shape[1], R))
26     D = np.zeros((R, 1))
27     T = np.zeros((X.shape[0], R))
28
29     # NIPALSを計算します
30     for r in range(R):
31       # 重みを求めます
32       w = (X.T @ y) / np.linalg.norm(X.T @ y)
33       # 潜在変数を計算します
34       t = X @ w
35       # ローディングベクトルを求めます
36       p = (X.T @ t) / (t.T @ t)
37       # 回帰係数を求めます
38       d = (t.T @ y) / (t.T @ t)
39       # デフレーションを行います
40       X = X - t.reshape(-1,1) @ p.T
41       y = y - t @ d
42       # パラメータを格納します
43       W[:,r] = w.T
44       P[:,r] = p.T
45       D[r] = d.T
46       T[:,r] = t.T
47
48     # 回帰係数を計算します
49     beta = W @ np.linalg.inv(P.T @ W) @ D
50     return beta, W, P, D, T
```

では，実際に3.7 節の数値例について，PLSの回帰係数$\boldsymbol{\beta}_{pls}$を求めてみましょう．潜在変数の数を$R = 2, 1$とした場合で考えます．

プログラム 3.11　PLS1の数値例

```
# 潜在変数が2のとき
R = 2
beta1 = nipals_pls1(X1, y, R)
print(beta1)

[[ 0.25850307]
[-0.68870411]
[ 0.4939176 ]]

beta2 = nipals_pls1(X2, y, R)
print(beta2)

[[ 0.25927822]
[-0.69216413]
[ 0.49144161]]

# 潜在変数が1のとき
R = 1
beta1 = nipals_pls1(X1, y, R)
print(beta1)
[[-0.23825147]
[-0.38052552]
[ 0.36808306]]

beta2 = nipals_pls1(X2, y, R)
print(beta2)
[[-0.23758087]
[-0.38091899]
[ 0.36748303]]
```

$R=2$のとき

$$\boldsymbol{\beta}_{1,pls}^{R=2} = \begin{bmatrix} 0.25 \\ -0.68 \\ 0.49 \end{bmatrix}, \qquad \boldsymbol{\beta}_{2,pls}^{R=2} = \begin{bmatrix} 0.26 \\ -0.69 \\ 0.49 \end{bmatrix} \tag{3.116}$$

$R=1$のとき

$$\boldsymbol{\beta}_{1,pls}^{R=1} = \begin{bmatrix} -0.23 \\ -0.38 \\ 0.36 \end{bmatrix}, \qquad \boldsymbol{\beta}_{2,pls}^{R=1} = \begin{bmatrix} -0.23 \\ -0.38 \\ 0.36 \end{bmatrix} \tag{3.117}$$

となり，3.7 節のPCRと近い結果が得られています．この数値例からもPLSとPCRは類似の手法であることがわかります．

3.16 出力変数が複数ある場合（PLS2）

これまでは出力変数の数が一つであるPLS1モデルを考えてきました．出力変数が複数ある場合，それぞれの出力変数ごとにPLS1にて複数のモデルを学習させることもできますが，PLS1を拡張することによって出力変数が複数の場合でも一つのモデルで学習させることができます．これをPLS2とよびます．

出力変数がL個あるとき，PLS2では出力データ$\boldsymbol{Y} \in \mathbb{R}^{N \times L}$に対する潜在変数$\boldsymbol{u}_r \in \mathbb{R}^N (r = 1, \ldots, R)$を考えます．PLS2モデルの全体は

$$\boldsymbol{X} = \boldsymbol{T}\boldsymbol{P}^\top + \boldsymbol{E} \tag{3.118}$$

$$\boldsymbol{Y} = \boldsymbol{U}\boldsymbol{C}^\top + \boldsymbol{f} \tag{3.119}$$

と表現されます．ここで$\boldsymbol{T} \in \mathbb{R}^{N \times R}$，$\boldsymbol{U} \in \mathbb{R}^{N \times R}$は潜在変数行列，$\boldsymbol{P} \in \mathbb{R}^{M \times R}$，$\boldsymbol{C} \in \mathbb{R}^{L \times R}$はローディング行列です．

PLS1では$\boldsymbol{X}$の線形結合として潜在変数$\boldsymbol{t}_r \in \mathbb{R}^N (r = 1, \ldots, R)$を表現しましたが，PLS2では同様に$\boldsymbol{Y}$の線形結合として潜在変数$\boldsymbol{u}_r$を考えます．まず第1潜在変数$\boldsymbol{t}_1$，$\boldsymbol{u}_1$は

$$\boldsymbol{t}_1 = \boldsymbol{X}\boldsymbol{w}_1 \tag{3.120}$$

$$\boldsymbol{u}_1 = \boldsymbol{Y}\boldsymbol{c}_1 \tag{3.121}$$

です．ここで，$\boldsymbol{w}_1 \in \mathbb{R}^M$と$\boldsymbol{c}_1 \in \mathbb{R}^L$は第1潜在変数に対応する重みベクトルです．ただし，$\|\boldsymbol{w}_1\| = \|\boldsymbol{c}_1\| = 1$とノルムを制約します．

PLS1では潜在変数と出力変数との共分散を最大とするように，潜在変数を決定しました．PLS2では二つの潜在変数$\boldsymbol{t}_1$と$\boldsymbol{u}_1$との共分散$\sigma_{tu} = \boldsymbol{t}_1^\top \boldsymbol{u}_1$を最大とするように潜在変数を決定します[*29]．ここでもラグランジュの未定乗数法を用います．λ_1，λ_2をラグランジュ乗数とすると，目的関数J_2は

$$\begin{aligned} J_2 &= \boldsymbol{t}_1^\top \boldsymbol{u}_1 - \lambda_1(\boldsymbol{w}_1^\top \boldsymbol{w}_1 - 1) - \lambda_2(\boldsymbol{c}_1^\top \boldsymbol{c}_1 - 1) & (3.122) \\ &= \boldsymbol{c}_1^\top \boldsymbol{Y}^\top \boldsymbol{X}\boldsymbol{w}_1 - \lambda_1(\boldsymbol{w}_1^\top \boldsymbol{w}_1 - 1) - \lambda_2(\boldsymbol{c}_1^\top \boldsymbol{c}_1 - 1) & (3.123) \end{aligned}$$

と書けます．まず$\boldsymbol{w}_1$について偏微分して0とおくと

*29　ここでもサンプル数Nは定数として扱われるので，無視しています．

$$\frac{\partial J_2}{\partial \boldsymbol{w}_1} = \boldsymbol{X}^\top \boldsymbol{Y} \boldsymbol{c}_1 - 2\lambda_1 \boldsymbol{w}_1 = 0 \tag{3.124}$$

ですので

$$\boldsymbol{X}^\top \boldsymbol{Y} \boldsymbol{c}_1 = 2\lambda_1 \boldsymbol{w}_1 \tag{3.125}$$

が得られます．同様にして，J_2 を $\boldsymbol{c}_1$ について偏微分して0とおくと

$$\boldsymbol{Y}^\top \boldsymbol{X} \boldsymbol{w}_1 = 2\lambda_2 \boldsymbol{c}_1 \tag{3.126}$$

となります．$\boldsymbol{w}_1^\top \boldsymbol{w}_1 = 1$ でしたので，(3.125) 式の両辺の左から $\boldsymbol{w}_1^\top$ をかけると

$$\boldsymbol{w}_1^\top \boldsymbol{X}^\top \boldsymbol{Y} \boldsymbol{c}_1 = 2\lambda_1 \boldsymbol{w}_1^\top \boldsymbol{w}_1 = 2\lambda_1 \tag{3.127}$$

$$\boldsymbol{t}_1^\top \boldsymbol{u}_1 = 2\lambda_1 \tag{3.128}$$

です．同様に (3.126) 式の両辺の左から $\boldsymbol{c}_1^\top$ をかけて

$$\boldsymbol{c}_1^\top \boldsymbol{Y}^\top \boldsymbol{X} \boldsymbol{w}_1 = 2\lambda_2 \boldsymbol{c}_1^\top \boldsymbol{c}_1 = 2\lambda_2 \tag{3.129}$$

$$\boldsymbol{u}_1^\top \boldsymbol{t}_1 = 2\lambda_2 \tag{3.130}$$

を得ます．このことから

$$2\lambda_1 = 2\lambda_2 = \lambda \tag{3.131}$$

であり，二つのラグランジュ乗数が等しいことがわかりました．したがって，(3.125) 式と (3.126) 式は

$$\boldsymbol{X}^\top \boldsymbol{u}_1 = \boldsymbol{X}^\top \boldsymbol{Y} \boldsymbol{c}_1 = \lambda \boldsymbol{w}_1 \tag{3.132}$$

$$\boldsymbol{Y}^\top \boldsymbol{t}_1 = \boldsymbol{Y}^\top \boldsymbol{X} \boldsymbol{w}_1 = \lambda \boldsymbol{c}_1 \tag{3.133}$$

と整理できました．

$\boldsymbol{w}_1$ と $\boldsymbol{c}_1$ は解析的な方法では求めることができず，繰り返し計算が必要です．この手順を**アルゴリズム 3.2** にまとめました．アルゴリズム中の ε は収束判定に用いる微小な数です．

PLS2 モデルでは，$\boldsymbol{Y}$ の潜在変数 $\boldsymbol{u}_1$ を用いているため，このままでは $\boldsymbol{X}$ からの出力予測ができません．そこで，$\boldsymbol{u}_1$ を $\boldsymbol{X}$ の潜在変数 $\boldsymbol{t}_1$ を用いて表現する単回帰モデルを考えます．

$$\boldsymbol{u}_1 = a_1 \boldsymbol{t}_1 + \boldsymbol{h}_1 \tag{3.134}$$

アルゴリズム 3.2 重みベクトル $\boldsymbol{w}_1$，$\boldsymbol{c}_1$ を決定するアルゴリズム

1: $k \longleftarrow 1$
2: $\boldsymbol{Y}$ の分散が最大の列を選択し，$\boldsymbol{u}_1^{\{0\}}$ とする．
3: **while do**
4: 　重みベクトル $\boldsymbol{w}_1^{\{k\}}$ を更新する：$\boldsymbol{w}_1^{\{k\}} = \boldsymbol{X}^\top \boldsymbol{u}_1^{\{k\}} / \|\boldsymbol{X}^\top \boldsymbol{u}_1^{\{k\}}\|$.
5: 　潜在変数 $\boldsymbol{t}_1^{\{k\}}$ を更新する：$\boldsymbol{t}_1^{\{k\}} = \boldsymbol{X}\boldsymbol{w}_1^{\{k\}}$.
6: 　重みベクトル $\boldsymbol{c}_1^{\{k\}}$ を更新する：$\boldsymbol{c}_1^{\{k\}} = \boldsymbol{Y}^\top \boldsymbol{t}_1^{\{k\}} / \|\boldsymbol{Y}^\top \boldsymbol{t}_1^{\{k\}}\|$.
7: 　潜在変数 $\boldsymbol{u}_1^{\{k\}}$ を更新する：$\boldsymbol{u}_1^{\{k\}} = \boldsymbol{Y}\boldsymbol{c}_1^{\{k\}}$.
8: 　収束判定を行う：
9: 　**if** $\|\boldsymbol{u}_1^{\{k\}} - \boldsymbol{u}_1^{\{k-1\}}\| < \varepsilon$ **then**
10: 　　終了する．
11: 　**else**
12: 　　$k \longleftarrow k+1$,
13: 　**end if**
14: **end while**

ここで a_1 は回帰係数，$\boldsymbol{h}_1$ は誤差です．これは最小二乗法によって回帰係数 a_1 を決定できるので

$$a_1 = \frac{\boldsymbol{u}_1^\top \boldsymbol{t}_1}{\|\boldsymbol{t}_1\|^2} \tag{3.135}$$

と得られます．(3.119) 式と (3.134) 式から，第1潜在変数についての出力予測式は

$$\boldsymbol{Y}_1 = \boldsymbol{u}_1\boldsymbol{c}_1^\top + \boldsymbol{f} = (a_1\boldsymbol{t}_1 + \boldsymbol{h}_1)\boldsymbol{c}_1^\top + \boldsymbol{f} \tag{3.136}$$

$$= a_1\boldsymbol{t}_1\boldsymbol{c}_1^\top + \boldsymbol{f}' = \boldsymbol{t}_1\boldsymbol{q}_1^\top + \boldsymbol{f}' \tag{3.137}$$

となります．ここで $\boldsymbol{q}_1 \in \mathbb{R}^L$ は $\boldsymbol{t}_1$ についての回帰係数です．**アルゴリズム 3.2** から $\boldsymbol{c}_1 = \boldsymbol{Y}^\top\boldsymbol{t}_1/\|\boldsymbol{Y}^\top\boldsymbol{t}_1\|$ でしたから，(3.135) 式と組み合わせて

$$\boldsymbol{q}_1 = a_1\boldsymbol{c}_1 = \frac{\boldsymbol{u}_1^\top\boldsymbol{t}_1}{\|\boldsymbol{t}_1\|^2}\frac{\boldsymbol{Y}^\top\boldsymbol{t}_1}{\|\boldsymbol{Y}^\top\boldsymbol{t}_1\|} = \frac{\boldsymbol{c}_1^\top\boldsymbol{Y}^\top\boldsymbol{t}_1}{\|\boldsymbol{t}_1\|^2}\frac{\boldsymbol{Y}^\top\boldsymbol{t}_1}{\|\boldsymbol{Y}^\top\boldsymbol{t}_1\|} \tag{3.138}$$

$$= \frac{\boldsymbol{c}_1^\top\boldsymbol{Y}^\top\boldsymbol{t}_1}{\|\boldsymbol{Y}^\top\boldsymbol{t}_1\|}\frac{\boldsymbol{Y}^\top\boldsymbol{t}_1}{\|\boldsymbol{t}_1\|^2} = \frac{\boldsymbol{c}_1^\top\boldsymbol{c}_1\boldsymbol{Y}^\top\boldsymbol{t}_1}{\|\boldsymbol{t}_1\|^2} = \frac{\boldsymbol{Y}^\top\boldsymbol{t}_1}{\|\boldsymbol{t}_1\|^2} \tag{3.139}$$

が得られました[*30]．この式の形から，回帰係数 $\boldsymbol{q}_1$ は $\boldsymbol{X}$ の第1潜在変数 $\boldsymbol{t}_1$ に

*30 $\boldsymbol{c}_1^\top\boldsymbol{c}_1 = \|\boldsymbol{c}\|^2 = 1$.

アルゴリズム 3.3　PLS2 の NIPALS アルゴリズム

1: 潜在変数の数 R を決定する．
2: $\boldsymbol{X}_{(0)} \longleftarrow \boldsymbol{X}$, $\boldsymbol{y}_{(0)} \longleftarrow \boldsymbol{Y}$
3: **for** $r = 1, \ldots, R$ **do**
4: 　アルゴリズム 3.2 より $\boldsymbol{w}_r$, $\boldsymbol{c}_r$, $\boldsymbol{t}_r$ を求める．
5: 　ローディングベクトル $\boldsymbol{p}_r$ を求める：$\boldsymbol{p}_r = \boldsymbol{X}_{(r)}^\top \boldsymbol{t}_r / \|\boldsymbol{t}_r\|^2$.
6: 　回帰係数 $\boldsymbol{q}_r$ を決定する：$\boldsymbol{q}_r = \dfrac{\boldsymbol{Y}_{(r)}^\top \boldsymbol{t}_r}{\|\boldsymbol{t}_r\|^2}$.
7: 　デフレーションを行う：$\boldsymbol{X}_{(r+1)} \longleftarrow \boldsymbol{X}_r - \boldsymbol{t}_r \boldsymbol{p}_r^\top$, $\boldsymbol{Y}_{(r+1)} \longleftarrow \boldsymbol{Y}_{(r)} - \boldsymbol{t}_r \boldsymbol{q}_r^\top$.
8: **end for**

よる $\boldsymbol{Y}$ の単回帰になっていることがわかります．つまり，PLS2では複数の出力変数を扱うために $\boldsymbol{Y}$ の潜在変数 $\boldsymbol{u}_r$ を考えたのですが，結局は $\boldsymbol{X}$ の潜在変数 $\boldsymbol{t}_r$ だけでモデルを表現できたことになります．

これまでは第1潜在変数について考えましたが，PLS1同様に $\boldsymbol{X}$，$\boldsymbol{Y}$ をデフレーションすることで，第2潜在変数以下も求めることができます．PLS2モデルを学習するNIPALSアルゴリズムを**アルゴリズム 3.3** にまとめましょう．

PLS2でもPLS1同様に，通常の重回帰モデルの形で表現できます．

$$\boldsymbol{Y} = \boldsymbol{X}\boldsymbol{B}_{pls} + \boldsymbol{F}' \tag{3.140}$$

ここで $\boldsymbol{B}_{pls} \in \mathbb{R}^{M \times L}$ は回帰係数，$\boldsymbol{F}' \in \mathbb{R}^{N \times L}$ は誤差です．回帰係数は

$$\boldsymbol{B}_{pls} = \boldsymbol{W}(\boldsymbol{P}^\top \boldsymbol{W})^{-1} \boldsymbol{Q}^\top \tag{3.141}$$

と書けます．ここで $\boldsymbol{P} \in \mathbb{R}^{M \times R}$ と $\boldsymbol{W}^{M \times R}$ はローディング行列と重み行列で，$\boldsymbol{Q} \in \mathbb{R}^{L \times R}$ は $\boldsymbol{q}_r$ を並べた行列です．

PLS2のPythonプログラムを**プログラム 3.12** にまとめました．大部分はPLS1のプログラムと同じですが，アルゴリズム2にて重みベクトル $\boldsymbol{w}_1$ と $\boldsymbol{c}_1$ を繰り返し計算で求める関数が `calc_parameter()` として追加されています[*31]．

プログラム 3.12 NIPALSによるPLS2（linear_regression.py）

```
# PLS2本体の関数
def nipals_pls2(X, Y, R, epsilon=0.01):
    """
    NIPALSアルゴリズムを用いて回帰係数を計算します（PLS2）.

    パラメータ
    ----------
    X: 入力データ
    Y: 出力データ
    R: 潜在変数の数
    epsilon: （デフォルト: 0.01）

    戻り値
    -------
    beta: 回帰係数
    W, P, Q: PLS2モデルのパラメータ
    T: 潜在変数
    """

    # Yをベクトル化します
    Y = Y.reshape(-1, 1)

    # パラメータを保存する変数を作成します
    W = np.zeros((X.shape[1], R))
    P = np.zeros((X.shape[1], R))
    Q = np.zeros((Y.shape[1], R))
    T = np.zeros((X.shape[0], R))

    for r in range(R):
        # アルゴリズム2 より w, c, t を求めます
        w, c, t = calc_parameter(X, Y, epsilon)
        # ローディングベクトルを求めます
        p = (X.T @ t) / (t.T @ t)
        # 回帰係数を求めます
        q = (Y.T @ t) / (t.T @ t)
        # デフレーションを行います
        X = X - np.outer(t, p)
        Y = Y - np.outer(t, q)
        # パラメータを保存します
        W[:,r] = w
        P[:,r] = p
        Q[:,r] = q
```

*31 **プログラム 3.12** のデフレーションの計算ではnp.outer()を用いてベクトルの直積を計算しています．NumPyのndarray型には，行ベクトル，列ベクトルの区別がないため，直積を計算しようとすると，@演算子では配列の長さが合致しないというエラーが発生します．NumPyには，ndarray型よりも行列計算に適したmatrix型という型もあります．matrix型を使うとより線形代数の表記に近い形でプログラムを書くことができ，@演算子でも直積を計算することができるのですが，NumPyの公式ドキュメントによると，matrix型を使う方法は現在では推奨されておらず，将来の廃止がアナウンスされています．本書でも，ndarray型のみで行列やベクトルを表現することにします．

```
43          T[:,r] = t
44
45      # 回帰係数を計算します
46      beta = W @ np.linalg.inv(P.T @ W) @ Q.T
47      return beta, W, P, Q, T
48
49    # アルゴリズム2を計算する関数
50    def calc_parameter(X, Y, epsilon):
51      u = Y[:,0]
52      while True:
53          # 重みベクトル w を更新します
54          w = X.T @ u / np.linalg.norm(X.T @ u)
55          # 潜在変数 t を更新します
56          t = X @ w
57          # 重みベクトル c を更新します
58          c = Y.T @ t /np.linalg.norm(Y.T @ t)
59          # 潜在変数 u を更新します
60          u_new = Y @ c
61          # 収束判定を行います
62          if np.linalg.norm(u_new - u) < epsilon: break
63          u = u_new
64      return w, c, t
```

3.17 PLSと固有値問題・特異値分解

前章では，PCAは入力変数間の相関関係に基づいて次元を削減する方法であり，入力データ行列$\boldsymbol{X}$の積和行列$\boldsymbol{X}^\top\boldsymbol{X}$の固有値問題，または$\boldsymbol{X}$の特異値分解（SVD）に帰着されることを説明しました．一方，PLSでは，入力変数間の相関関係のみならず入出力間の相関関係も考慮して潜在変数を計算しますが，PCAとの類似性から，同様に固有値問題やSVDで解けるのではないかと考えられます．本節ではPLSと固有値問題・SVDとの関係を考察します．

(3.132) 式，(3.133) 式より，任意の潜在変数に対して

$$\boldsymbol{X}^\top\boldsymbol{Y}\boldsymbol{c} = \lambda\boldsymbol{w} \tag{3.142}$$

$$\boldsymbol{Y}^\top\boldsymbol{X}\boldsymbol{w} = \lambda\boldsymbol{c} \tag{3.143}$$

と書けます．ただし，$\boldsymbol{X}$も$\boldsymbol{y}$も適切にデフレーションされているとします．両式より$\boldsymbol{c}$を消去すると

$$\boldsymbol{X}^\top\boldsymbol{Y}\boldsymbol{Y}^\top\boldsymbol{X}\boldsymbol{w} = \lambda^2\boldsymbol{w} \tag{3.144}$$

アルゴリズム 3.4 SIMPLS アルゴリズム

1: 潜在変数の数 R を決定する.
2: $\boldsymbol{X}_{(0)} \longleftarrow \boldsymbol{X}$, $\boldsymbol{Y}_{(0)} \longleftarrow \boldsymbol{Y}$
3: **for** $r = 1, \ldots, R$ **do**
4: 　重みベクトル $\boldsymbol{w}_r$ を決定する：行列 $\boldsymbol{Y}_{(r)}^\top \boldsymbol{X}_{(r)}$ の最大特異値に対応する右特異ベクトル $\boldsymbol{w}_r$ を求める.
5: 　ローディングベクトル $\boldsymbol{p}_r$ を求める：$\boldsymbol{p}_r = \boldsymbol{X}_{(r)}^\top \boldsymbol{t}_r / \|\boldsymbol{t}_r\|^2$.
6: 　回帰係数 $\boldsymbol{q}_r$ を決定する：$\boldsymbol{q}_r = \dfrac{\boldsymbol{Y}_{(r)}^\top \boldsymbol{t}_r}{\|\boldsymbol{t}_r\|^2}$.
7: 　デフレーションを行う：$\boldsymbol{X}_{(r+1)} \longleftarrow \boldsymbol{X}_r - \boldsymbol{t}_r \boldsymbol{p}_r^\top$, $\boldsymbol{Y}_{(r+1)} \longleftarrow \boldsymbol{Y}_{(r)} - \boldsymbol{t}_r \boldsymbol{q}_r^\top$.
8: **end for**

が得られます．この式は行列 $\boldsymbol{X}^\top\boldsymbol{Y}\boldsymbol{Y}^\top\boldsymbol{X}$ の固有値問題であり，λ^2 と $\boldsymbol{w}$ は $\boldsymbol{X}^\top\boldsymbol{Y}\boldsymbol{Y}^\top\boldsymbol{X}$ の固有値と固有ベクトルです．$\boldsymbol{X}^\top\boldsymbol{Y}\boldsymbol{Y}^\top\boldsymbol{X}$ は M 次正方行列なので，この固有値問題には重複を含めて M 個の固有値があります．λ は最大化すべき共分散に対応していたので，最大固有値に対応する固有ベクトルが求める重みベクトル $\boldsymbol{w}$ に該当します．

2.12節で，行列 $\boldsymbol{A}$ の特異値は積和行列 $\boldsymbol{A}^\top\boldsymbol{A}$ の正の固有値の平方根に一致すると説明しました．行列 $\boldsymbol{X}^\top\boldsymbol{Y}\boldsymbol{Y}^\top\boldsymbol{X}$ は，行列 $\boldsymbol{Y}^\top\boldsymbol{X}$ の積和なので，λ は $\boldsymbol{Y}^\top\boldsymbol{X}$ の特異値になります．このことから，行列 $\boldsymbol{Y}^\top\boldsymbol{X}$ の最大特異値に対応する右特異ベクトルが，重みベクトル $\boldsymbol{w}$ になることもわかります．

このようにPLSは固有値問題やSVDを用いても解くことができ，これをSIMPLSアルゴリズムとよびます [11]．SVDを用いたSIMPLSアルゴリズムを**アルゴリズム 3.4**に示します[*32]．

SIMPLSアルゴリズムのPythonプログラムを**プログラム 3.13**に示します．ここからわかるように，SIMPLSアルゴリズムとNIPALSアルゴリズムの違いは，重みベクトル $\boldsymbol{w}_r$ の計算にSVDを用いている点だけです．なお，このプログラムでは寄与率を求めるコードが挿入されていますが，これは4.6.5 項で用います．

*32 PLS は，MATLAB では Statistics and Machine Learning Toolbox の `plsregress()`，Python では `sklearn.cross_decomposition.PLSRegression()` ですが，両者ともに実装はSVDに基づいたSIMPLSアルゴリズムです．

プログラム 3.13　SIMPLSによるPLS（linear_regression.py）

```
def simpls(X, Y, R):
  """
  SIMPLSアルゴリズムを用いて回帰係数を計算します.

  パラメータ
  ----------
  X: 入力データ
  Y: 出力データ
  R: 潜在変数の数

  戻り値
  --------
  beta: 回帰係数
  W, P, Q: PLS1モデルのパラメータ
  T, U: 潜在変数
  cont: 寄与率
  """

  # Yをベクトル化します
  Y = Y.reshape(-1, 1)

  # パラメータを保存する変数を作成します
  W = np.zeros((X.shape[1], R))
  P = np.zeros((X.shape[1], R))
  Q = np.zeros((Y.shape[1], R))
  T = np.zeros((X.shape[0], R))
  U = np.zeros((Y.shape[0], R))
  ssq  = np.zeros([R,2])
  ssqX = np.sum(X**2)
  ssqY = np.sum(Y**2)

  for r in range(R):
      # 特異値分解をします
      u, s, v = np.linalg.svd(Y.T @ X)
      # 最大特異値に対応する右特異値ベクトルを求めます
      w = v[0,:].T
      # 潜在変数 t を求めます
      t = X @ w
      # ローディングベクトルを求めます
      p = (X.T @ t) / (t.T @ t)
      # 回帰係数 q を求めます
      q = (Y.T @ t) / (t.T @ t)
      # 潜在変数 u を求めます
      u = Y @ q
      # デフレーションを行います
      X = X - np.outer(t,p)
      Y = Y - np.outer(t,q)
      ssq[r,0] = np.sum(X**2) / ssqX
      ssq[r,1] = np.sum(Y**2) / ssqY
      # パラメータを保存します
      W[:,r] = w.T
      P[:,r] = p.T
```

```
53            Q[:,r] = q.T
54            T[:,r] = t.T
55            U[:,r] = u.T
56
57        # 回帰係数を計算します
58        beta = W @ np.linalg.inv(P.T @ W) @ Q.T
59
60        # 寄与率を計算します
61        cont = np.zeros([R,2])
62        cont[0,:] = 1 - ssq[0,:]
63        for r in range(1,R):
64            cont[r,:] = ssq[r-1,:] - ssq[r,:]
65
66        return beta, W, P, Q, T, U, cont
```

SIMPLSを用いて3.7節の例を解いてみましょう．結果を**プログラム 3.11**と見比べると，求められた回帰係数が一致していることがわかります．

プログラム 3.14 SIMPLSの数値例

```
1    # 潜在変数が2のとき
2    R = 2
3    beta1 = simpls(X1, y, R)
4    print(beta1)
5
6    [[ 0.25850307]
7    [-0.68870411]
8    [ 0.4939176 ]]
9
10   beta2 = simpls(X2, y, R)
11   print(beta2)
12
13   [[ 0.25927822]
14   [-0.69216413]
15   [ 0.49144161]]
16
17   # 潜在変数が1のとき
18   R = 1
19   beta1 = simpls(X1, y, R)
20   print(beta1)
21   [[-0.23825147]
22   [-0.38052552]
23   [ 0.36808306]]
24
25   beta2 = simpls(X2, y, R)
26   print(beta2)
27   [[-0.23758087]
28   [-0.38091899]
29   [ 0.36748303]]
```

3.18 ハイパーパラメータの調整

通常，モデルの学習では手持ちのすべてのデータを学習に用いることはありません．モデルを学習させると必ず性能検証が必要ですが，学習に用いたデータでそのモデルの性能を検証してはなりません．これは学習に用いたデータに対しては予測性能が出やすいためで，学習に用いていない未知のデータに対する性能を評価することが必要です．未知のテストデータに対する性能を汎化性能とよび，汎化性能が高いモデルが望ましいといえます．学習に用いたデータには適合して高い性能を達成しているにもかかわらず汎化性能が低いときは，過学習しているといいます．

モデルの性能は，ハイパーパラメータ，つまり学習の中では決定することのできないパラメータを調整することで変化します．PLSモデルでは採用する潜在変数の数Rがハイパーパラメータなので，Rを調整すると性能が変化します．つまり**図3.9**のように，潜在変数を増やしていくと，それだけ学習データへの適合誤差および未知データへの予測誤差も減少するのですが，潜在変数を増やしすぎると，やがて未知データへの予測誤差が悪化していきます．このため，予測誤差を最小とする最適な潜在変数R_{opt}が存在することになります．

では，どのようにしてR_{opt}を探索するのがよいでしょうか．データが大量に利用可能であれば，データ全体を3分割するのがよいでしょう．つまり，手持ちのデータを，学習用データ（トレーニングデータ），調整用データ（バ

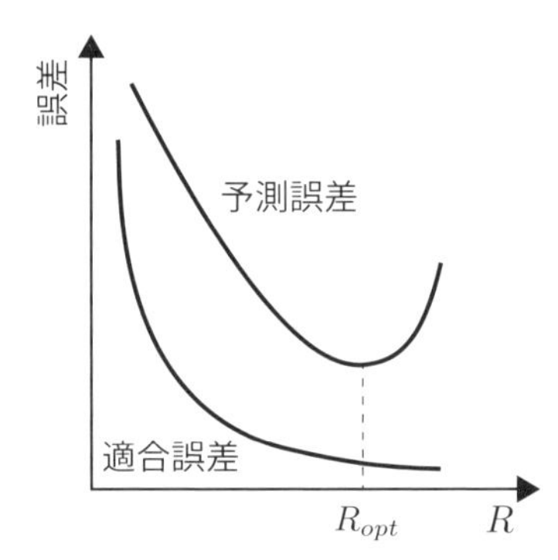

図3.9　潜在変数の数Rを調整すると，性能が変化します．Rを大きくすると予測誤差は減少しますが，あるところから増加に転じます．この予測誤差を最小とするRが最適な潜在変数R_{opt}です．

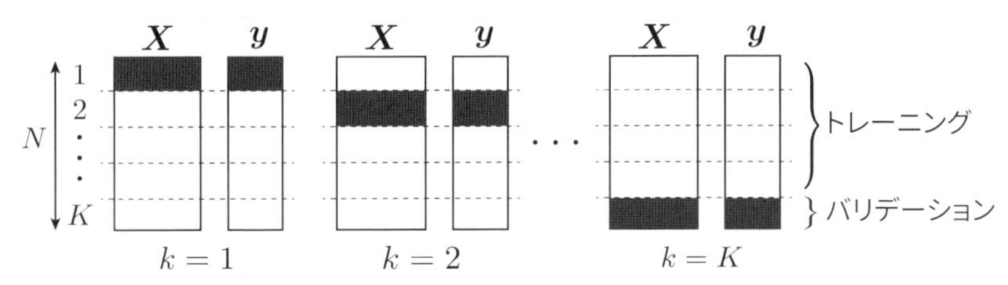

図 3.10 クロスバリデーションでは，データ全体を K 個のグループに分割して，一つのグループをバリデーションデータ，残りをトレーニングデータとして，モデル構築と性能確認を K 回繰り返して，誤差が最小となる潜在変数を探索します．

リデーションデータ)，性能検証用データ（テストデータ）に分割します．次に，潜在変数の数を変化させながらPLSモデルを学習させ，潜在変数の数ごとにバリデーションデータを用いて性能を計算します．そして，バリデーションデータにて最も性能が高くなる潜在変数の数を選択し，最終的な性能をテストデータで検証します．テストデータは学習にも潜在変数の数の探索にも用いていないため，完全に未知のデータでの性能検証ができます．ビッグデータを活用できる深層学習などでは，このようにデータを3分割してハイパーパラメータをチューニングすることが多いようです．

しかしながら，私たちが興味あるのはスモールデータです．ただでさえ少ないデータを3分割するのは，贅沢だといえます．最終的な性能を検証するためのテストデータは仕方ないとするにせよ，やはりできるだけ多くのデータを学習に使いたいと思うのは人情でしょう．そこで用いる方法が交差確認法（クロスバリデーション）です．

クロスバリデーションでは，データ全体を K 個のグループにランダムに分割し，そのうちの一つのグループをバリデーションデータ，残りのグループをトレーニングデータとして，1回ごとにバリデーションデータをとっかえひっかえしながら，モデル構築と性能確認を K 回繰り返し，誤差が最小となる潜在変数の数を求めます．**図 3.10** にクロスバリデーションの考え方を示します．

データを K 個に分割したときのクロスバリデーションを K 分割交差確認とよびますが，分割数 K を大きくしていくと，最終的にはサンプル数と等しいグループができます．この場合は一つのサンプルだけをバリデーションデータとして，残り $N-1$ 個のサンプルすべてをトレーニングデータとして，モデル構築と性能確認を N 回繰り返すことになります．この方法を

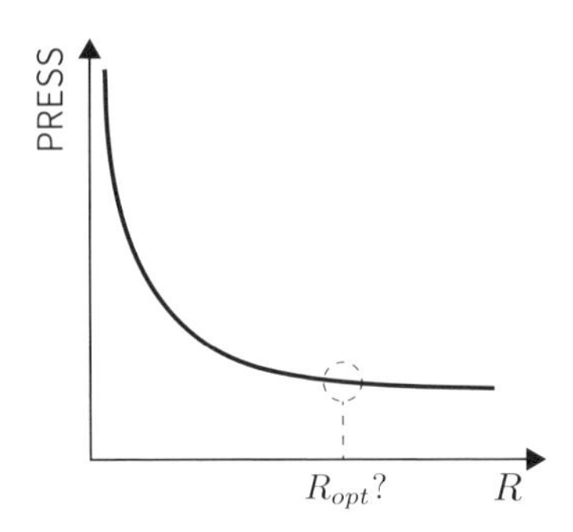

図 3.11　実データでクロスバリデーションを実行し，潜在変数の数 R に対して PRESS をプロットすると，多くの場合，PRESS の減少率が徐々に低下して，やがてプラトーになります．この場合，PRESS の変化がプラトーになったと思われる最小の潜在変数の数を選択します．

leave-one-out 法といいます．計算時間を気にしなければ，leave-one-out 法は正確に望ましい潜在変数の数を決定できるよい方法です．

ところで，先ほどから性能や誤差という言葉が何回も出てきました．クロスバリデーションにて潜在変数の数を決定する場合に適した性能の評価方法としては，PRESS（Prediction Residual Sum of Squares）とよばれる方法を用いるのが一般的です．y を真値，$\hat{y}$ をモデルによる予測値だとすると，PRESS は

$$\mathrm{PRESS} = \sum_{\text{テストデータ}} (y - \hat{y})^2 \tag{3.145}$$

と定義されます．この PRESS を潜在変数の数ごとに計算し，PRESS を最小とする潜在変数の数が最適な潜在変数の数 R_{opt} となります．そして，潜在変数の数を R_{opt} に固定してトレーニングデータ全体を用いて PLS モデルを再学習して，テストデータで最終的な性能を検証します．

実務上は，横軸を潜在変数の数 R，縦軸を PRESS としてプロットしても，**図 3.9** のような明確な谷の底が観察できることはむしろ稀です．どちらかというと，**図 3.11** のように，あるところから PRESS の減少率が徐々に低下して，やがて PRESS がプラトー[*33]になることが多いです．この場合は必要以上に潜在変数の数を増やすことは望ましくないので，PRESS の変化がプラトーになったと思われる最小の潜在変数の数を選択するようにします．

*33　プラトーとは停滞状態という意味です．つまり，それ以上性能改善が見られず横ばいになる状態を指します．

プログラム 3.15 はPLSの潜在変数の数をクロスバリデーションで最適化するプログラムです．このプログラムの具体的な使い方は，3.20 節で解説します．

プログラム 3.15 クロスバリデーション（linear_regression.py）

```
import numpy as np
from linear_regression import simpls
from scaling import autoscale, scaling, rescaling

def pls_cv(X, Y, maxLV, K=10):
  """
  クロスバリデーションでPLSの最適な潜在変数の数を探索します.

  パラメータ
  ----------
  X: 入力データ
  Y: 出力データ
  maxLV: 探索する潜在変数の最大値
  K: データ分割数（デフォルト10）

  戻り値
  -------
  optR: 最適な潜在変数の数
  press: PRESS
  """

  n, m = X.shape
  n, l = Y.shape
  R = np.arange(1, maxLV + 1)
  all_index = [i for i in range(n)]
  # 分割されたデータのサンプル数
  validation_size = n // K
  # クロスバリデーションの結果を保存する変数
  result = np.matrix(np.zeros((K, len(R))))

  # 配列をシャッフルします
  Z = np.hstack((X, Y))
  rng = np.random.default_rng()
  rng.shuffle(Z, axis = 0)
  X = Z[:,0:m]
  Y = Z[:,m:m+l]

  # 各潜在変数に対してクロスバリデーションにてPRESSを計算します
  for i, r in enumerate(R):
    for k in range(K):
      # クロスバリデーション用にデータを K 分割し,
      # 学習用データと検証用データを選択します
      if k != K - 1:
        val_index = all_index[k * validation_size : (k+1) * ↩
            validation_size - 1]
```

```
45          else:
46            val_index = all_index[k * validation_size:]
47          train_index = [i for i in all_index if not i in val_index]
48          X_train = X[train_index,:]
49          X_val = X[val_index,:]
50          Y_train = Y[train_index,:]
51          Y_val = Y[val_index,:]
52
53          # 各データを標準化します
54          X_train, meanX, stdX = autoscale(X_train)
55          Y_train, meanY, stdY = autoscale(Y_train)
56          X_val = scaling(X_val, meanX, stdX)
57
58          # 学習用データを用いて回帰係数を計算します
59          beta, _, _, _, _, _, _ = simpls(X_train, Y_train, r)
60
61          # 計算した回帰係数からX_valの予測値Y_hatを計算し
62          # 元のスケールに戻します
63          Y_hat = X_val @ beta
64          J = Y_hat.shape[0]
65          for j in range(J):
66            Y_hat[j,:] = rescaling(Y_hat[j,:], meanY, stdY)
67
68          # PRESSを計算し保存します
69          press_val = PRESS(Y_val, Y_hat)
70          result[k, i] = press_val
71          press = np.sum(result,axis=0)
72
73      # PRESSが最小となったとき潜在変数を探索します
74      optR = R[np.argmin(press)]
75      return optR, press
76
77    def PRESS(y, y_hat):
78
79      press_val = np.diag((y - y_hat).T @ (y - y_hat))
80      return press_val
```

3.19 回帰モデルの性能評価

クロスバリデーションではPRESSを用いて性能を評価しましたが，これは最適な潜在変数の数 R_{opt} を探索するためでした．この結果を最終的なモデルの性能とはできません．では，テストデータを用いた性能評価はどのように行うのでしょうか．

一般的な回帰モデルの性能評価の指標には，平均的な予測誤差の指標である根平均二乗誤差（Root Mean Squared Error; RMSE）を用いることが多

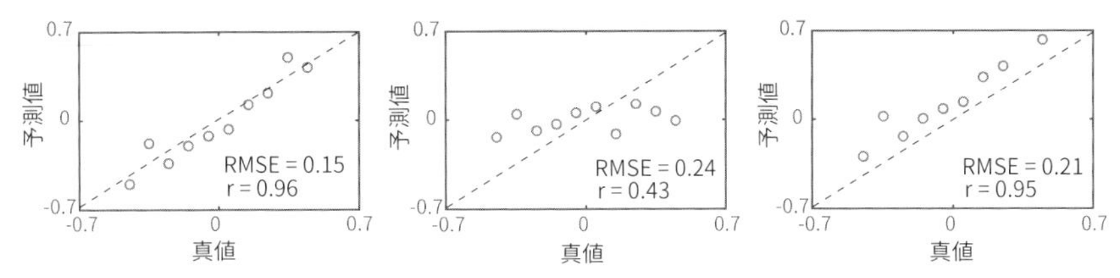

図 3.12　中央の図はモデルはほぼ一定値を出力しており，ほとんど予測をしていません．一方で，右の図のモデルは予測値にバイアスが存在しています．モデルがどのような予測をしているかは，RMSE と相関係数 r だけでは把握が困難です．必ず真値と予測値をプロットしてみて，視覚的に性能を確認しましょう．

いです．テストデータのサンプルが I 個あり，真値を $y_i(i = 1, \ldots, I)$，モデルによる y_i の予測値を $\hat{y}_i$ とすると，RMSE は

$$\mathrm{RMSE} = \sqrt{\frac{1}{N}\sum_{i=1}^{I}(y_i - \hat{y}_i)^2} \tag{3.146}$$

と定義されます．RMSE は誤差の指標なので，小さい方が性能が高いことを示します．

しかし，RMSE だけでは回帰モデルの性能を評価できません．たとえば**図 3.12**（中央）のような状況も想定されるためです．この図は横軸が真値，縦軸が予測値であり，対角線にサンプルが乗るほどよい予測をしていることを意味します．**図 3.12**（中央）の場合，モデルはほぼ一定値を出力しており，ほとんど予測をしていないことになりますが，正しく予測をしている**図 3.12**（左）のモデルと比較して，RMSE はさほど悪化していないように思えます．

このような場合を想定し，モデルの予測値を $\hat{y}_i$ が真値 y_i を追従しているかを確認するため，真値と予測値との相関係数 r も評価に加えます．r は1に近いほどモデルの予測性能が高いことを示します．実際に**図 3.12**（中央）の相関係数は低く，正しく予測ができていないことがわかります[*34]．

ただし，相関係数 r だけで回帰モデルの性能の評価をするのも危険です．**図 3.12**（右）のモデルは予測値にバイアスが存在している状況です．この場合，真値と予測値には常にほぼ一定の誤差があるため，相関係数は高くて

*34　分析化学などの分野では，モデルの性能を評価に相関係数の二乗である決定係数 r^2 を用いることもあります．これは分野による文化の違いによるもので，r と r^2 には本質的な差はありません．

も，**図 3.12**（左）と比較してRMSEは悪化しています．もっとも，この場合はバイアスを補正すれば，モデルの精度を改善できます．

この例から回帰モデルの性能は，RMSEと相関係数rを同時に評価すべきであることがわかります．なにより，RMSEやrの数字だけを見るのではなく，必ず真値と予測値をプロットしてみて，視覚的に性能を確認するのが重要です．

プログラム 3.16はRMSEと相関係数rを計算するPythonプログラムです．このプログラムでは，第3引数`pltflg`を`True`に指定すると，**図 3.12**のような真値と予測値の関係がプロットされます．

プログラム 3.16　RMSEと相関係数（linear_regression.py）

```
import numpy as np
import matplotlib.pyplot as plt

def pred_eval(y, y_hat, pltflg=False):
  """
  RMSEと相関係数を計算します.

  パラメータ
  ----------
  y: 真値
  y_hat: 予測値
  pltflg: プロットのOn/Off（デフォルト: False）

  戻り値
  -------
  rmse: RMSE
  r: 相関係数
  """

  rmse = np.linalg.norm(y-y_hat)/np.sqrt(len(y))
  r = np.corrcoef(y, y_hat)[0, 1]

  if plotflg:

    # 散布図をプロットします
    fig, ax = plt.subplots()
    plt.xlabel('Reference')
    plt.ylabel('Prediction')
    plt.scatter(y, y_hat)

    # プロットの範囲を取得します
    xmin, xmax = ax.get_xlim()
    ymin, ymax = ax.get_ylim()

    plt.plot([xmin, xmax], [ymin, ymax], color = ↩
```

```
            "darkgreen",linestyle = "dashed")

        # 相関係数とRMSEをプロット中に表示します
        # f''は文字列のフォーマットを指定しています
        r_text = f'r={r:.2f}'
        rmse_text = f'rmse={rmse:.2f}'

        posx = (xmax - xmin)*0.1 + xmin
        posy_1 = (ymax - ymin)*0.8 + ymin
        posy_2 = (ymax - ymin)*0.75 + ymin
        ax.text(posx, posy_1, r_text)
        ax.text(posx, posy_2, rmse_text)

        plt.show()

    return rmse, r
```

3.20 分光分析による物性推定

ここでは，回帰分析の応用列をPythonのプログラミングを通じて紹介しましょう．入力変数が非常に高次元で，かつサンプルが極めて少数となる回帰分析の例として，分光分析データの解析があります．

3.20.1 分光法

分光法とは，物理的観測量の強度を周波数などの関数としてスペクトル（spectrum）を測定することで，対象の物性などを調べる分析方法のことです．たとえば，光（電磁波）を対象の物体に照射したときに得られる吸光スペクトルは，その物質固有のパターンと物質量に比例したピーク強度を示すので，吸光スペクトルデータを解析することで物質の定性分析や定量分析ができます．

一般的な分光法の原理を説明しましょう．光を照射することで，物質の構成分子は光のエネルギーを吸収して状態が変化します[*35]．つまり，ある物質を透過（反射）させた光は，照射した元の光よりも，分子の状態遷移に使われたエネルギー分だけ弱くなります．この差をスペクトルとして検出するこ

*35 ここでの状態とは，分子の量子化された振動あるいは回転のことです．

とで，対象分子の振動・回転の励起に必要なエネルギーが求めることができます．このエネルギーは分子の化学構造によって異なるため，たとえば対象とする物質がどのような構造であるかを知ることができるわけです．

標準的な分光法では光（電磁波）を用いますが，用いる電磁波の波長領域によって，用いる装置が異なるために，波長領域によっていくつかに分類されます．たとえば，可視・紫外光分光，赤外光分光，近赤外分光，マイクロ波分光などがあります．この中で，本章では近赤外分光（Near InfraRed; NIR）を用いた定量分析の問題を扱います．NIRはおよそ波長780〜2 500 nmの電磁波であり，これは可視光線の赤色より波長が長く（周波数が低い），電波より波長の短い領域で，私たちヒトの目では見ることができません．NIRスペクトルは，物質によっては極めて特徴的なスペクトルを示すことがあったり，物質の状態によって敏感にスペクトルが変化するため，特に分析化学で頻繁に用いられる測定法です．

物質の物性値の測定には，通常，ラボでの定量分析が必要であり，コストと手間がかかります．一方で分光法でスペクトルを測定するだけであれば，物性値の定量分析よりも比較的短時間で実施できますので，スペクトルデータから物性値が推定できれば，定量分析の手間を大幅に削減できます．このためには，スペクトルデータから物性値を推定するモデル[*36]を，すでに測定されているスペクトルと物性値のデータから学習させる必要があります．

3.20.2　ディーゼル燃料の物性推定

オープンデータとして公開されているディーゼル燃料のNIRスペクトルデータを解析してみます．https://eigenvector.com/resources/data-sets/の“NIR spectra of diesel fuels”より，データセットをダウンロードしましょう．このデータセットでは，ファイルフォーマットとしてMATLAB形式（.mat）やカンマ区切り形式（.csv）などから選択できますが，データが最初から整理されて利用しやすいMATLAB形式を利用するものとします．

このデータセットは，複数のディーゼル燃料の試料のNIRスペクトル（750〜1 550 nmのスペクトルを2 nmごとに測定）と，それぞれの試料でのセタン価（Cetane Number; CN）[*37]や凝固点，密度などの物性値からなります．

*36　分析化学ではこのようなスペクトルから濃度や物性値を推定するモデルのことを，検量線とよびます．

ここではセタン価を推定するモデルを学習させるために，“CNGATEST”をダウンロードしましょう．

ダウンロードしたzipファイルを展開すると，CNGATEST.matというMATLAB形式のファイルが得られ，これをPythonで読み込みます[*38]．

プログラム 3.17 ディーゼル燃料のスペクトルデータの読込

```
import scipy.io

# MATLAB形式のファイルを読み込みます
dict = scipy.io.loadmat('CNGATEST.mat')

# データは辞書型として保存されているので，キーを確認します
print(CNGATEST_dict.keys())

dict_keys(['__header__', '__version__', '__globals__', 'cn_sd_hl', ↩
    'cn_y_hl', 'cn_sd_ll_a', 'cn_sd_ll_b', 'cn_y_ll_a', 'cn_y_ll_b'])
```

MATLAB形式のファイルを読み込むと，データは辞書型として保存され，辞書型のキーが変数名となっています．キーは9個ありますが，__header__，__vesrion__，__globals__はscipy.io.loadmat()が生成するヘッダ情報などで解析には必要ありません．そこで，本節で解析に用いるのはcn_sd_hl，cn_y_hl，cn_sd_ll_a，cn_sd_ll_b，cn_y_ll_a，cn_y_ll_bとなります．

本データのダウンロードサイトの説明によると，cn_sd_*がスペクトルデータで，cn_y_*がそれぞれのスペクトルに対応するセタン価です[*39]．このデータでは，あらかじめ学習用と検証用に二つのデータセットが用意されており，それが*_aと*_bです．さらに，*_hlには，高レバレッジサンプルとよばれるスペクトルに外れ値を含むデータが保存されています．ここではダウンロードサイトの説明に従い，高レバレッジサンプル*_hlと*_aをマージして学習データとして，*_bをテストデータとします．

*37 ディーゼル燃料のエンジン内での自己着火のしやすさ，およびノッキングの起こりにくさを示す数値です．セタン価が高いほど自己着火しやすく，ノッキングが起こりにくいことを示します．ガソリンにおけるオクタン価に相当します．

*38 PythonでMATLAB形式のファイルを読み込むには，scipy.io.loadmat()を利用します．

*39 *はワイルドカード文字で，任意の数の任意の文字を意味します．たとえば，文字列“a*b”は“atb”や“akb”だけでなく，“ab”，“absorb”などに一致します．

プログラム 3.18　学習データとテストデータの用意

```
import numpy as np

# 辞書型から配列を取り出します
cn_sd_hl = dict['cn_sd_hl']
cn_sd_ll_a = dict['cn_sd_ll_a']
cn_sd_ll_b = dict['cn_sd_ll_b']
cn_y_hl = dict['cn_y_hl']
cn_y_ll_a = dict['cn_y_ll_a']
cn_y_ll_b = dict['cn_y_ll_b']

# 学習用データと検証用データを用意します
Xtrain = np.vstack([cn_sd_ll_a, cn_sd_hl])
Xval = cn_sd_ll_b

ytrain = np.vstack([cn_y_ll_a, cn_y_hl])
yval = cn_y_ll_b

# 配列のサイズを確認します
print(Xtrain.shape)

(133, 401)

print(Xval.shape)

(112, 401)
```

配列のサイズから，学習データは133サンプル，テストデータは112サンプルあることがわかります．スペクトルは401点で測定されていますが，これは750〜1 550 nmの波長域で2 nmごとに測定しているためです．このデータセットでは学習に用いるサンプル数よりも測定スペクトル点の数が3倍程度多くなっており，変数の数がサンプル数よりも多いという典型的なスモールデータの問題となっています[*40]．

セタン価が大きいサンプルと小さいサンプルとでスペクトルを確認してみましょう．ここでは学習用データの27番目（CN = 53.9）と32番目（CN = 42.8）のサンプルのスペクトルを**図 3.13**にプロットします．スペクトルの概形はほぼ同一ですが，いくつかの波長域で異なっていることが確認でき，これがセタン価などの物性値の違いを表していると考えられます．

*40　このデータのサンプル数は，分光分析の問題としては多い方だと思われます．現実には，検量線学習のための学習サンプルの用意，つまり試料の作成とその物性測定はかなりの手間ですので，十個程度のサンプルしか用意できないような例もあるでしょう．また，NIRスペクトルも測定装置によっては1 000点以上の波長で測定されるため，さらにサンプル数と変数の数がアンバランスとなります．

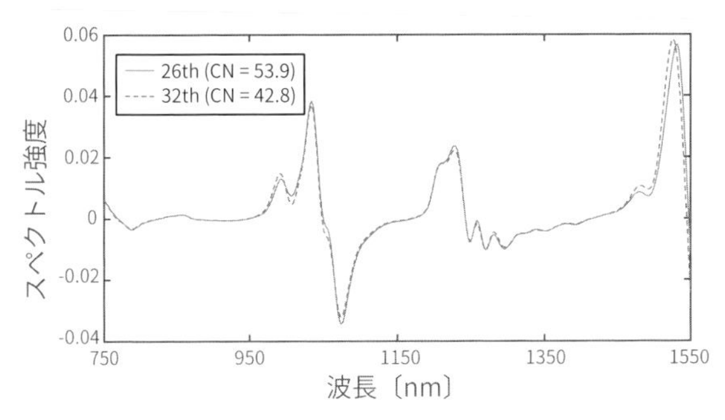

図 3.13 学習用データの 26 番目（CN = 53.9）と 32 番目（CN = 42.8）のサンプルのスペクトル．概形はほぼ同一ですが，いくつかの波長域でスペクトル強度が異なっていることが確認できます．

プログラム 3.19 スペクトルの確認

```
import matplotlib.pyplot as plt

# プロットの横軸の値を用意します
wave = np.arange(750, 1551, 2)

fig, ax = plt.subplots(facecolor = 'w')
plt.xlabel('Wavelength␣[nm]')
plt.ylabel('Intensity')
ax.plot(wave, Xtrain[26, :], label = '26th,␣CN␣=␣53.9')
ax.plot(wave, Xtrain[32, :], label = '32th,␣CN␣=␣42.8')
ax.legend()
plt.show()
```

学習データを用いて，スペクトルデータからセタン価を推定する検量線を学習させましょう．3.8 節で説明したとおり，このデータでは変数の数がサンプル数よりも多いため，最小二乗法は利用できません．そこで，まずリッジ回帰とPCRを試します．学習データで検量線を学習させ，学習に用いていないテストデータで性能を確認します．ここでは試みにリッジ回帰のハイパーパラメータを$\mu = 1$，PCRの主成分数を$R = 5$としてみました．

プログラム 3.20 リッジ回帰とPCRでの検量線の学習

```
import scale
import linear_regression as linear

# データの標準化
X_, meanX, stdX = scale.autoscale(Xtrain)
y_, meany, stdy = scale.autoscale(ytrain)
```

```
7    Xval_ = scale.scaling(Xval, meanX, stdX)
8    yval_ = scale.scaling(yval, meany, stdy)
9    yval = yval.T
10
11   # リッジ回帰
12   beta = ridge(X_, y_, mu=0.5)
13   y_hat_ = Xval_ @ beta
14   y_hat = rescaling(y_hat_, meany, stdy).T
15   rmse, r = pred_eval(yval, y_hat, plotflg=False)
16
17   # PCR
18   beta = pcr(X_, y_, R=5)
19   y_hat_ = Xval_ @ beta
20   y_hat = rescaling(y_hat_, meany, stdy).T
21   rmes, r = pred_eval(yval, y_hat, plotflg=False)
```

リッジ回帰とPCRの結果を**図 3.14**に示します．この例では，PCRよりもリッジ回帰の性能が勝っていますが，これらの性能はハイパーパラメータを調整することで変化します．

次に，PLSで検量線を学習させてみましょう．アルゴリズムはSIMPLSを使うものとし，PCRでの主成分数が5を採用したので，まずは潜在変数を5に設定します．学習データをテストデータに適用した結果を，**図 3.15**（左）に示します．すると，潜在変数が5のときは，相関係数もRMSEもリッジ回帰やPCRのときと比べて悪化してしまいました．やはり，どのようなアルゴリズムでも，ハイパーパラメータの調整をしないと適切な学習が行えないことがわかります．

そこで，クロスバリデーションで潜在変数の数を調整してみます．学習用データを10分割し，探索する最大の潜在変数の数を30としてクロスバリ

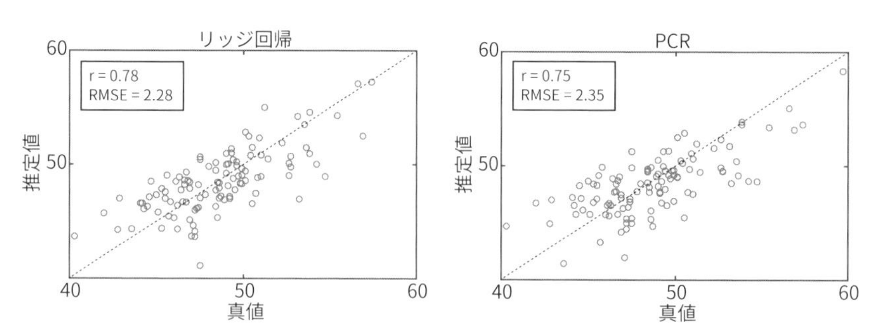

図 3.14　リッジ回帰（左）とPCR（右）による検量線学習結果．リッジ回帰の方が多少，性能がよいようです．

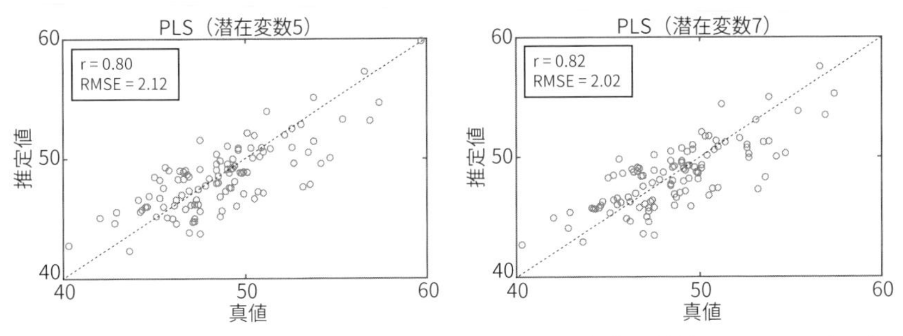

図 3.15 PLSによる検量線学習結果．潜在変数を5とした場合（左）と比較して，クロスバリデーションによって潜在変数を7とした場合（右）は，相関係数r，RMSEともに性能が改善します．グラフを描画しても，右図は左図と比べてプロットが対角線付近に集中していることがわかります．

デーションを行ってみました．クロスバリデーションの結果，望ましい潜在変数の数は7となりました[*41]．潜在変数7で検量線を学習させた結果を**図 3.15**（右）に示します．この結果から，相関係数rもRMSEも，リッジ回帰やPCRと比べて性能が改善しています．このように，PLSは潜在変数の調整は必要ですが，少数の学習用データからでも，高い性能のモデルを学習させることができ，実務においても使い勝手のよいアルゴリズムであるといえます．

プログラム 3.21 PLSでの検量線の学習

```
# PLS (R=20) ------------------------------------------
beta, _, _, _, _, _, _ = simpls(X_, y_, R=20)
y_hat_ = Xval_ @ beta
y_hat = rescaling(y_hat_, meany, stdy).T
rmse, r = pred_eval(yval, y_hat, plotflg=False)

print([r, rmse])
[0.7298140628942306, 2.5850958067896994]

# クロスバリデーション ------------------------------------------
optLV, press = pls_cv(X_,  y_, maxLV=30, K=10)

print(optLV)
```

*41 クロスバリデーションで得られる潜在変数の数は，クロスバリデーションを実行するたびに変化する可能性があります．pls_cv()では，データセットの分割の際，配列を行方向にランダムにシャッフルしてサンプルを並び替えています．シャッフルを行うのは，サンプルの配列に格納された順番でクロスバリデーションの結果が固定されないようにするためですが，データセットの分割の結果として，望ましい潜在変数の数が変化しうるのです．この例では，潜在変数はおよそ6–7が選択されるようです．

```
14      7
15
16      # 検量線の学習
17      beta, _, _, _, _, _, _ = simpls(X_, y_, optLV)
18      y_hat_ = Xval_ @ beta
19      y_hat = rescaling(y_hat_, meany, stdy).T
20      rmse, r = pred_eval(yval, y_hat, plotflg=False)
```

第3章のまとめ

本章では，機械学習の最も基本的なタスクの一つである回帰分析について，説明しました．最小二乗法はシンプルでよい性質もありますが，多重共線性の問題などがあり，実データの解析には使いにくいところもあります．本章の後半で解説したように，PLSは最小二乗法の抱える問題を回避し，特にスモールデータには適した手法です．分光分析によるディーゼル燃料の物性推定の例でも示しましたが，PLSをマスターすると，さまざまなデータ解析の場面で活用できる強力な武器となるでしょう．

PLSにおける潜在変数の調整をスムーズに行うようになるには，クロスバリデーションなどのシステマティックな方法も使えるとしても，やはり経験や勘が求められます．本書で説明した応用例のみならず，リアルワールドの多様なデータに触れ，データ解析の経験を積んでいきましょう．

第4章 線形回帰モデルにおける入力変数選択

前章で紹介したPLSは，最小二乗法で問題となる多重共線性の問題を回避できるのみならず，スモールデータ解析でよくあるサンプル数Nが入力変数の数Mよりも少ない状況でも，回帰モデルを学習できる優れた手法です．しかし，PLSを用いれば入力変数の数を気にせず回帰モデルを構築できるといって，測定されている変数をなんでもかんでも回帰モデルの入力変数としてしまうのは，あまりよい方策ではありません．

PLSに限らず機械学習モデルでは一般に，入力として用いる変数の組み合わせを変更すると，それに応じてモデルの性能が変化します．どのような変数を入力として用いるか，つまり入力変数選択は機械学習では本質的な問題の一つです[*1]．もちろん，対象の物理化学的，または生理学な知識[*2]などから，適切な入力変数を決定できればそれに越したことはないのですが，私たちの持つ知識や知覚には限界があり，なかなか先験的な知識だけで入力変数を適切に決定するのは困難です．

サンプル数の少ないスモールデータでは，入力変数の選択によって劇的にモデルの性能が変化することがあります．本章では，特に線形回帰モデルを対象として，入力変数選択手法について紹介します．

4.1 オッカムの剃刀とモデルの複雑さ

科学において，「ある事柄を説明するために，必要以上に多くの仮定をするべきでない」または「ある事柄を同様に説明できるのであれば，仮説の数

*1　機械学習では特徴選択ともよびます．本書では，特徴ではなく変数という言葉を用いているので，変数選択とよぶことにします．

*2　しばしばこのような解析対象に特有の知識を，ドメイン知識とよびます．ドメイン知識には，教科書などに記載される専門知識だけではなく，現場のノウハウや経験なども含みます．

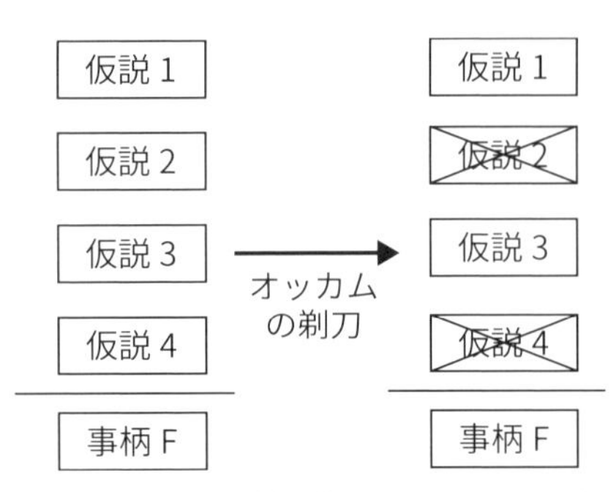

図 4.1　オッカムの剃刀とは「ある事柄を同様に説明できるのであれば，仮説の数は少ない方がよい」という考えです．この図の場合，仮説を四つ用いる説明よりも二つの仮説だけで事柄Fを説明できるなら，そちらの方がよい説明とされます．

は少ないほうがよい」という考え方をオッカムの剃刀といいます（**図 4.1**）．剃刀というのは説明に不要な存在を切り落とすことの比喩で，ケチの原理とよばれることもあります．

例を挙げましょう．「外力のかからない物体は，“神が”等速でまっすぐに動かし続けている」という説明があったとします．この説明では神が登場しますが，等速直線運動について記述するのに神という存在を持ち出す必要はなく，慣性の法則だけで十分です．つまり「外力のかからない物体は，等速で直進する」という説明でよく [12]，このように不必要な仮定をそぎ落とすのがオッカムの剃刀です*3．

オッカムの剃刀は，機械学習でも言及されることがあります．過学習とは，モデルを学習させたデータに対してはよい性能を示しますが，学習に用いていない未知データについては性能がでない（汎化性能が低い）状況のことでした．つまり，あるデータが与えられたとき，一般にモデルを複雑にすればするほど，そのデータをうまく説明できるようになります．しかしそのような不必要に複雑なモデルは，過去のデータに過剰に適合してしまい，学習に用いていない未知のデータを説明できなくなってしまうのです．つまりオッカムの剃刀で表現すると，「あるデータを同様に説明できるのであれば，

*3　オッカムの剃刀において，説明に不必要であることは，その存在そのものを否定しているわけではありません．この例だと，神の存在まで否定しているわけではなく，神の存在証明については慣性の法則とは別の枠組みで議論すべき内容です．また，オッカムの剃刀は，その説明について真偽を判定するものではないことも注意が必要です．これは機械学習でも同様で，モデルの予測精度向上には不必要な変数だからといって，その変数が結果に物理的な因果関係を有しているか否かまでは判定できません．

モデルはシンプルである方がよい」となります.

図 4.2 は過学習の例です. 図中のサンプルは, “真の関数”である正弦波から生成され, 観測時にノイズが混入しています. このサンプルから最小二乗法を用いて関数を当てはめたいとしましょう. 真の関数が非線形であるため, **図 4.2**（右上）のように一次関数 $y = ax + b$ では十分にフィッティングできていません. そこで非線形性を考慮するために, M 次多項式でフィッティングしてみましょう, まず, 三次多項式 $y = a_3x^3 + a_2x^2 + a_1x + b$ を用います. つまり, 最小二乗法を用いて関数をフィッティングさせる場合に, もともとのデータである x に追加して, x^2, x^3 を計算してこれらを入力変数に追加します. すると, **図 4.2**（左下）のように, 真の関数にある程度, 近似できるようになりました. 続いて, より非線形性の強い関数でフィッティングしましょう. **図 4.2**（右下）は $M = 9$ のとき, つまり $y = a_9x^9 + a_8x^8 + \cdots + a_1x + b$ でフィッティングした結果ですが, できる

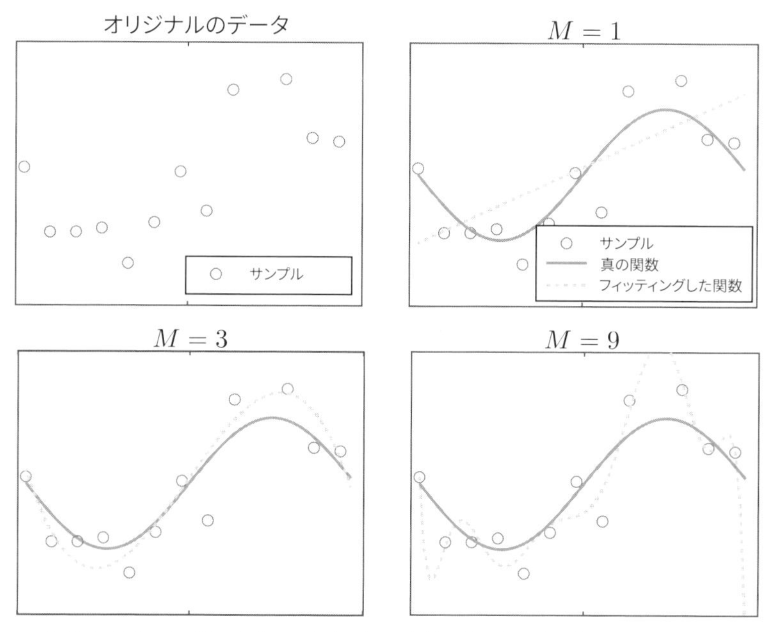

図 4.2　M 次多項式で正弦波から生成されたデータを当てはめた結果. 左上のオリジナルデータを多項式で当てはめることを考えます. 1 次式では十分な近似できていませんが（右上）, 3 次式ではある程度近似できています（左下）. しかし, 9 次式まで用いると正弦波とは似ても似つかないものになります（右下）.

だけ学習に用いたサンプルを表現しようとするあまり，真の関数とは似ても似つかないものになってしまいました．これでは，学習に用いていないサンプルには，まったく適合しないことになってしまいます．

この例からわかるように，単純なモデルではデータを十分に表現できないことがありますが，複雑にしすぎるのも問題です．シンプルなモデルでデータが表現できるなら，その方が望ましいのです．つまり，測定されている変数をなんでもかんでも入力変数としたり，まして測定されている変数に何らかの変換を加えて変数の種類を増やしてモデルを学習させるのは，よい方策ではないことがわかります．

4.2 赤池情報量規準（AIC）

モデルの複雑さはどのように評価すればよいでしょうか．ここでは，赤池情報量規準（Akaike's Information Criterion; AIC）を紹介しましょう．AICは「モデルのデータとの適合度と，モデルの複雑さのバランス」を評価するもので

$$\mathrm{AIC} = -2\ln L + 2k \tag{4.1}$$

で与えられ，AICを最小とするパラメータを選択します．ここでLは最大尤度，kはモデルに含まれるパラメータの数です．線形回帰モデルの場合，モデルに含まれるパラメータはそれぞれの入力変数の回帰係数$\boldsymbol{\beta} = [\beta_1, \ldots, \beta_m]^\top$ですので，パラメータの選択とは入力として用いる変数の選択となります．

尤度については3.6節で説明したように，前提とする条件によって結果が変化すると考えられるときに，逆に結果からみてその前提条件のもっともらしさを評価する値です．ここでは，尤度はモデルのデータへの適合度を表します．

AICの第1項$y = -2\ln L$は**図4.3**のように尤度の増加に従って単調に減少しますが，その減少幅はやがて小さくなります．一方で第2項はパラメータ数kに比例して増加するので，AICでは両者のバランスがとれたところを採用することになります．

3.6節と同様に，線形回帰モデル$y = \boldsymbol{\beta}^\top \boldsymbol{x} + \varepsilon$における$i$番目のサンプル$\boldsymbol{x}_i$の推定値についての誤差$\varepsilon_i$が，平均0，分散$\sigma^2$の正規分布$\mathcal{N}(0, \sigma^2)$に従

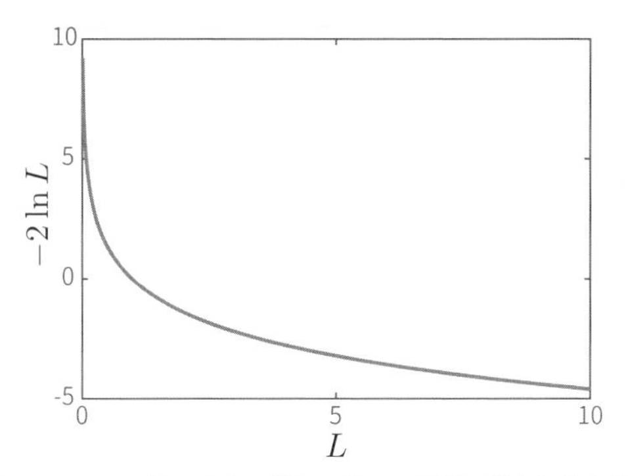

図 4.3 AICの第1項$y = -2\ln L$は，尤度の増加に従って単調に減少しますが，その減少幅はやがて小さくなっていきます．

うと仮定しましょう．このとき対数尤度関数は

$$\log L(\boldsymbol{\beta}) = -\frac{1}{2\sigma^2}\sum_{i=1}^{N}\left((y_i - \boldsymbol{\beta}^\top \boldsymbol{x}_i)^2\right) - \frac{N}{2}\log(2\pi\sigma^2) \tag{4.2}$$

です．簡単のために，残差平方和を$\mathrm{RSS} = \sum_{i=1}^{N}((y_i - \boldsymbol{\beta}^\top \boldsymbol{x}_i)^2)$とおくと

$$\log L(\boldsymbol{\beta}) = -\frac{\mathrm{RSS}}{2\sigma^2} - \frac{N}{2}\log(2\pi\sigma^2) \tag{4.3}$$

と書けます．3.6節と異なるのはここからです．3.6節では，誤差ε_iの従う正規分布$\mathcal{N}(0,\sigma^2)$の分散σ^2を仮定して，用いる入力変数を固定した上で，回帰係数$\boldsymbol{\beta}$を求めました．ここでは，すでに用いる入力変数が選択され回帰係数が決定された上で，誤差ε_iの従う正規分布$\mathcal{N}(0,\sigma^2)$の分散σ^2を最尤法で求めます．(4.3)式をσ^2で微分して，0とおくと

$$0 = \frac{\mathrm{RSS}}{2(\sigma^2)^2} - \frac{N}{2\sigma^2} \tag{4.4}$$

ですので，整理するとσ^2の最尤推定量は

$$\tilde{\sigma}^2 = \frac{\mathrm{RSS}}{N} \tag{4.5}$$

となります．そうすると，最大の対数尤度は

$$\ln L = -\frac{N}{2}\ln\left(\frac{2\pi \times \mathrm{RSS}}{N}\right) - \frac{N}{2} \tag{4.6}$$

であり，AICは

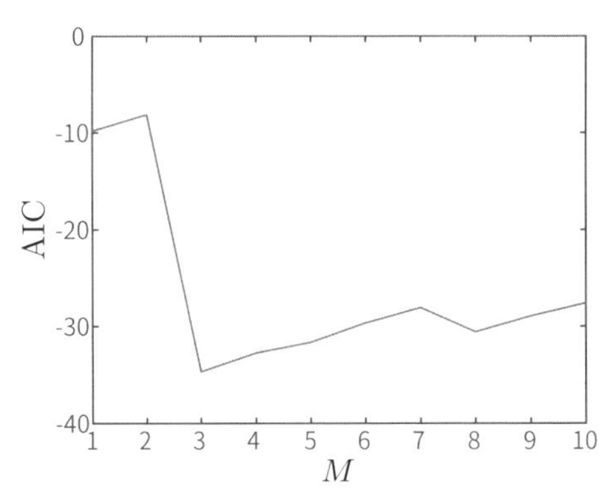

図 4.4　M 次多項式で正弦波から生成されたデータをフィッティングしたときの AIC の変化．$M = 3$ のとき AIC は最小となり，その後増加します．

$$\mathrm{AIC} = -2\ln L + 2k \tag{4.7}$$

$$= N\ln\left(\frac{2\pi\times\mathrm{RSS}}{N}\right) + N + 2k \tag{4.8}$$

$$= N\ln 2\pi + N\ln\frac{\mathrm{RSS}}{N} + N + 2k \tag{4.9}$$

となります．ここで，N や $\ln 2\pi$ は定数ですから，評価すべき値は

$$\mathrm{AIC} = N\ln\frac{\mathrm{RSS}}{N} + 2k \tag{4.10}$$

です．したがって，線形回帰モデルを学習させる場合は，採用する入力変数の組み合わせをいろいろと変更して (4.10) 式の AIC を求め，これが最小となる入力変数の組み合わせを選択すればよいということになります．なお，(4.1) 式における AIC の導出では，回帰係数 $\boldsymbol{\beta}$ はすでに求まっており，その方法は指定されていません．したがって，(4.1) 式は最小二乗法に限らず，任意の方法で学習させた線形回帰モデルの評価に用いることができます．

図 4.2 のデータを用いて，近似させる多項式の次数を1次から10次まで変化させて AIC を計算してみました．**図 4.4** がその結果です．これより，$M = 3$ のときに AIC が最小となり，その後，増加することがわかります．したがって，**図 4.2**（中央）のように $M = 3$ のときのモデルが最もよく当てはまることが AIC から裏付けられました．

AIC を用いることで，モデルの複雑さについての評価ができます．したがって，入力変数を選択するのであれば，ある変数を使う・使わないという組

み合わせのAICを片っ端から計算し，その中で最もAICが小さな入力変数の組み合わせを選択すればよいことになります．しかしながら，このように総当たりで変数選択を試みるというのは，入力変数の候補が多くなるとすぐに破綻してしまいます．N 個の変数があるとき，ある変数を使う・使わないという組み合わせの総数は 2^N 通りですから，変数が10個あれば $2^{10} = 1\,024$ 通りですが，変数が20個となると100万通りを越えます．3.20 節で登場したNIRSを用いた検量線の学習では，測定されている波長が400以上もありますが，これらをすべて入力変数の候補として扱うと，その組み合わせは天文学的な数字となります．したがって，システマティックな方法で線形回帰モデルの入力変数を選択する必要があります．

なお，統計モデルの良さを評価するための指標はAIC以外にもさまざまなものが提案されています．有名なものとして，ベイズ情報量規準（Bayesian Information Criterion; BIC）があります．BICは

$$\mathrm{AIC} = -2 \ln L + 2k \ln N \tag{4.11}$$

で定義されます．(4.1)式と比較すると，第2項にサンプル数 N が含まれており，$N > 2$ であれば $\ln N > 1$ なので，BICはAICよりも厳しいペナルティを課していることになります．したがって，BICのほうがAICよりも入力変数が削減される傾向があります．AICとBICのどちらを採用すればよいかは，一概には決められません．それぞれの指標で評価して良いとされたモデルを比較し，最後は私たちが決定することになります．

4.3 ステップワイズ法

ステップワイズ法とは，**図4.5**のように，入力変数を一つずつ取り込んだり取り除いたりしながら，回帰モデルを構築してモデルの適合度を評価し，最適な入力変数の組み合わせを探索する方法です[*4]．ステップワイズ法はいくつかのバリエーションがありますが，一般には**アルゴリズム4.1**の手順で実行されます．

ステップワイズ法の適合度の評価には，AICなどを用いることができます

*4 ステップワイズ法は，どういうわけかPythonの`scikit-learn`では公式に実装がありません．MATLABではStatistics and Machine Learning Toolboxの`stepwiselm()`で使用できます．

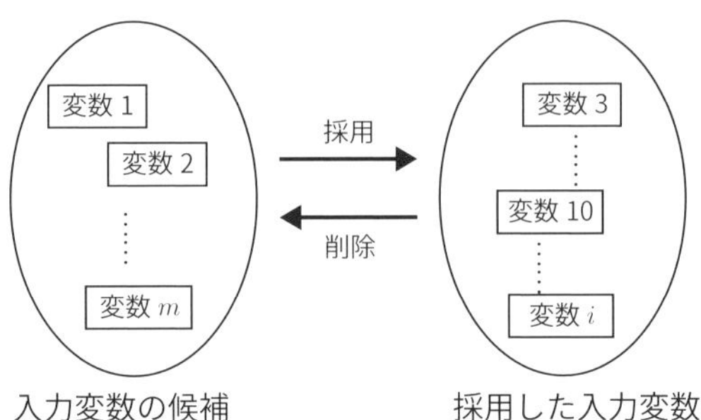

図 4.5　ステップワイズ法は，入力変数の候補より，変数を追加したり削除しながら回帰モデルを学習させて，モデルの適合度にしたがって用いる変数を決定する方法です．

が，その他にF統計量もよく用いられます[*5]．出力の推定値$\hat{y}$の不偏分散

$$s_{\hat{y}}^2 = \frac{1}{p}\sum_{n=1}^{N}(\hat{y}_n - \bar{y})^2 = \frac{1}{p}\sum_{n=1}^{N}\Bigl(\sum_{m=p}^{M}\beta_m x_m - \bar{y}\Bigr)^2 \tag{4.12}$$

と誤差εの不偏分散

$$s_{\varepsilon}^2 = \frac{1}{N-p-1}\sum_{n=1}^{N}\varepsilon_n^2 = \frac{1}{N-p-1}\sum_{n=1}^{N}(y_n - \hat{y}_n)^2 \tag{4.13}$$

$$= \frac{1}{N-p-1}\sum_{n=1}^{N}\Bigl(y_n - \sum_{m=p}^{M}\beta_m x_m\Bigr)^2 \tag{4.14}$$

の比$s_{\hat{y}}^2/s_{\varepsilon}^2$は自由度$(p, N-p-1)$の$F$分布に従います．

$$F = \frac{s_{\hat{y}}^2}{s_{\varepsilon}^2} = \frac{\sum_{n=1}^{N}(y_i - \bar{y})^2/p}{\sum_{n=1}^{N}\varepsilon_n^2/(N-p-1)} \tag{4.15}$$

pはF統計量を計算する時点で選択していた入力変数の数（$p \leq M$）です．また，自由度とは，自由に指定できるパラメータの数に該当します[*6]．

F値を用いたステップワイズ法では，入力変数を追加したときの$F \geq F_{in}$であればその変数を追加し，削除したときの$F < F_{in}$であればその変数を追い出します．ここでF_{in}は変数選択におけるF値の閾値ですが，$F_{in} = 2$とすることが多いようです．2.6節で説明したように，分散はその変数の持つ

*5　F統計量は分散分析でよく登場する検定統計量ですが，その理論的な背景などは本書の範囲を超えます．F統計量について詳しく勉強したい場合は，統計的検定の教科書を参照するとよいでしょう．

*6　これらの分散の自由度は，(4.12)，(4.14)式を見れば明らかでしょう．

アルゴリズム 4.1 ステップワイズ法

1: 入力変数の候補を一つ選び出して回帰モデルを学習させて，適合度を計算する．これをすべての入力変数の候補に対して実施して，最も評価の高い変数を入力変数の候補として採用する．
2: 残りの変数の候補から，変数を一つ選び出して回帰モデルを学習させて適合度を計算する．これを残りのすべての変数に対して実施して，選択基準を満たした変数候補を採用する．
3: 選択されている入力変数から，変数を一つ削除して回帰モデルを学習させて適合度を計算する．これを残りのすべての変数に対して実施して，選択基準を満たした変数を，入力変数から実際に削除する．
4: 2へ戻って，計算を繰り返す．

情報量の大きさですから，$F_{in} = 2$というのは誤差の情報量よりも出力の推定値の情報量が倍はあって欲しい，ということを意味しています．しかし，これは明確な根拠があるわけではありません．誤差の情報量よりも出力の推定値の情報量が多くあって欲しいとすれば，$F_{in} = 1$とすることもできます．

なお，F値は本来は検定に使うものであり，この場合は帰無仮説を“すべての回帰係数が0である”とした検定となります．ですので，たとえば検定の有意確率p値によって，変数を選択するということもできるのですが，これはあまり望ましくありません．たとえば，F値が同じでも，サンプル数が少ないときはp値が大きくなって変数が選択されにくくなる一方，サンプル数が増えればp値が小さくなって選択されやすくなるということが起こりえます．

このようにF検定では，サンプル数によって変数選択の結果が不安定となりがちであり，特にサンプル数の少ないスモールデータの場合であると，一つサンプル数が増減するだけでも結果が変わってくることがあります[*7]．また，これはスモールデータの状況ではなかなか起こりえないと思いますが，サンプル数が非常に多くなれば原理的にはすべての変数が有意になってしまい，変数選択の意味がなくなります．このような理由から，ステップワイズ

*7 F分布表を見ると，特に自由度の小さい範囲，つまりサンプル数の少ない範囲では，自由度が一つ増減するだけで，有意水準が大きく変化することがわかります．F分布表は，統計的検定や実験計画法などの教科書に添付されています．

法で F 値を用いる場合は，p 値ではなく F 値を変数選択の基準とするのがよいでしょう．

アルゴリズム4.1からわかるように，ステップワイズ法の枠組みそのものは回帰モデルの学習方法に依存しませんので，任意の学習方法に適用可能です．困ったらまずはステップワイズ法を試してみる，というのも悪くないでしょう*8．

4.4 Lasso回帰

3.11節では，学習させたモデルが複雑にならないようにするためにペナルティを設ける正則化について説明しました．この正則化の方法を用いた変数選択法としてLasso（least absolute shrinkage and selection operator）回帰*9があります [13, 14]．3.11節で説明したリッジ回帰では，最小二乗法で回帰係数を求める際に回帰係数の L_2 ノルムの大きさにペナルティを設けましたが，Lasso回帰では回帰係数の L_1 ノルムの大きさにペナルティを設けます．つまり，二乗誤差の最小化の際に，$\|\boldsymbol{\beta}\|_1 \leq t$ の制約条件を付加します．ここでベクトル $\boldsymbol{a} = [a_1, \ldots, a_L]^\top \in \mathbb{R}^L$ の L_1 ノルムとは

$$\|\boldsymbol{a}\|_1 = |a_1| + \cdots + |a_L| \tag{4.16}$$

で定義されます．つまり，L_1 ノルムとは，ベクトルの要素の絶対値の和です．これを用いて，Lasso回帰は

$$\hat{\boldsymbol{\beta}}_{ridge} = \arg\min_{\boldsymbol{\beta}} \|\boldsymbol{y} - \boldsymbol{X}\boldsymbol{\beta}\|_2^2, \ \ \text{subject to } \|\boldsymbol{\beta}\|_1 \leq t \tag{4.17}$$

と定式化されます．正則化の強さを決める t はハイパーパラメータです．(3.85)式と見比べると，違いは制約条件のノルムが L_2 から L_1 に変更されただけです．しかし，この些細な違いがまったく異なった結果を導きます．

リッジ回帰は，最小二乗法における多重共線性の問題を回避するのが目的でした．一方で，Lasso回帰では，特定の回帰係数が強制的に0に設定され

*8　Pythonでは statsmodel という統計解析ライブラリを用いて線形回帰モデルを学習させると，回帰係数のみならず，それぞれの入力変数の F 値や p 値，モデルのAIC，BICなどを一度に計算することができます．ステップワイズ法で線形回帰モデルの変数選択を行いたい場合は，statsmodel を使うのがおすすめです．

*9　Lassoは「ラッソ」と読みます．

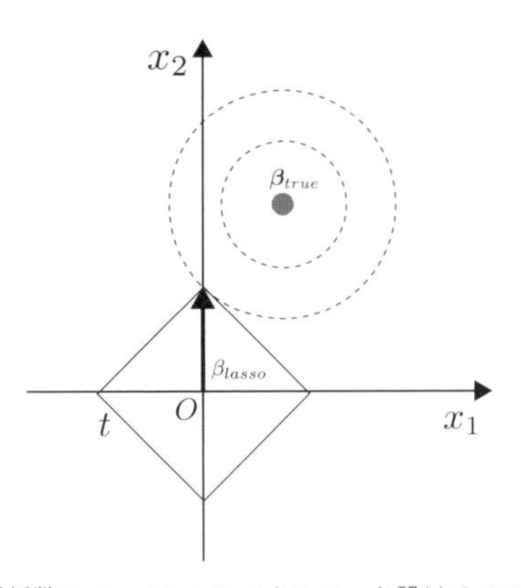

図 4.6　Lasso 回帰では回帰係数の L_1 ノルムにペナルティを設けるので，原点を中心とした対角線の長さ $2t$ の正方形の中で回帰係数を探索することになります．

るため，入力変数の選択につながります．このことを**図 4.6** を用いて説明しましょう．Lasso 回帰では回帰係数の L_1 ノルムにペナルティを設けるので，原点を中心とした正方形の中で回帰係数を探索することになります．丸で示された $\boldsymbol{\beta}_{true}$ が真の回帰係数とすると，リッジ回帰で求める回帰係数 $\boldsymbol{\beta}_{lasso}$ は矢印のベクトルとなりますが，このとき $\boldsymbol{\beta}_{lasso}$ の 1 番目の要素は 0 になっているため，変数 x_1 はモデルから取り除くことができます[*10]．

(4.17) 式は制約付きの極値問題ですので，ラグランジュの未定乗数法を用いると

$$\hat{\boldsymbol{\beta}}_{lasso} = \arg\min_{\boldsymbol{\beta}} J(\boldsymbol{\beta}), \quad J(\boldsymbol{\beta}) = \left(\|\boldsymbol{y} - \boldsymbol{X}\boldsymbol{\beta}\|_2^2 + \mu\|\boldsymbol{\beta}\|_1\right) \tag{4.18}$$

と書き直せます．ここで μ はラグランジュ乗数であり，ハイパーパラメータです．

4.4.1　リッジ回帰に近似する方法

リッジ回帰は解析的に解くことができましたが，Lasso 回帰は解析的に解くことができません．これは回帰係数の L_1 ノルム $\|\boldsymbol{\beta}\|_1 = |\beta_1| + \cdots + |\beta_M|$ が，**図 4.7** のように $\beta_j = 0$ で不連続であり，そのままでは微分できないためです．そこで Lasso 回帰は数値的に解くことになります．Lasso 回帰を計算

*10　要素の多くが 0 となっているベクトルや行列のことをスパースとよびます．つまり，Lasso 回帰はスパースな回帰係数を求めるための方法といえます．

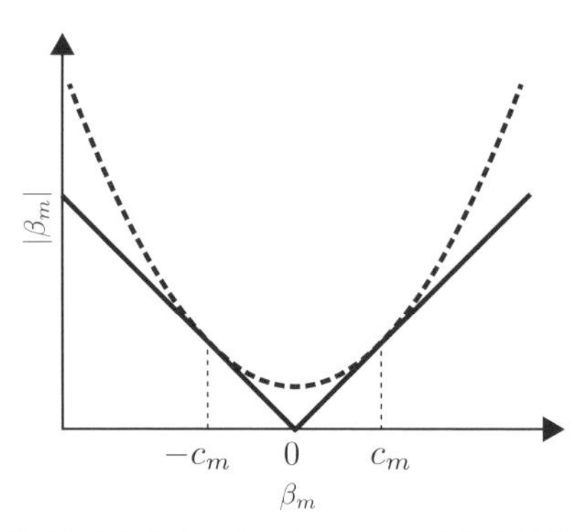

図 4.7　L_1 ノルムの中身は絶対値関数なので，$\beta_m = 0$ で不連続であり，微分できません．そこで，二次関数で上から抑えることを考えます．

するアルゴリズムはいくつかありますが，ここではLasso回帰をリッジ回帰に近似して解くことを考えましょう．

まず，微分できない L_1 ノルムの絶対値関数を，微分できる関数で近似することを考えましょう．**図 4.7** を見ると，二次関数を用いれば，絶対値関数を近似できそうだと思えます．そこで第 m 番目の入力変数 x_m の回帰係数 β_m について

$$|\beta_m| \leq \frac{\beta_m^2}{2c_m} + \frac{c_m}{2} \quad (c_m > 0) \tag{4.19}$$

とすれば，絶対値関数を上から抑えることができます．ここで，この二次関数は $\beta_m = \pm c_m$ で絶対値関数と接しています．そこで，Lasso回帰の解を繰り返し計算で求めることにして，j 回目の繰り返しでの解 $\beta_m^{\{j\}}$ $(\neq 0)$ を c_m に代入すると

$$|\beta_m| \leq \frac{\beta_m^2}{2|\beta_m^{\{j\}}|} + \frac{\beta_m^{\{j\}}}{2} \tag{4.20}$$

となるので，これで絶対値関数を上から抑えることができます．ただし，$\beta_m^{\{j\}} = 0$ のときは，$|\beta_m| = 0$ とします．もともとの L_1 ノルムは $|\beta_m|$ $(m = 1, \ldots, M)$ の和なので，まとめて書くと

$$\|\boldsymbol{\beta}\|_1 \leq \sum_{m=1}^{M} \left(\frac{\beta_m^2}{2|\beta_m^{\{j\}}|} + \frac{\beta_m^{\{j\}}}{2} \right) = \frac{1}{2} \boldsymbol{\beta}^\top \boldsymbol{B}_j^{+} \boldsymbol{\beta} + \sum_{m=1}^{M} \frac{\beta_m^{\{j\}}}{2} \tag{4.21}$$

となります．ここで，$\boldsymbol{B}_j$ は $|\beta_j^{\{j\}}|$ を対角に並べた対角行列で，$\boldsymbol{B}_j^{+}$ は $\boldsymbol{B}_j$ の

擬似逆行列です．$\boldsymbol{B}_j$に関して逆行列$\boldsymbol{B}_j^{-1}$ではなく，擬似逆行列$\boldsymbol{B}_j^{+}$を用いているのは，$\beta_m = 0$となる要素が存在すると$\boldsymbol{B}_j$が正則ではなくなるためです[*11]．また，右辺第2項は繰り返し計算の中で求めたい$\boldsymbol{\beta}$とは関係のない定数になるので，無視することができます．これを用いると，Lasso解を推定する問題(4.18)式は，繰り返し計算として

$$\boldsymbol{\beta}^{\{j+1\}} = \arg\min_{\boldsymbol{\beta}} \tilde{J}(\boldsymbol{\beta}), \quad \tilde{J}(\boldsymbol{\beta}) = \|\boldsymbol{y} - \boldsymbol{X}\boldsymbol{\beta}\|_2^2 + \frac{\mu}{2}\boldsymbol{\beta}^\top \boldsymbol{B}_j^{+}\boldsymbol{\beta} \tag{4.22}$$

と書き直せます．この最適化問題の目的関数$\tilde{J}(\boldsymbol{\beta})$は，絶対値関数を二次関数(4.20)式で上から抑えたので，オリジナルの最適化問題(4.18)式の目的関数$J(\boldsymbol{\beta})$の上界を構成しています．

ところで，$\tilde{J}(\boldsymbol{\beta})$の第2項は$\boldsymbol{\beta}$についての二次式になっていますので，(3.86) 式と見比べると，リッジ回帰の一種とみなせることがわかります．3.11 節で説明したように，リッジ回帰は解析的に解くことができるので，$j+1$回目の繰り返しの解$\boldsymbol{\beta}^{\{j+1\}}$は，$j$回目の解$\boldsymbol{\beta}^{\{j\}}$より構築した対角行列$\boldsymbol{B}_j$を用いて

$$\boldsymbol{\beta}^{\{j+1\}} = (\boldsymbol{X}^\top \boldsymbol{X} + \mu \boldsymbol{B}_j^{+})^{-1}\boldsymbol{X}^\top \boldsymbol{y} \tag{4.23}$$

と求まります．

繰り返し計算によってLasso解が求まるには，(4.22)式の目的関数$\tilde{J}(\boldsymbol{\beta})$が計算を繰り返すごとに単調に減少し，かつ，これに伴ってオリジナルの最適化問題(4.18)式の目的関数$J(\boldsymbol{\beta})$も減少しなければなりません．j回目の解$\boldsymbol{\beta}^{\{j\}}$は，元の絶対値関数が二次関数(4.20)式と接しているため，この点では$\tilde{J}(\boldsymbol{\beta}^{\{j\}}) = J(\boldsymbol{\beta}^{\{j\}})$が成り立ちます．また，(4.22)式は$\tilde{J}$を最小とするため，$j+1$回目の繰り返しにて$\tilde{J}(\boldsymbol{\beta}^{\{j\}}) \geq \tilde{J}(\boldsymbol{\beta}^{\{j+1\}})$となります[*12]．さらに$\tilde{J}(\boldsymbol{\beta})$は$J(\boldsymbol{\beta})$の上界ですので，$\tilde{J}(\boldsymbol{\beta}) \geq J(\boldsymbol{\beta})$です．

これらをまとめて書くと

$$J(\boldsymbol{\beta}^{\{j\}}) = \tilde{J}(\boldsymbol{\beta}^{\{j\}}) \geq \tilde{J}(\boldsymbol{\beta}^{\{j+1\}}) \geq J(\boldsymbol{\beta}^{\{j+1\}}) \tag{4.24}$$

となるので，$j+1$回目の解$\boldsymbol{\beta}^{\{j+1\}}$は$j$回目の解$\boldsymbol{\beta}^{\{j\}}$よりも，悪化するこ

*11 3.9節で説明したように，正則でなくとも擬似逆行列は計算できます．

*12 $j+1$回目の繰り返しで目的関数の評価が改善しない場合でも，$\boldsymbol{\beta}^{\{j+1\}} = \boldsymbol{\beta}^{\{j\}}$を解とすれば，$\tilde{J}(\boldsymbol{\beta}^{\{j+1\}}) = \tilde{J}(\boldsymbol{\beta}^{\{j\}})$となるので，少なくとも目的関数の評価が悪化することはありません．

とはないことがわかります．したがって，適当な初期値$\beta^{\{1\}}$からはじめて，(4.23)式を用いた繰り返し計算によって，Lasso解$\hat{\beta}_{lasso}$を求めることができます．この手続きを**アルゴリズム4.2**に，またPythonプログラムを**プログラム4.1**に示しました．ここで$\bar{\varepsilon}$は収束判定に用いる閾値です．

アルゴリズム4.2　リッジ回帰に近似してLasso回帰を解くアルゴリズム

1: 解の初期値$\beta^{\{1\}} = [\beta_1^{\{1\}}, \ldots, \beta_M^{\{1\}}]$を適当に定める．
2: $j \longleftarrow 1.$
3: **while** $\varepsilon_j > \bar{\varepsilon}$ **do**
4: 　$\boldsymbol{B}_j \longleftarrow \mathrm{diag}[|\beta_1^{\{j\}}|, \ldots, |\beta_M^{\{j\}}|].$
5: 　$\beta^{\{j+1\}} \longleftarrow (\boldsymbol{X}^\top \boldsymbol{X} + \mu \boldsymbol{B}_j^+)^{-1} \boldsymbol{X}^\top \boldsymbol{y}.$
6: 　$\varepsilon_j = \|\beta^{\{j+1\}} - \beta^{\{j\}}\|.$
7: 　$j \longleftarrow j+1.$
8: **end while**

プログラム4.1　Lasso（linear_regression.py）

```
1   import numpy as np
2
3   def lasso(X, y, mu, epsilon=0.01):
4       """
5       Lassoを用いて回帰係数を計算します
6
7       パラメータ
8       ----------
9       X: 入力データ
10      y: 出力データ
11      mu: パラメータ
12      epsilon: 収束の閾値（デフォルト: 0.01）
13
14      戻り値
15      -------
16      beta: 回帰係数
17      """
18
19      # 解の初期値を適当に定めます
20      beta = np.random.rand(X.shape[1])
21
22      while True:
23          # リッジ回帰近似
24          B = np.diag(beta)
25          beta_new = np.linalg.inv(X.T@X + mu*np.linalg.pinv(abs(B))) @ ↩
                X.T @ y
```

```
26
27        # 収束判定
28        if np.linalg.norm(beta - beta_new.T) < epsilon:
29            break
30
31        beta = np.squeeze(beta_new)
32
33    return beta
```

4.4.2 最小角回帰（LARS）

次に，Lasso回帰を解くための代表的なアルゴリズムである最小角回帰（Least Angle Regressions; LARS）について説明しましょう．LARSは，線形回帰モデルにおける学習用の出力データ$\boldsymbol{y}$とその推定値$\hat{\boldsymbol{\eta}}$との残差[*13]$\varepsilon = \boldsymbol{y} - \hat{\boldsymbol{\eta}}$と相関が大きい変数を，入力変数として一つずつ追加していく方法です [15]．相関が大きいというのは，2.2節で説明したように，二つのベクトルの間の角度が小さいことを意味していますので，最小角回帰という名前がついています．

本節では，入力データが2次元として説明します．回帰係数を$\hat{\boldsymbol{\beta}} = [\hat{\beta}_1, \hat{\beta}_2]^\top \in \mathbb{R}^2$とします．Lasso回帰では，いくつかの係数は0になりますので，係数が0でない添字集合を

$$\mathcal{A} = \{j \in \{1, 2\} \mid \hat{\beta}_j \neq 0\} \tag{4.25}$$

と定義します．$\mathcal{A}$をアクティブ集合とよびます．(4.18)式を$\hat{\beta}_j$で微分すると，これが最小となるとき

$$2\boldsymbol{x}_j^\top \left(\boldsymbol{y} - \boldsymbol{X}\hat{\boldsymbol{\beta}}\right) = \lambda \cdot \mathrm{sgn}(\hat{\beta}_j), \quad \forall j \in \mathcal{A} \tag{4.26}$$

が成り立ちます[*14]．これはすべての$j \in \mathcal{A}$について，入力変数$\boldsymbol{x}_j \in \mathbb{R}^N$と残差$\boldsymbol{y} - \boldsymbol{X}\hat{\boldsymbol{\beta}}$の内積の絶対値，つまり相関の大きさが等しいことを意味して

*13 ここでは「誤差」ではなく「残差」になっています．通常はこれらの使い分けはあまり意識することはありませんが，ここでは明確に「残差」としました．誤差は求めようとする真のモデルから算出される値と測定値との差を表しますが，真のモデルはあくまでも理論的な理想であるため，誤差はデータから直接計算することはできません．一方，「残差」は実データを用いて推定されたモデルから算出される推定値と測定値との差のことです．つまり，誤差とは異なり残差はデータから求めることができます．ここでは，LARSアルゴリズムの中で登場し実際に計算できる値なので，残差と明示しました．

*14 sgn()は符号関数で，実数の符号に応じて$1, 0, -1$のいずれかを返す関数です．

おり，これがLasso回帰の条件となります．その上でLARSでは，入力変数と残差の相関の絶対値が大きい，つまりベクトル間の角度が小さくなる方向に一つずつ入力変数を選択し，出力を推定していきます．

出力データ$\boldsymbol{y}$の任意の回帰係数による推定値を$\hat{\boldsymbol{\eta}} = \boldsymbol{X}\hat{\boldsymbol{\beta}}$として，出力推定値の初期値を$\hat{\boldsymbol{\eta}}_0 = \mathbf{0}$とします．次に，二つの説明変数のうち，誤差との相関が最大となる変数を選び出します．つまり

$$\hat{j} = \arg\max_j |c_j|, \quad c_j = \boldsymbol{x}_j^\top (\boldsymbol{y} - \hat{\boldsymbol{\eta}}) \tag{4.27}$$

となる$\hat{j}$番目の変数を選んで，これをj_1とします．このとき，アクティブ集合は$\mathcal{A} = \{j_1\}$となっており，$\mathcal{A}$には1ステップごとに変数の添字が一つずつ追加されます．

いま，$\boldsymbol{x}_{j_1}$を入力変数として選択したので，推定値$\hat{\boldsymbol{\eta}}_0$を$s_{j_1}\boldsymbol{x}_{j_1}$方向に動かします．なお，$s_j = \mathrm{sgn}(\hat{c}_j)$です．これは$s_j\boldsymbol{x}_{j_1}$をスカラ倍することになるので，次の出力推定値$\hat{\boldsymbol{\eta}}_1$は$\gamma > 0$を用いて

$$\hat{\boldsymbol{\eta}}_1(\gamma) = \hat{\boldsymbol{\eta}}_0 + s_{j_1}\gamma\boldsymbol{x}_{j_1} \tag{4.28}$$

と書けます．γは出力推定値の更新量を表しています．$\hat{\boldsymbol{\eta}}_1(\gamma)$と$\boldsymbol{y}$との残差$\boldsymbol{y} - \hat{\boldsymbol{\eta}}_1(\gamma)$と$\boldsymbol{x}_j (j \neq j_1)$との相関は

$$c_j(\gamma) = \boldsymbol{x}_j^\top(\boldsymbol{y} - \hat{\boldsymbol{\eta}}_1(\gamma)) = \boldsymbol{x}_j^\top\boldsymbol{y} - s_{j_1}\gamma\boldsymbol{x}_j^\top\boldsymbol{x}_{j_1} \tag{4.29}$$

です．また，$j = j_1$のときは

$$|c_{j_1}(\gamma)| = \mathrm{sgn}(c_{j_1})c_{j_1} = s_{j_1}\boldsymbol{x}_{j_1}^\top\boldsymbol{y} - \gamma\boldsymbol{x}_{j_1}^\top\boldsymbol{x}_{j_1} = s_{j_1}\boldsymbol{x}_{j_1}^\top\boldsymbol{y} - \gamma \tag{4.30}$$

です[*15][*16]．γが増加するについて$|c_{j_1}(\gamma)|$は単調に減少します．(4.26)式の条件より，すべての入力変数$\boldsymbol{x}_j$と残差$\boldsymbol{y} - \hat{\boldsymbol{\eta}}_0$の相関の大きさは等しくなければなりません．つまり，$|c_{j_1}(\tilde{\gamma})| = |c_{j'}(\tilde{\gamma})|$ $(j' \notin \mathcal{A})$となる$\gamma = \tilde{\gamma}$を探索し，出力推定値を(4.28)式によって更新します．**図4.8**に$M = 2$のときのLARSアルゴリズムのイメージを示します．

ここでは2次元で説明しましたが，多次元となるともう少し複雑です．一

*15　$\mathrm{sgn}(z) \cdot z$はzの符号にかかわらず必ず0以上の値となるので，絶対値を計算しているのと同じことになります．

*16　データは平均0・標準偏差1に標準化されていますので，$\boldsymbol{x}_{j_1}^\top\boldsymbol{x}_{j_1} = 1$です．

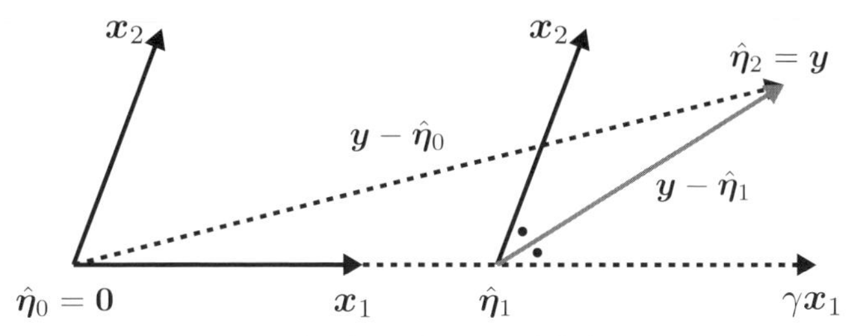

図 4.8 $M = 2$のときのLARSアルゴリズムの動き．1) 出力推定値の初期値を$\hat{\boldsymbol{\eta}}_2$と出力データ$\boldsymbol{y}$との残差$\boldsymbol{y} - \hat{\boldsymbol{\eta}}_0$とのなす角が小さいのは$\boldsymbol{x}_1$なので，まず$\boldsymbol{x}_1$が入力変数として選択されます．2) (4.26)式の条件にしたがって，$\boldsymbol{x}_1$方向にスカラ倍して，残差$\boldsymbol{y} - \hat{\boldsymbol{\eta}}_1$と$\boldsymbol{x}_1$，$\boldsymbol{x}_2$とのなす角が等しくなる$\hat{\gamma}$を探索し，出力推定値を$\hat{\boldsymbol{\eta}}_1$に更新します．3) 多次元データの場合は，再び残差となす角が最小となる変数を選択して，出力推定値$\hat{\boldsymbol{\eta}}$を更新します．これらの操作を繰り返すことで，最終的に解にたどり着きます．

般的な場合でのアルゴリズムの詳細を，付録 A.2に記載しました．興味のある読者は参考にしてください[*17]．

みにくいアヒルの子の定理

変数（特徴）選択は，データがビッグであろうがスモールであろうが，機械学習において学習させるモデルの性能の改善のためには重要な作業です．また機械学習とは関係なく，私たちの脳も，目や耳などの感覚器からやってくる多様な情報から，周囲のさまざまな物体などを識別していますが，そのとき私たちの脳は何を手かがり，つまり特徴量として識別をしているのでしょうか．ここでは，みにくいアヒルの子の定理とよばれる定理から，特徴選択が有する意味について考えてみましょう．

「みにくいアヒルの子」はみなさんご存じのように，アンデルセンの童話です．アヒルの子の群れの中に1羽だけ灰色の子がいて，それが原因でみにくいといじめに遭いますが，やがて成長すると美しい白鳥になってそれまでの悲しみから解放される，というストーリーです．

このお話を前提として，みにくいアヒルの子の定理とは，みにくいアヒルの子を含むn羽のアヒルがいるとき，みにくいアヒルの子と普通のアヒルの

*17 Laaso回帰は，Pythonでは`sklearn.linear_model.Lasso`で使用することができます．MATLABではStatistics and Machine Learning Toolboxに`lasso()`が用意されていますが，その実装はLARSアルゴリズムではなく，ADMM（Alternating Direction Method of Multipliers）とよばれる別のアルゴリズムを用いています．大規模な問題ではADMMの方が効率的だと言われますが，私たちが扱うスモールデータでは計算速度は気になりません．

子は，任意の2羽の普通のアヒルの子と同じぐらい似ているという定理です．つまりこの定理は，どのような特徴量（変数）を用意しても，みにくいアヒルの子とほかの普通のアヒル子を識別できない，ということを主張しています．いいかえると，何らかの識別を行うとき，私たちはあらゆる特徴量を平等に扱っているのではなく，何らかの仮定に基づいて主観的に特徴を選択，または重みをつけて評価していることになります．

みにくいアヒルの子の定理の証明のコンセプトを，簡単に示しましょう．n羽のアヒルの子を識別するのに，いま$d = \log_2 n$個の二値の特徴量を使うとします．二値の特徴量なので，たとえば「羽根の色が白い・白くない」や「目の色が黒い・黒くない」などの真偽とします．これらのd個の特徴量からできるルールは，それぞれのアヒルにおいてある特徴の真偽の組み合わせが独立に存在しますが，どのアヒルも含まないルールは除外するので，全部で$N = 2^n - 1$通りとなります．

このN個のルールのうち，みにくいアヒルの子とある特定の普通のアヒルの子の両方を含むルールは2^{n-2}個です．同様に，任意の2羽の普通のアヒルの子を同時に含むルールもやはり2^{n-2}個あります．ここで，2羽のアヒルの類似度を，共通に真とするルールの数で評価すると，みにくいアヒルの子と普通のアヒルの子は，普通のアヒルの子どうしと同じくらい似ていることになります．

「みにくいアヒルの子」の話に戻ると，アヒルの子の羽根の色は黄色で，白鳥の子は灰色なので，一見して異なる特徴を持っています．しかし，私たちはアヒルの子と白鳥の子の識別を行った暗黙の仮定として，羽根の「色」という特徴量を主観的に選択して，それを識別の基準にしているのです．たとえば，同じ種類でも多様な花びらの色を持つ花はたくさんありますが，この場合，花の種類の識別には花びらの「色」は用いられておらず，花びらの「形」などを特徴量とするのでしょう．

このように何を識別に用いる特徴量とするのかは，私たちの都合なのであって，価値判断そのものなのです．

4.5 PLS向けの変数選択手法

前章では，線形回帰モデルの一つとしてPLSを紹介しました．PLSは入力変数と出力変数を直接モデル化せず，入力変数の線形結合で潜在変数を導

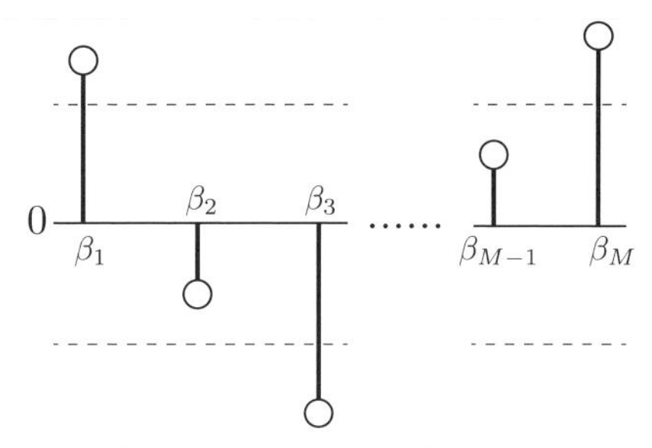

図 4.9 PLS-beta 法は，PLS モデルを重回帰モデルへ変換した際の回帰係数の絶対値の大小で，入力変数を選択します．この図の場合，回帰係数の絶対値に閾値を設けて変数の選択を行っています．

出し，その潜在変数の線形結合で出力変数を表現するという特徴があります．そのため，直接的に入出力間の関係を表現しているわけではないので，変数選択にも注意が必要です．

PLS 向けの変数選択手法として最も簡単な方法は．(3.115) 式を用いて PLS モデルを通常の重回帰モデルへ変換し，その回帰係数 $\boldsymbol{\beta}_{pls}$ を用いる方法です．$\boldsymbol{\beta}_{pls}$ の m 番目の要素 $\beta_{pls,m}$ の絶対値 $|\beta_{pls,m}|$ は，m 番目の入力変数 x_m の出力 y への影響の大きさを表しているので，$|\beta_{pls,m}|$ の小さい変数は入力から取り除いても出力の推定には大きく影響しないと考えられます．このように回帰係数 $\boldsymbol{\beta}_{pls}$ の大きさを用いて入力変数を選択する方法を，PLS-beta 法とよびます．PLS-beta 法の概要を**図 4.9** に，プログラムを**プログラム 4.2** に示します．

プログラム 4.2 PLS-beta（linear_regression.py）

```
1   import numpy as np
2
3   def pls_beta(beta, share=0.5):
4       """
5       PLS-betaを用いて，入力変数を選択します
6
7       パラメータ
8       ----------
9       beta: PLSの回帰係数
10      share: 選択した入力変数の回帰係数が全体の回帰係数に占める割合 ↩
                (デフォルト: 50%)
11
12      戻り値
13      -------
14      sel_var: 選択された入力変数のインデックス
```

```
15      """
16
17      sort_index = np.argsort(abs(beta), axis=0)[::-1]
18      sort_beta = np.sort(abs(beta), axis=0)[::-1]
19      cum_sort_beta = np.cumsum(abs(sort_beta))
20      sel_var = sort_index[cum_sort_beta <= ↩
            cum_sort_beta[-1]*share].ravel()
21
22      return sel_var
```

PLS-beta法は，あくまで出力の推定に影響しない変数を入力変数から取り除いて，モデルをコンパクトにすることが目的で，特に推定性能向上を目指した方法ではないことに，注意が必要です．もちろん，出力の推定に影響しない変数はノイズになるので，ノイズがある程度除去されることで出力推定値のばらつきが軽減されることはあるかもしれません．

もう一つPLS向けの変数選択手法として，よく知られている方法にVIP（Variable Importance for Projection）法があります [16]．VIP法では，それぞれの入力変数が潜在変数を通じて出力の推定にどの程度寄与しているのかを“変数重要度”として定量化して，その変数重要度を用いて採用する変数を決定します．$m\,(\leq M)$番目の変数の重要度（VIPスコア）は

$$V_m = \sqrt{M \sum_{r=1}^{R} \mathrm{SSY}_r \times \Big(w_{mr}/\|\boldsymbol{w}_r\| \Big)^2 \Big/ \mathrm{SSY}_{\mathrm{total}}} \tag{4.31}$$

で定義されます．

このVIPスコアの意味を説明しましょう．SSY_rは，PLSモデル(3.96)式におけるr番目の潜在変数$\boldsymbol{t}_r$による出力予測の変動であり，$\hat{\boldsymbol{y}}_r = d_r \boldsymbol{t}_r$の二乗で定義されます．また，$\mathrm{SSY}_{total}$はすべての潜在変数について$\mathrm{SSY}_r$の二乗和$\sum_{r=1}^{R} \mathrm{SSY}_r$です．したがって，VIPスコアの分母はPLSモデルによる出力予測の全変動を表しています．

一方，分子ではSSY_rに$(w_{mr}/\|\boldsymbol{w}_r\|)^2$がかけられています．$r$番目の潜在変数について$\boldsymbol{t}_r = \boldsymbol{X}\boldsymbol{w}_r$であるので，$(w_{mr}/\|\boldsymbol{w}_r\|)^2$は$\boldsymbol{t}_r$の中で$m$番目の変数$x_m$が占める割合を意味します．つまり，$\mathrm{SSY}_r \times (w_{mr}/\|\boldsymbol{w}_r\|)^2$は，$m$番目の変数が重みベクトル$\boldsymbol{w}_r$の中で占める割合で重みづけをした出力予測の変動となります．これらのことから，VIPスコアはPLSモデルによる出力予測の全変動の中で，m番目の変数が出力予測の変動に影響を及ぼしている

割合であると解釈できます．

VIP法では閾値$\overline{V}$ (>0)以上のVIPスコアの変数を，PLSモデルの入力変数として選択します．なお，すべての変数についての重要度の平均が1となるように設計されていますので[*18]，$\overline{V}=1$とすることが多いです．

VIPスコアを計算するプログラムを，**プログラム4.3**に示します．このプログラムの引数は，前章で作ったPLS1のプログラム（**プログラム3.10**）の戻り値として得られるPLSモデルのパラメータです．

プログラム4.3 VIP（linear_regression.py）

```
import numpy as np

def pls_vip(W, D, T):
  """
  PLSのVIPを計算します

  パラメータ
  ----------
  W, D: PLSのモデルパラメータ
  T: PLSの潜在変数行列

  戻り値
  -------
  sel_var: 選択された入力変数のインデックス
  vips: 入力変数のVIP
  """

  M, R = W.shape
  weight = np.zeros([R])
  vips = np.zeros([M])

  # 分母の計算
  ssy = np.diag(T.T @ T @ D @ D.T)
  total_ssy = np.sum(s)

  # 分子の計算
  for m in range(M):
    for r in range(R):
      weight[r] = np.array([(W[m,r]/np.linalg.norm(W[:,r]))**2])

    vips[m] = np.sqrt(M*(ssy @ weight)/total_ssy)

  sel_var = np.arange(M)
  sel_var = sel_var[vips>=1]

```

*18 (4.31) 式で，あえて変数の数Mがかけられているのはこのためです．

```
36      return sel_var, vips
```

VIP法では入力変数の潜在変数を通じた出力への寄与を評価しており，PLS-beta法よりは根拠のある変数選択手法となっています．そのため，PLSでの変数選択ではVIP法を第一候補として用いることが多いです．もちろん，ステップワイズ法を用いてPLSモデルの変数選択を行うことも可能です．

4.6 相関関係に基づいた変数クラスタリングによる入力変数選択

これまで紹介した変数選択手法は，いずれも入力変数の候補を個別に評価して，モデルの入力変数として採用するかどうかを決定していました．しかし，変数間には相関関係が存在することが多く，それが最小二乗法における多重共線性の問題を発生させる原因でもありました．入力変数の候補を個別に評価する場合，変数間の相関関係を考慮することができません．したがって，複数の入力変数の候補について，相関関係を考慮して同時に入力変数として採用するかどうかを評価すべきだと考えられます．ここでは，入力変数をクラスタリングし，変数をクラスタリングした結果を用いて入力変数を選択する方法を紹介します．

4.6.1 クラスタリング

クラスタリングとはどのようなタスクであるか，というところから説明しましょう．クラスタリングは，サンプル間の類似度に基づいてサンプルを複数のクラスタ（グループ）に分割するタスクです．機械学習のタスクの多くは教師あり学習[*19]ですが，クラスタリングでは教師なし，つまりサンプルを外的なラベルを用いずに自動的にいくつかのクラスタに分類させます．**図4.10**（左）の場合，それぞれのサンプルには所属すべきクラスタの情報は

*19　教師あり学習とはあらかじめサンプルにラベル（教師データや正解データともよびます）が与えられて，与えられたラベルに適合するようにモデルを学習させる方法です．回帰問題も教師あり学習の一種です．

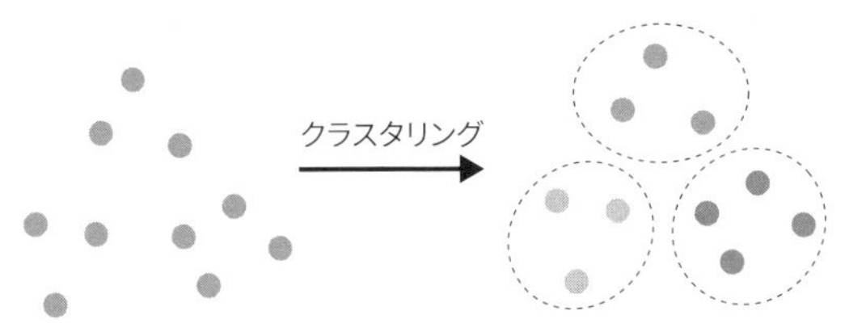

図 4.10 クラスタリングでは外的なラベルを用いずに，サンプルを複数のクラスタに自動的に分類させます．

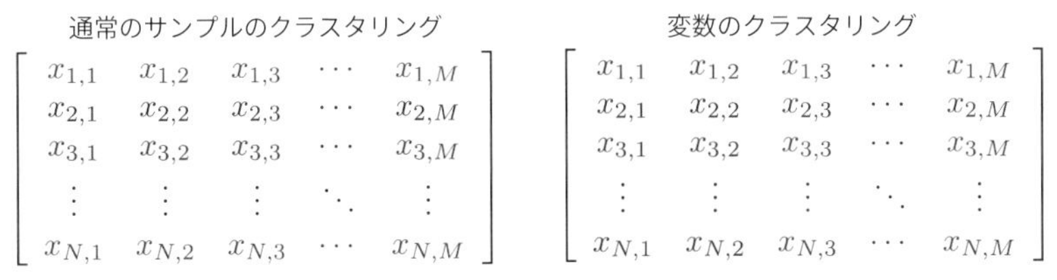

図 4.11 通常のクラスタリングでは行（サンプル）をグループに分類しますが（左），列（変数）をグループにクラスタリングすることもできます（右）．

一切付与されていませんが，クラスタリングではサンプルに何らかの類似度を定義することで，**図 4.10**（右）のようにいくつかのクラスタに分類させます．

このクラスタリングは，一見すると線形回帰モデルの変数選択とは異なるタスクであり，どのようにクラスタリングを変数選択に用いるのかわかりにくいかもしれません．**図 4.11** はサンプルを行として並べた場合のデータ行列ですが，通常のクラスタリングは，**図 4.11**（左）のように行をいくつかのグループに分類します．しかし，クラスタリングでは**図 4.11**（右）のように列を分類しても問題ありません．これはデータ行列を転置させてクラスタリングを実行するのと同じです．このように列を分類した場合は，変数をクラスタリングして，いくつかの変数グループを構築していることになります．

クラスタリングを利用した変数選択では，このようにして変数をある類似度に基づいていくつかの変数グループに分類し，グループ単位でモデルの入力変数として選択します．入力変数の候補を少数の変数グループにまとめられれば，変数選択の効率が大きく改善します．変数が 10 個あるとき，総当たりで変数選択を調べるには $2^{10} = 1\,024$ 通り調べる必要がありますが，10 個の変数を 3 グループにまとめられれば，その組み合わせの総数はわずか 8 通りにすぎません．

このように変数選択にクラスタリングを導入すると効率が改善します．では，どのようにして変数をクラスタリングすればよいでしょうか．

4.6.2　k-平均法

代表的なクラスタリング手法としてk-平均法が知られています．k-平均法

アルゴリズム 4.3　k-平均法のアルゴリズム

1: クラスタの数kを決定する．
2: すべてのサンプル$\boldsymbol{x}_i (i = 1, \ldots, N)$をランダムにクラスタ$j = 1, \ldots, k$に割り振る．
3: クラスタを割り振ったサンプルに基づいて，それぞれのクラスタの平均$V_j (j = 1, \ldots, k)$を計算する．
4: すべての$\boldsymbol{x}_i$とすべてのV_jの間の距離を計算し，$\boldsymbol{x}_i$を最も近いV_jのグループjに割り当て直す．
5: すべての$\boldsymbol{x}_i$のグループ割り当てが変化しなかった場合，またはクラスタ割り当てが変化するサンプルの個数が閾値以下となった場合，収束したと判定して終了する．そうでなければ，ステップ2へ戻る．

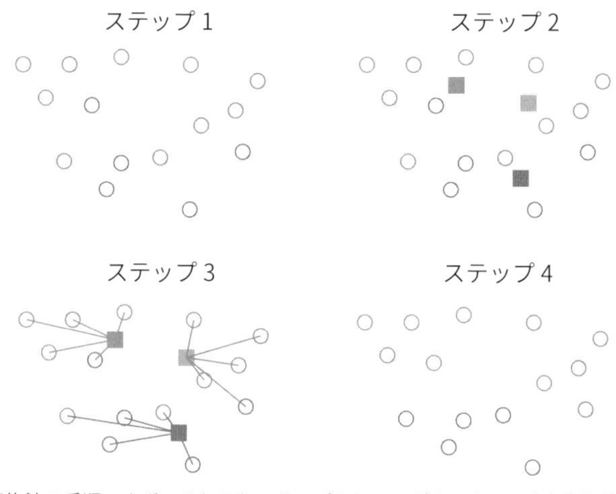

図 4.12　k-平均法の手順．まず，それぞれのサンプルにランダムにクラスタを割り当てて（ステップ1），次に四角で示されるクラスタ平均を求めます（ステップ2）．そして，クラスタ平均から距離の近いサンプルを再度，クラスタに割り当てなおします（ステップ3，4）．この手順を繰り返しながら，サンプルのクラスタ割り当てを調整していきます．

は，クラスタ平均を基準として用いてあらかじめ与えたk個のクラスタにサンプルを分類します．サンプル$\boldsymbol{x}_i$ $(i = 1, \ldots, N)$をk個のグループに分類するk-平均法の手順を，**アルゴリズム4.3**に示します．

図4.12のように，k-平均法はまずデータをランダムにクラスタに割り振った後，クラスタ平均との距離を用いてサンプルのクラスタへの割り当てを，繰り返し計算にて調整していく方法です．k-平均法は解に初期値依存性があり，一般には局所解が得られます[*20]．そのため，よいクラスタを得るには，何回かk-平均法を試してみる必要があります[*21]．

k-平均法のプログラムを，**プログラム4.4**に示します．

プログラム4.4　k-平均法（linear_regression.py）

```
import numpy as np

def kmean(X, num_cls, num_change_lim=10):
  """
  k-平均法

  パラメータ
  ----------
  X: 入力データ
  num_cls: 潜在変数の数
  num_change_lim: クラスタ割り当て個数の閾値

  戻り値
  -------
  cls_labels: クラスタのラベル
  """

  np.random.seed(0)
  N,P = X.shape
  # ランダムにクラスタを割り振る
  cls_labels = np.random.randint(0, num_cls, N)

  # クラスタ再割り当て個数が閾値以下になるまで繰り返す
  num_chage = N
  while num_chage > num_change_lim:
    # クラスタ平均を求める
    cls_centers = np.zeros([num_cls,P])
    for c in range(num_cls):
      cls_centers[c,:] = np.mean(X[cls_labels==c,:], 0)

```

*20　k-平均法の大域的な解を求める問題は，NP困難です．

*21　Pythonでは，sklearn.clusterにKMeansとして実装されています．MATLABでは，Statistics and Machine Learning Toolboxにkmeans()があります．

```
31        # クラスタ平均とサンプル間距離を計算し，ラベルを再割り当てする
32        dist_all = np.zeros([N,num_cls])
33        for c in range(num_cls):
34          dist = X - cls_centers[c,:]
35          dist_all[:,c] = np.sum(dist**2, 1)
36        new_cls_labels = np.argmin(dist_all, 1)
37
38        # 再割り当て個数を計算する
39        num_chage = np.sum(new_cls_labels != cls_labels)
40        # ラベルを更新する
41        cls_labels = new_cls_labels
42
43    return cls_labels
```

4.6.3　NCスペクトラルクラスタリング（NCSC）

k-平均法は，距離に基づく代表的なクラスタリング手法ですが，必ずしも距離の近い変数が，同じように出力に影響しているわけではありません．建物のいろいろな部屋から温度を測定していて，どれも似通った温度であったとします．しかし，ある一つの温度計は実験室に設置されており，実験結果は実験室の温度に敏感に影響されているかもしれません．この場合，実験結果に影響しているのは，その実験室の温度だけで，ほかの部屋の温度が似た値であっても，つまりサンプル間の距離が近くても，実験結果には一切影響していません．

本書では繰り返して“相関”という言葉が登場しています．PCAは入力変数間の相関関係を抽出する方法ですし，最小二乗法は入出力変数間の相関関係に基づいた方法です．PLSは入出力間の関係を潜在変数を通じて表現しますが，その潜在変数は入力変数間の相関関係のみならず，出力変数との相関関係も考慮して決定するものでした．またLasso回帰のLARSアルゴリズムでは，出力データとその推定値との残差との相関が最も大きくなる変数を逐次的に選択します．このように，線形モデルの学習方法は，何らかの形で相関関係を利用するものが大半です．したがって，変数クラスタリングにおいても，距離よりも相関関係を利用すべきではないかと考えられます．

そこで本書では，変数グループ構築にNCスペクトラルクラスタリング（NCSC）を用いる方法を紹介します．NCSCは変数間の相関関係を指標とした類似データ抽出手法である相関識別法（Nearest Correlation Method;

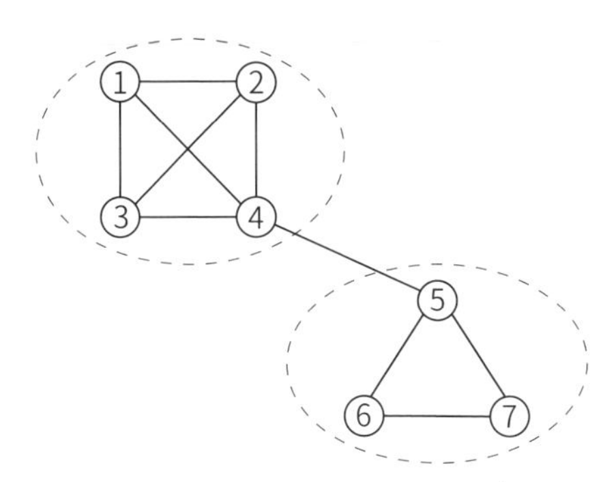

図 4.13　このグラフではノード 4 とノード 5 の間のエッジを取り除くと，二つのサブグラフに分割できます．なお，エッジの太さはエッジに付与された重みを表しています．

NC法）と，重み付きグラフの分割法であるスペクトラルクラスタリング（SC）を組み合わせた手法で，変数間の相関関係に基づいてサンプルをクラスタリングできます [17, 18].

スペクトラルクラスタリング（SC）

SCはグラフ理論に基づいたクラスタリングアルゴリズムです[*22]．SCでは，類似度を重みとする重み付きグラフのエッジをカットすることで，グラフを複数のサブグラフに分割します．**図 4.13** にSCのイメージを示しますが，このグラフではノード4とノード5の間のエッジを取り除くと，二つのサブグラフに分割できることがわかります．このように，どのエッジを取り除けばよいのかを求める方法がSCです [19, 20, 21].

SCには複数のアルゴリズムがありますが，ここではMcut法を紹介します．重み付きグラフGとその隣接行列$\boldsymbol{W}$が与えられているとします．隣接行列$\boldsymbol{G}$とは，要素g_{ij}がノードiからノードjへの辺が存在するときは1，辺が存在しないときは0としてグラフの構造を表現した行列です．通常，隣接行列の対角要素はすべて0とし[*23]，無向グラフの場合は対称行列となりま

*22　グラフ理論で登場する「グラフ」とは，たとえば路線図などの「点のつながり方」を抽象化したものです．路線図を確認するときは，駅と路線の関係がわかることが大切で，実際に路線がどこを通過するかはあまり気にしません，このように，「点（ノード）とそれらをむすぶ辺（エッジ）」からなる概念がグラフです．路線図のみならず，Webのハイパーリンクや，ソーシャルネットワーク上の友人関係などもグラフとして表現できます．また，つながり方だけではなく「どちらからどちらにつながっているか」も考えたい場合は，エッジに矢印をつけます．このようなグラフを有向グラフとよび，矢印のないグラフを無向グラフといいます．

す．重み付きグラフとはエッジに重みを付与したグラフですが，この場合の隣接行列の要素には重みの値を入れます．たとえば，図 4.13 のグラフの隣接行列は

$$\boldsymbol{W} = \begin{bmatrix} 0 & 1 & 1 & 1 & 0 & 0 & 0 \\ 1 & 0 & 1 & 1 & 0 & 0 & 0 \\ 1 & 1 & 0 & 1 & 0 & 0 & 0 \\ 1 & 1 & 1 & 0 & 1 & 0 & 0 \\ 0 & 0 & 0 & 1 & 0 & 2 & 2 \\ 0 & 0 & 0 & 0 & 2 & 0 & 2 \\ 0 & 0 & 0 & 0 & 2 & 2 & 0 \end{bmatrix} \in \mathbb{R}^{7\times 7} \tag{4.32}$$

となります．

いま，G のエッジに付与された重みがノード間の類似度であり，類似度に基づいて G をサブグラフ A と B に分割する問題を考えます[*24]．まず，サブグラフ間類似度 $\mathrm{cut}(A,B)$ を，サブグラフ間に存在するエッジの重みの総和と定義します．すなわち $\mathrm{cut}(A,B) \equiv W(A,B)$ で[*25]，$W(A,B) = \sum_{u\in A, v\in B} W_{u,v}$ です．一方，サブグラフ内類似度を，それぞれのサブグラフ内に存在するエッジの重みの総和とします．すなわち，$W(A) \equiv W(A,A)$ です．Mcut 法では $\mathrm{cut}(A,B)$ を最小，かつ $W(A)$ および $W(B)$ を最大化するようなサブグラフ A，B を探索します．Mcut 法の目的関数 J は次式で与えられます．

$$\min\ J = \frac{\mathrm{cut}(A,B)}{W(A)} + \frac{\mathrm{cut}(A,B)}{W(B)} \tag{4.33}$$

図 4.13 のグラフのノードに付与されているインデックスは，左上から順に付与されたもので特に意味はなく，ノード間で番号を交換してもグラフの構造は変化しません．このようにグラフのインデックスは交換可能ですので，類似度（隣接）行列の行も交換でき，以下のようにしても一般性を失いません．

$$\boldsymbol{W} = \begin{bmatrix} \boldsymbol{W}_A & \boldsymbol{W}_{A,B} \\ \boldsymbol{W}_{B,A} & \boldsymbol{W}_B \end{bmatrix} \tag{4.34}$$

*23　対角成分は自己ループを表します．自己ループを含まないグラフを，単純グラフといいます．図 4.13 は自己ループを含まないので，対角成分はすべて 0 です．

*24　ここでは簡単のために 2 グループへの分割を考えますが，複数グループ分割へ拡張できます．

*25　≡ は定義する，という意味です．

ここで, $\boldsymbol{W}_A$ と $\boldsymbol{W}_B$ は, サブグラフ A と B 内の類似度であり, $\boldsymbol{W}_{A,B}$ と $\boldsymbol{W}_{B,A}$ はサブグラフ A と B の間の類似度です. 重みの総和はサブグラフ A, B への分割を表すベクトル $\boldsymbol{x} = [1, \ldots, 1, 0, \ldots, 0]^\top$ と $\boldsymbol{y} = [0, \ldots, 0, 1, \ldots, 1]^\top$ を用いて[*26]

$$W(A, B) = \boldsymbol{x}^\top(\boldsymbol{D} - \boldsymbol{W})\boldsymbol{x} = \boldsymbol{y}^\top(\boldsymbol{D} - \boldsymbol{W})\boldsymbol{y} \tag{4.35}$$

$$W(A) = \boldsymbol{x}^\top \boldsymbol{W} \boldsymbol{x} \tag{4.36}$$

$$W(B) = \boldsymbol{y}^\top \boldsymbol{W} \boldsymbol{y} \tag{4.37}$$

と書くことができます. なお, $\boldsymbol{D} = \mathrm{diag}(\boldsymbol{W}\boldsymbol{e})$, $\boldsymbol{e} = [1, \ldots, 1]^\top$ です[*27]. これらの式を用いると, (4.33) 式は

$$\min_{\boldsymbol{x}, \boldsymbol{y}} \ J = \frac{\boldsymbol{x}^\top(\boldsymbol{D} - \boldsymbol{W})\boldsymbol{x}}{\boldsymbol{x}^\top \boldsymbol{W} \boldsymbol{x}} + \frac{\boldsymbol{y}^\top(\boldsymbol{D} - \boldsymbol{W})\boldsymbol{y}}{\boldsymbol{y}^\top \boldsymbol{W} \boldsymbol{y}} \tag{4.38}$$

と書き直せます. (4.38) 式は第1項と第2項が対称な形ですので, 以降では第1項だけを考えます.

ところが, (4.38) 式はベクトル $\boldsymbol{x}$ の要素が0-1変数であるため, 組み合わせ最適化問題となり解くのが困難です. そこで, この0-1変数を緩和して解くことにします. 新たなベクトル $\boldsymbol{q} = \{a, -b\}$ $(a, b > 0)$ を導入し

$$q_u = \begin{cases} a & (u \in A) \\ -b & (u \in B) \end{cases} \tag{4.39}$$

とします. ここで q_u は $\boldsymbol{q}$ の u 番目の要素です. したがって, この問題は

$$\min_{\boldsymbol{q}} \ J_q = \frac{\boldsymbol{q}^\top(\boldsymbol{D} - \boldsymbol{W})\boldsymbol{q}}{\boldsymbol{q}^\top \boldsymbol{W} \boldsymbol{q}} \tag{4.40}$$

と書き直すことができます.

ここから先の解析は, ややマニアックなものになりますので, その詳細は付録 A.3に示しました. ここでは結論だけ述べます. 最小化問題 (4.40) 式は固有値問題

---

*26 $\boldsymbol{x}$ と $\boldsymbol{y}$ は要素が0または1だけの変数です. このような変数を0-1変数, もしくはバイナリ変数とよびます.

*27 $\mathrm{diag}(\boldsymbol{a})$ はベクトル $\boldsymbol{a}$ の対角成分を並べた行列です. つまり, この行列 $\boldsymbol{D}$ は各ノードと接続するエッジの重みの総和を対角に持つ行列です.

$$(\boldsymbol{I} - \boldsymbol{D}^{-1/2}\boldsymbol{W}\boldsymbol{D}^{-1/2})\boldsymbol{z} = \lambda\boldsymbol{z} \tag{4.41}$$

に帰着し，その解は

$$\boldsymbol{q}^* = \boldsymbol{D}^{-1/2}\boldsymbol{z}_2 \tag{4.42}$$

となります．ここで$\boldsymbol{z}_2$は2番目に小さい固有値λ_2に対応する固有ベクトルです．最小化問題なのに最小となる固有値に対応する固有ベクトルではなく，2番目に小さい固有値に対応する固有ベクトルを解として選ぶ理由も，付録 A.3で説明しています[*28]．

Mcut法は調整すべきパラメータを持たないので，容易に利用できるという利点がありますが，類似度の定義は任意でこちらで与える必要があります．たとえば，サンプル$\boldsymbol{x}_i$と$\boldsymbol{x}_j$の間の類似度を，ガウスカーネルで与える方法などがあります．

$$(\boldsymbol{W})_{i,j} = \exp\left(-\frac{\|\boldsymbol{x}_i - \boldsymbol{x}_j\|^2}{2\sigma^2}\right) \tag{4.43}$$

ここでσはガウスカーネルのパラメータです．

類似度を単純な距離で与えても，またガウスカーネルを利用するとしても，変数間の相関関係は考慮できません．変数間の相関関係に基づいて類似度を計算する方法が，次に説明するNC法です．

NC法

NCSCではNC（Nearest Correlation）法とよばれる方法に基づいて，類似度行列を構築します．NC法は，いくつかの異なった相関関係を有するサンプルから構成されているデータにおいて，クエリ[*29]と相関関係が類似のサンプルを検出する手法です [22].

ここでは，NC法のコンセプトを説明します．2.4節で説明したように，**図 4.14** (左) の平面（アフィン部分空間）Pは変数間の相関関係を表しています．つまり，P上のサンプルはすべて同一の相関関係に従っています．**図 4.14**の場合，$\boldsymbol{x}_1, \ldots, \boldsymbol{x}_5$は同一の相関関係に従うサンプルですが，$\boldsymbol{x}_6$，$\boldsymbol{x}_7$は異なった相関関係を有しています．

*28　SCは，Pythonだと `sklearn.cluster.SpectralClustering` で利用できます．MATLABでは，Statistics and Machine Learning Toolboxに `spectralcluster()` があります．

*29　「クエリ」とは，本来はデータベースへ指定のデータを要求する問い合わせのことです．ここでは，相関関係が相互に類似であるサンプルを発見しろ，という要求の基準となるサンプルのことを意味します．

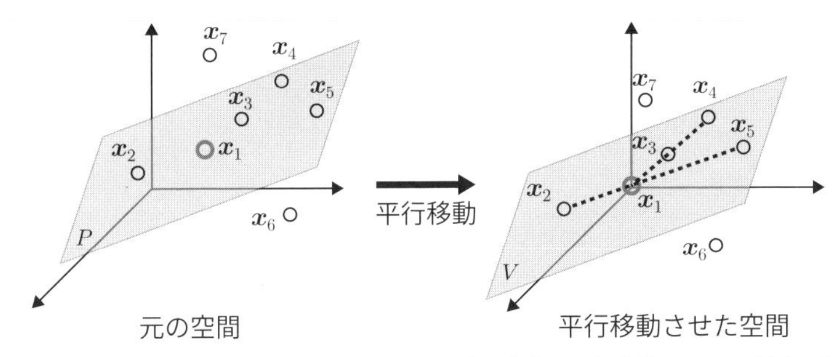

図 4.14　NC法では，まずクエリが原点となるように空間全体を平行移動させます（左）．次に，任意のサンプルと原点を結ぶ直線を引きます（右）．この直線上にある別のサンプルは，クエリと同じ相関関係を有しています．

クエリ$\boldsymbol{x}_1$と類似の相関関係を有するサンプルを発見したいとします．このときは，$\boldsymbol{x}_2, \ldots, \boldsymbol{x}_4$が検出できればよいことになります．NC法ではまず，$\boldsymbol{x}_1$が原点となるように空間全体を平行移動させます．これはすべてのサンプル$\boldsymbol{x}_i$ $(i = 1, \ldots, 7)$から$\boldsymbol{x}_1$を引くという操作になります．この操作によって，平面Pは原点を含むことになるため部分空間となり，これをVとします．

次に，**図 4.14** (右)に示すように，任意のサンプルと原点を結ぶ直線を引きます．そして，この直線上で別のサンプルが発見できたとします．この例では，$\boldsymbol{x}_2$ - $\boldsymbol{x}_5$および$\boldsymbol{x}_3$ - $\boldsymbol{x}_4$がこのような関係を満たしています．このとき，これらのサンプルのペアの相関係数の絶対値は1です．一方で，Vの要素ではない$\boldsymbol{x}_6$，$\boldsymbol{x}_7$の相関係数の絶対値は1未満となります．これより，相関係数が± 1であるペアのサンプルは，同一の相関関係を有していると判定できます．

実際は相関係数が厳密に± 1になるペアは存在しないため，閾値γ $(0 < \gamma \leq 1)$を用いて，相関関係について判定します．すなわち，相関係数$C_{i,j}$について$|C_{i,j}| > \gamma$以上となるペア$\{\boldsymbol{x}_i, \boldsymbol{x}_j\}$は，クエリと類似の相関関係を有していると判定できます．

NC法を用いることで，類似の相関関係に従うサンプルのペアを検出できます．NC法の結果から相関関係を指標とした類似度行列を構築し，SCでクラスタリングを実行するのがNCSCです．NCSCの手順を**アルゴリズム 4.4**に示します．ここで，$\boldsymbol{x}_n \in \mathbb{R}^M$ $(n = 1, \ldots, N)$は分類したいサンプル，γはNC法での相関関係の有無を判定する閾値です．

アルゴリズム 4.4　NCSCの手順

1: 零行列 $\boldsymbol{S} \in \mathbb{R}^{N \times N}$ を用意し，$\gamma\ (0 < \gamma \leq 1)$ を設定する．
2: $L = 1$ とする．
3: 零行列 $\boldsymbol{S}_L \in \mathbb{R}^{N \times N}$ を用意する．
4: すべてのサンプル $\boldsymbol{x}_n \in \mathbb{R}^M\ (n = 1, \ldots, N)$ について，$\boldsymbol{x}'_n = \boldsymbol{x}_n - \boldsymbol{x}_L$ を計算する．
5: $|C_{k,l}| \geq \gamma$ となるすべての $k, l (k \neq l)$ のペアを探索し，$(\boldsymbol{S}_L)_{k,l} = (\boldsymbol{S}_L)_{l,k} = 1$ とする．
6: $\boldsymbol{S} = \boldsymbol{S} + \boldsymbol{S}_L$．
7: $N = N$ のとき次のステップに進む．そうでなければ，$L = L + 1$ としてステップ3へ戻る．
8: $\boldsymbol{S}$ をSCの類似度行列として，クラスタリングを実行する．

NCSCでは，ある一つのサンプルを取り出してクエリとし，これと相関関係の類似なサンプルのペアをNC法にて検出します．そして，検出されたサンプルのペアに該当する行列の要素に，重みを加えていきます．その上ですべてのサンプルがクエリとなるように入れ替え，この手続きを繰り返します．そして，最終的に得られる $\boldsymbol{S}$ が相関関係を指標とした類似度行列であり，これをSCでクラスタリングします．

NCSCによってクラスタリングを実行するプログラムを，**プログラム 4.5** に示します．このプログラムでは，まず入力データ行列Xから関数nc()によって相関関係に基づいた類似度行列Sを構築し，次に関数ncsc()にて，関数nc()で計算された類似度行列Sを用いてSCを実行します[*30]．

プログラム 4.5　NCSC（ncsc_vs.py）

```
import numpy as np
from sklearn.cluster import SpectralClustering

def nc(X, gamma=0.99):
  """
  NC法を用いた類似度行列の計算

```

*30　関数ncsc()では，66行目でスペクトラルクラスタリングを実行していますが，引数としてaffinity = 'precomputed' を指定しています．これは，SpectralClusteringは，デフォルトでは入力データ行列からガウスカーネルを用いた類似度行列を計算してスペクトラルクラスタリングを実行するためで，ユーザーが事前に構築した類似度行列を用いるためには，引数で指定しなければなりません．

```
8      パラメータ
9      ----------
10     X: 入力データ
11     gamma: 相関関係の有無の判定の閾値 (デフォルト: 0.99)
12
13     戻り値
14     -------
15     S: 類似度行列
16     """
17
18     N, _ = X.shape
19     S = np.zeros([N, N])
20     X = X.T
21
22     # 類似度行列を計算します
23     for i in range(N):
24       # クエリをすべてのサンプルから引きます
25       Xq = X[:, i].reshape(-1, 1)
26       Xs = X
27       Xm = Xs - Xq
28
29       # 相関係数を計算します
30       V = (Xm.T @ Xm) / (N - 1)
31       d = np.sqrt(np.diag(V)).reshape(-1, 1)
32       D = d @ d.T
33       R = np.divide(V, D, out = np.zeros_like(V), where=D!=0)
34       R = np.nan_to_num(R) # NaNを除去します
35       ZERO_DIAG = (np.eye(N) - 1) * -1
36       R = R * ZERO_DIAG
37
38       # 相関関係を有するサンプルのペアに重みを与えます
39       R = np.abs(R)
40       R[R > gamma] = 1
41       R[R < gamma] = 0
42
43       # 類似度行列を更新します
44       S += R
45     return S
46
47   def ncsc(X, n_clusters, gamma=0.99):
48     """
49     NCSCを用いて相関関係に基づいたクラスタリングを実行します
50
51     パラメータ
52     ----------
53     X: 入力データ
54     n_clusters: 分割するクラスタの数
55     gamma: 相関関係の有無の判定の閾値 (デフォルト: 0.99)
56
57     戻り値
58     -------
59     labels: それぞれのサンプルのクラスタラベル
60     """
```

```
61
62     # NC法による類似度行列の構築
63     S = nc(X)
64
65     # スペクトラルクラスタリングの実行
66     clustering = SpectralClustering(n_clusters, affinity = 'precomputed',
67     ... assign_labels='discretize',
68     ... random_state=0).fit(S)
69     labels = clustering.labels_
70
71     return labels
```

4.6.4 NCSCの例題

NCSCがどのように働くか，想像しにくいかもしれません．そこで，例題を通じて説明を試みます．対象データは図4.15（左）に示す九つのサンプル $\boldsymbol{x}_1,\ldots,\boldsymbol{x}_9 \in \mathbb{R}^2$ からなり，$\boldsymbol{x}_1,\ldots,\boldsymbol{x}_4$ は直線 k 上，$\boldsymbol{x}_5,\ldots,\boldsymbol{x}_8$ は直線 l の点です．これら直線が，変数間の相関関係を表しています．一方，$\boldsymbol{x}_9$ は外れ値です．すなわち，データは三つのクラス $\{\boldsymbol{x}_1,\ldots,\boldsymbol{x}_4\}$，$\{\boldsymbol{x}_5,\ldots,\boldsymbol{x}_8\}$，$\{\boldsymbol{x}_9\}$ に分類できます．ただし，$\boldsymbol{x}_2$，$\boldsymbol{x}_7$，$\boldsymbol{x}_9$ は，たまたま同一直線上に並んでいるとしましょう．

まず，零行列 $\boldsymbol{S} \in \mathbb{R}^{9\times 9}$ を用意します．次に，NC法を用いてすべてのサンプルのペアの相関関係を判断します．たとえば，サンプル1をNC法のクエリとしてペアの相関関係をチェックすると，$(\boldsymbol{x}_2,\boldsymbol{x}_3)$，$(\boldsymbol{x}_2,\boldsymbol{x}_4)$，$(\boldsymbol{x}_3,\boldsymbol{x}_4)$ が

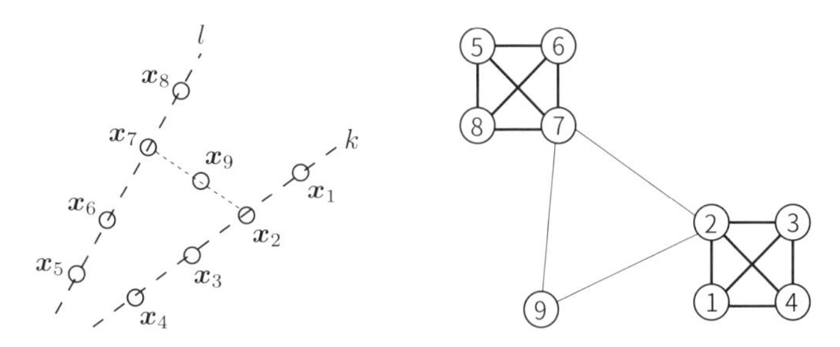

図4.15　左は対象とするデータです．この例題では，データは九つのサンプル $\boldsymbol{x}_1,\ldots,\boldsymbol{x}_9$ からなり，$\boldsymbol{x}_1,\ldots,\boldsymbol{x}_4$ は直線 k 上，$\boldsymbol{x}_5,\ldots,\boldsymbol{x}_8$ は直線 l の点です．一方，$\boldsymbol{x}_9$ は外れ値です．右はNC法を用いて計算した類似度行列を表現したグラフです．エッジの太さは，類似度の大きさを表しています．この図より，三つのグループ $\{\boldsymbol{x}_1,\ldots,\boldsymbol{x}_4\}$，$\{\boldsymbol{x}_5,\ldots,\boldsymbol{x}_8\}$，$\{\boldsymbol{x}_9\}$ に分類できることがわかります．

同一の相関関係にあると判断されます．したがって，$(\boldsymbol{S})_{2,3} = (\boldsymbol{S})_{3,2} = 1$，$(\boldsymbol{S})_{2,4} = (\boldsymbol{S})_{4,2} = 1$，$(\boldsymbol{S})_{3,4} = (\boldsymbol{S})_{4,3} = 1$が得られます．

同様に$\boldsymbol{x}_2$をクエリとすると，$(\boldsymbol{x}_1, \boldsymbol{x}_3)$，$(\boldsymbol{x}_1, \boldsymbol{x}_4)$，$(\boldsymbol{x}_3, \boldsymbol{x}_4)$が同一の相関関係にあると判断されますから，該当する$\boldsymbol{S}$の要素に1を加えます．このとき，$(\boldsymbol{x}_3, \boldsymbol{x}_4)$が同一の相関関係にあると判断されるのは2回目ですので，$(\boldsymbol{S})_{3,4} = (\boldsymbol{S})_{4,3} = 2$となりました．以降，これをすべてのサンプルがクエリとなるように繰り返すと，最終的に得られる隣接行列$\boldsymbol{S}$は

$$\boldsymbol{S} = \begin{bmatrix} 0 & 2 & 2 & 2 & 0 & 0 & 0 & 0 & 0 \\ 2 & 0 & 2 & 2 & 0 & 0 & 1 & 0 & 1 \\ 2 & 2 & 0 & 2 & 0 & 0 & 0 & 0 & 0 \\ 2 & 2 & 2 & 0 & 0 & 0 & 0 & 0 & 0 \\ 0 & 0 & 0 & 0 & 0 & 2 & 2 & 2 & 0 \\ 0 & 0 & 0 & 0 & 2 & 0 & 2 & 2 & 0 \\ 0 & 1 & 0 & 0 & 2 & 2 & 0 & 2 & 1 \\ 0 & 0 & 0 & 0 & 2 & 2 & 2 & 0 & 0 \\ 0 & 1 & 0 & 0 & 0 & 0 & 1 & 0 & 0 \end{bmatrix} \tag{4.44}$$

となりました．ここで，$(\boldsymbol{S})_{2,7} = (\boldsymbol{S})_{7,2} = 1$，$(\boldsymbol{S})_{2,9} = (\boldsymbol{S})_{9,2} = 1$，$(\boldsymbol{S})_{7,9} = (\boldsymbol{S})_{9,7} = 1$であるのは，$\boldsymbol{x}_2$，$\boldsymbol{x}_7$，$\boldsymbol{x}_9$がたまたま直線上に並んでいるため，NC法によってこれらサンプル間に相関関係があると判断されたためです．しかし，その重みは真に相関関係を有しているサンプル間の重みよりも小さくなっています．

隣接行列$\boldsymbol{S}$をグラフとして表現すると，たとえば**図 4.15**（右）のようになります．この隣接行列$\boldsymbol{S}$とSCを用いて分割すると，三つのグループ$\{\boldsymbol{x}_1, \ldots, \boldsymbol{x}_4\}$，$\{\boldsymbol{x}_5, \ldots, \boldsymbol{x}_8\}$，$\{\boldsymbol{x}_9\}$が得られます．

もう一つ，例を示しましょう．**図 4.16**（左上）の2次元データは，傾きの異なる三つのクラスタのサンプルが混在しています．この傾きの違いが，変数間の相関関係の違いを表しています．このデータに対して，k-平均法，サンプル間のガウスカーネルを類似度としたSC，そしてNCSCを用いてクラスタリングを実行してみました．プログラムを**プログラム 4.6**に示します．

プログラム 4.6　NCSCの例題

```
import ncsc_vs
import numpy as np
import matplotlib.pyplot as plt
from sklearn.cluster import SpectralClustering

# データを生成します
np.random.seed(10)
a = [2, -1, 0.5]
b = [0.1, 0.1, 0.1]
X = np.random.rand(300) - 0.5
Y0 = a[0]*X[:100]     + b[0]*np.random.rand(100)
Y1 = a[1]*X[100:200] + b[1]*np.random.rand(100)
Y2 = a[2]*X[200:]     + b[2]*np.random.rand(100)
Y = np.vstack([Y0, Y1, Y2])
X = np.hstack([X.reshape(-1, 1), Y.reshape(-1, 1)])

label = np.vstack([np.zeros([100, 1]), np.ones([100, 1]), 2↩
    *np.ones([100, 1])])

# k-平均法
n_clusters = 3
labels_km = kmean(X, n_clusters)

# ガウシアンカーネルによるSC
labels_sc = SpectralClustering(n_clusters=n_clusters, ↩
    affinity='rbf', random_state=0).fit_predict(X)

# NCSC
n_clusters = 3 # 分割グループ数
labels_ncsc = ncsc(X, n_clusters, gamma=0.99)

# 結果のプロット
sz = 3
fig = plt.figure()
ax1 = fig.add_subplot(2, 2, 1)
ax1.scatter(X[:, 0], X[:, 1], c=label, s=sz)
ax1.set_title('True␣label')

ax2 = fig.add_subplot(2, 2, 2)
ax2.scatter(X[:, 0], X[:, 1], c=labels_km, s=sz)
ax2.set_title('k-means')

ax3 = fig.add_subplot(2, 2, 3)
ax3.scatter(X[:, 0], X[:, 1], c=labels_sc, s=sz)
ax3.set_title('SC')

ax4 = fig.add_subplot(2, 2, 4)
ax4.scatter(X[:, 0], X[:, 1], c=labels_ncsc, s=sz)
ax4.set_title('NCSC')

plt.tight_layout()
plt.show()
```

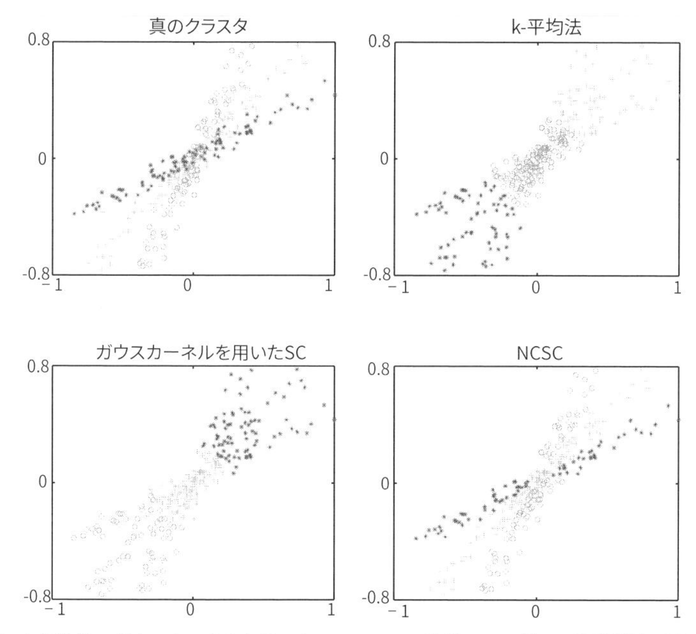

図 4.16　k-平均法，ガウスカーネルを用いたSC，NCSCの比較．この例では相関関係の異なる三つのクラスタが混在しています．k-平均法（右上），ガウスカーネルを用いたSC（左下）はサンプル間の距離に基づいてクラスタリングを行うため，相関関係の違いを適切に考慮できていません．一方，NCSCでは三つのクラスタが交わっている原点付近を除いて，相関関係の違いに基づいてクラスタリングできていることがわかります．

結果を**図 4.16**に示します．クラスタ中心からの距離を用いてクラスタリングを行うk-平均法は，当然ながら近いサンプルを一つのクラスタに分類しています．また，SCによるクラスタリングですが，類似度をサンプル間の距離を用いたガウスカーネルで定義したため，やはり近いサンプルでクラスタを形成しています．一方，NCSCでは，原点付近のサンプルを除いて，相関関係の違いに従って正しくサンプルをクラスタリングできていることがわかります．原点はどの相関関係に従うともいえないので，原点付近のサンプルが正しく分類できていないのは，こればかりは仕方ありません．

これらの例から，NCSCが変数間の相関関係に基づいてクラスタリングできることがわかります．

4.6.5　NCSCを用いた入力変数選択（NCSC-VS）

ここでようやく変数クラスタリングによる入力変数選択までたどり着きました．NCSCを用いた入力変数選択（NCSC-VS）は，NCSCを用いて変数間の相関関係に従って変数をいくつかの変数グループに分類し，変数グループごとにモデルの入力変数として採用するか評価します [23, 24].

NCSC-VSでは，まず入力変数候補をNCSCを用いてJ個の変数グループ$\boldsymbol{v}_j = \{x_m \mid m \subset \mathcal{V}_j\}$ $(j = 1, \ldots, J)$に分類します．$\mathcal{V}_j$はj番目のクラスに属する変数の添字集合で[*31]，$\mathcal{V} = \bigcup_j \mathcal{V}_j$となっています．本来，NCSCはサンプルをクラスタリングする手法なので，NCSC-VSでは入力変数候補をクラスタリングするために，データ行列$\boldsymbol{X}$の転置$\boldsymbol{X}^\top$をNCSCの入力とします．

次に，第j番目のクラス$\boldsymbol{v}_j$の要素の変数から構築したデータ行列$\boldsymbol{X}_j$より第j番目の回帰モデルf_jを構築し，f_jが出力予測に寄与しているかを評価します．ここでは，回帰モデルの学習方法は任意です．さらに，寄与率を

$$C_j = 1 - \frac{\|\hat{\boldsymbol{y}}_j\|^2}{\|\boldsymbol{y}\|^2} \tag{4.45}$$

とします．ここで，$\hat{\boldsymbol{y}}_j$はモデルf_jによる出力推定値です．寄与率は前章の**プログラム3.13**で計算できます．最終的にC_jの降順にD $(\leq J)$個の変数グループを選択し，選択された変数グループの要素を入力変数として，回帰モデルを構築します．NCSC-VSでは，クラスタリングする変数グループの数Jと採用する変数グループの数Dがハイパーパラメータとなっています．

このようにNCSC-VSでは，出力の推定に寄与する変数グループだけを入力変数として採用することで，出力推定に寄与しない変数からのノイズを排除して，回帰モデルの精度を改善できると期待できます．NCSC-VSによる変数選択のプログラムを，**プログラム4.7**に示します．

プログラム4.7　NCSC-VSによる変数選択（ncsc_vs.py）

```
def valselect(X, Y, R, labels, n_clusters, n_sel_clusters):
    """
    NCSCの結果を用いて変数選択します．

```

*31　添字集合とは，集合の元に対して「ラベル」付けを行うときのラベルの集合のことです．この場合のラベルとは，NCSCで分類した変数グループを指します．

```
    パラメータ
    ----------
    X: 入力データ
    Y: 出力データ
    R: 潜在変数の数
    labels: それぞれのサンプルごとのクラスタラベル（NCSCの出力）
    n_clusters: NCSCによって分割されたクラスタの数
    n_sel_clusters: 選択するクラスタの数

    戻り値
    -------
    sel_culsters: 選択された変数グループのインデックス
    sel_var:選択された変数グループに属する変数のインデックス
    """

    labels = np.array(labels)
    sumcont = np.zeros([n_clusters])
    for c in range(n_clusters):
      idx = labels == c
      X_cls = X[:, idx]
      # 変数クラスタごとにPLSを学習させて，寄与率を計算します.
      if len(X_cls) != 0:
        _, _, _, _, _, _, cont = simpls(X_cls, Y, R)
        sumcont[c] =  np.sum(cont[:, 1])

    # 計算された寄与率から変数グループを選択します
    idx = np.argsort(sumcont)[::-1]
    sel_culsters = idx[:n_sel_clusters]
    sel_var = [i for i, l in enumerate(labels) if l in sel_culsters]

    return sel_culsters, sel_var
```

4.7 NIRスペクトルの検量線入力波長選択

前章では，NIRスペクトルからディーゼル燃料の物性を推定する検量線を学習させました．PLSを用いて潜在変数を適切に選択することによって，リッジ回帰やPCRと比較して推定精度を改善させることができましたが，入力であるNIRスペクトルは401点も測定されていました．そこで，入力変数を適切に選択することで，検量線の推定性能を改善できる可能性があります．また，予測性能の改善まで至らなくても，冗長な変数を除去することはノイズに対するロバスト性という観点からも意味があります．そこで，本章ではLasso，PLS-beta，VIP法，そしてNCSC-VSを用いて，NIRスペクトルの入力波長を選択して，検量線の推定性能の変化を確認してみましょう．

なお，データセットは既に前章の**プログラム 3.20** で構築済みとします．

Lasso では，**プログラム 4.1** を用いて，ハイパーパラメータを $\mu = 10$ とします．

プログラム 4.8　Lasso による検量線入力波長選択

```
# Lasso
beta_lasso = lasso(X_, y_, mu=0.5, epsilon=0.1)
y_hat_ = Xval_ @ beta_lasso
y_hat_lasso = rescaling(y_hat_, meany, stdy).T
rmse_lasso, r_lasso = pred_eval(yval, y_hat_lasso)
```

PLS-beta，VIP 法では，入力波長選択の基準として用いる初期モデルが必要です．そこで，前章でクロスバリデーションを用いて学習させた検量線の回帰係数（潜在変数の数 $R = 7$）を初期モデルとして用います．PLS-beta では，**プログラム 4.2** にて回帰係数全体に占める割合が，20％と 50％になるように入力波長を選択します．VIP 法では，VIP スコアの閾値を $\overline{V} = 1$ として，選択しました．そして，それぞれ選択された入力波長を用いて再度 PLS にて検量線を学習させます．このとき，採用する潜在変数の数はやはりクロスバリデーションで決めるものとします．

プログラム 4.9　PLS-beta と VIP 法による検量線入力波長選択

```
# PLS-beta(20%)
beta, _, _, _, _, _, _ = simpls(X_, y_, R=optLV) # ↩
    前章のクロスバリデーションの結果より
sel_var_beta20 = pls_beta(beta, share=0.50)

# データセットの再構築
Xtrain_sel = Xtrain[:, sel_var_beta20]
Xval_sel = Xval[:, sel_var_beta20]
X_sel_, meanX_sel, stdX_sel = autoscale(Xtrain_sel)
Xval_sel_ = scaling(Xval_sel, meanX_sel, stdX_sel)

# 検量線の学習
optLV_beta20, _ = pls_cv(X_sel_, y_, 20, 10)
beta_beta20, _, _, _, _, _, _ = simpls(X_sel_, y_, optLV_beta20)
y_hat_ = Xval_sel_ @ beta_beta20
y_hat_beta20 = rescaling(y_hat_, meany, stdy).T
rmse_beta20, r_beta20 = pred_eval(yval, y_hat_beta20)

# PLS-beta(50%)
beta, _, _, _, _, _, _ = simpls(X_, y_, R=optLV)
sel_var_beta50 = pls_beta(beta, share=0.50)
```

```
21
22    # データセットの再構築
23    Xtrain_sel = Xtrain[:, sel_var_beta50]
24    Xval_sel = Xval[:, sel_var_beta50]
25    X_sel_, meanX_sel, stdX_sel = autoscale(Xtrain_sel)
26    Xval_sel_ = scaling(Xval_sel, meanX_sel, stdX_sel)
27
28    # 検量線の学習
29    optLV_beta50, _ = pls_cv(X_sel_, y_, 20, 10)
30    beta_beta50, _, _, _, _, _, _ = simpls(X_sel_, y_, optLV_beta50)
31    y_hat_ = Xval_sel_ @ beta_beta50
32    y_hat_beta50 = rescaling(y_hat_, meany, stdy).T
33    rmse_beta50, r_beta50 = pred_eval(yval, y_hat_beta50)
34
35    # VIP
36    beta, W, P, Q, T, U, cont = simpls(X_, y_, R=optLV_beta50)
37    sel_var_vip, vip = pls_vip(W, Q.T, T)
38
39    # データセットの再構築
40    Xtrain_sel = Xtrain[:, sel_var_vip]
41    Xval_sel = Xval[:, sel_var_vip]
42    X_sel_, meanX_sel, stdX_sel = autoscale(Xtrain_sel)
43    Xval_sel_ = scaling(Xval_sel, meanX_sel, stdX_sel)
44
45    # 検量線の学習
46    optLV_vip, _ = pls_cv(X_sel_, y_, 20, 10)
47    beta_vip, _, _, _, _, _, _ = simpls(X_sel_, y_, R=optLV_vip)
48    y_hat_ = Xval_sel_ @ beta_vip
49    y_hat_vip = rescaling(y_hat_, meany, stdy).T
50    rmse_vip, r_vip = pred_eval(yval, y_hat_vip)
```

NCSC-VSでは，変数グループのクラスタリングには初期モデルは必要ありませんが，それぞれの変数グループの寄与を計算する際に，それぞれの変数グループでPLSモデルを学習させる必要があります．ここでも前章でクロスバリデーションによって決定した潜在変数の数$R = 7$としました．また，NCSCでクラスタリングする変数グループ数は10，採用する変数グループ数は5として，最終的に学習させる検量線の潜在変数の数はクロスバリデーションで決定します．クラスタリングするグループ数，採用する変数グループ数は試行錯誤で探索しました．

プログラム4.10 NCSC-VSによる検量線入力波長選択

```
1    # NCSC-VS ----------------------------------------
2    n_clusters = 3 # NCSCによって分割する変数グループ数
3    n_sel_clusters = 5 # 検量線に使用する変数グループ数
4    labels = ncsc(Xtrain.T, n_clusters, gamma=0.95)
```

```
_, sel_var_ncsc = valselect(X_, y_, optLV_vip, labels, n_clusters, ↩
    n_sel_clusters)

# データセットの再構築
Xtrain_sel = Xtrain[:, sel_var_ncsc]
Xval_sel = Xval[:, sel_var_ncsc]
X_sel_, meanX_sel, stdX_sel = autoscale(Xtrain_sel)
Xval_sel_ = scaling(Xval_sel, meanX_sel, stdX_sel)

# 検量線の学習
optLV_ncsc, _ = pls_cv(X_sel_, y_, 20, 10)
beta_ncsc, _, _, _, _, _, _ = simpls(X_sel_, y_, optLV_ncsc)
y_hat_ = Xval_sel_ @ beta_ncsc
y_hat_ncsc = rescaling(y_hat_, meany, stdy).T
rmse_ncsc, r_ncsc = pred_eval(yval, y_hat_ncsc)
```

それぞれの検量線によるセタン価の推定結果を**表4.1**にまとめました．この表では，相関係数rとRMSEに加えて，#wavelengthで選択された入力波長の数，クロスバリデーションで決定した潜在変数の数Rを示しています．ただし，LassoではPLSを用いていないため，潜在変数の数はありません．

LassoとPLS-beta（20％）では入力波長を選択していないオリジナルの検量線よりも性能が低下してしまいました．両者ともに選択された入力波長の数は30以下であり，おそらく入力波長を削減しすぎた，つまりセタン価の推定に必要な情報を有している波長まで除外したことが原因ではないかと思われます．

一方で，PLS-beta（50％）とVIP，そしてNCSC-VSでは，オリジナルの検量線よりも性能が改善しています．やはり適切に入力波長を選択すると，検量線の推定性能が改善するようです．それでは，実際にスペクトルのどの波長を選択したのかを可視化してみましょう．可視化のためのプログラ

表4.1　それぞれの検量線によるセタン価推定結果

	r	RMSE	#wavelength	R
オリジナル	0.82	2.02	401	7
Lasso	0.78	2.21	24	-
PLS-beta(20％)	0.81	2.11	27	12
PLS_beta(50％)	0.83	2.00	92	7
VIP	0.83	2.00	195	7
NCSV-VS	0.84	1.95	240	8

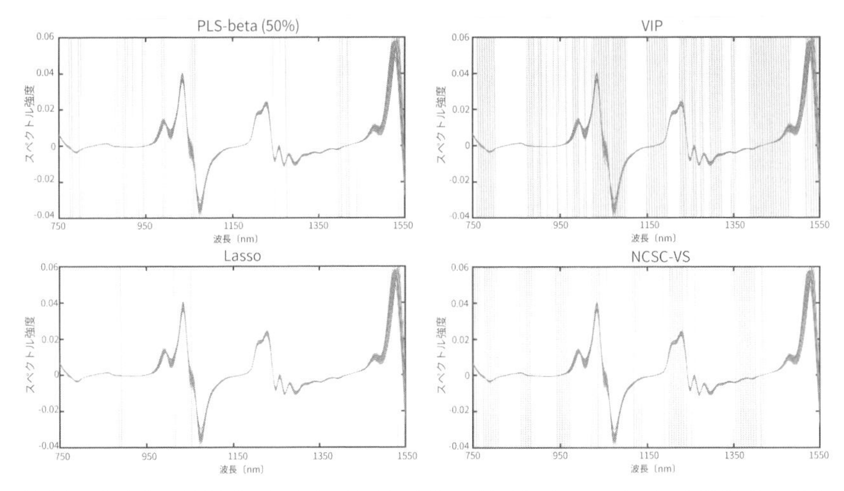

図 4.17 入力波長選択結果:PLS-beta（左上），VIP 法（右上），Lasso（左下），NCSC-VS（右下）．スペクトルにおいては，ピークに付近に物質の情報が含まれているとされているために，ピーク付近の波長を選択しているかが，推定性能に影響していると考えられます．

ムを，**プログラム 4.11** に示します[*32]．**図 4.17** で，色がついているエリアが検量線の入力として選択された波長になります．

プログラム 4.11 選択された入力波長の可視化

```
fig, ax = plt.subplots()
ax.set_xlabel('wavelength')
ax.set_ylabel('Intensity')
for i in range(Xtrain.shape[0]):
    ax.plot(wave, Xtrain[i, :])

xmin, xmax = ax.get_xlim()
ymin, ymax = ax.get_ylim()
ax.vlines(wave[sel_var_ncsc], ymin, ymax, linewidth=0.5, alpha=0.2)

num_text = f'#Var={len(sel_var_ncsc)}'
posx = (xmax-xmin)*0.1 + xmin
posy = (ymax-ymin)*0.8 + ymin
ax.text(posx, posy, num_text)

plt.show()
```

*32 このプログラムでは，変数 sel_var を，それぞれのプログラムで求めた入力波長のインデックスの変数に変更してください（たとえば sel_var_vip など）．

スペクトルは，大きなピークの付近にその物質についての情報が多く含まれているといわれています．したがって，セタン価の推定においてもピーク付近の波長を入力して選択すべきだと考えられます．**図 4.17** でそれぞれのアルゴリズムで選択された波長を確認すると，性能がオリジナルの検量線よりも低下したLassoでは，ピーク付近の波長をまったく選択できていないことがわかります．PLS-betaでは，VIP法およびNCSC-VSでは選択されている1 200 nm付近の大きなピークが選択されていません．一方で，VIP法とNCSC-VSではほとんどの大きなピークはカバーしていることから，オリジナルの検量線よりもセタン価の推定性能が改善したと考えられます．このように，VIP法とNCSC-VSにおける入力波長の選択結果は，物理化学的なメカニズムからも妥当であると評価してよいでしょう．

今回のNIRスペクトルの検量線学習における入力波長選択は，スペクトルの物理化学的な性質から，ある程度その結果の妥当性を考察することができました．変数選択の結果について，いつもこのような考察ができるとは限りませんが，学習させたモデルの性能の定量的な評価に加えて，可能な限り物理的なメカニズムに基づいても妥当性を検証することで，ノイズなどについてロバストな学習が実現するでしょう．

第4章のまとめ

本章では，線形回帰モデルにおける変数選択手法について説明しました．特にサンプル数の少ないスモールデータの場合，どのような入力変数を用いるかによってモデルの性能は大きく変化するため，入力変数の選択はモデル学習にとって重要なステップであり，どのように入力変数を選択するかは本質的な問題の一つです．

入力変数選択にはさまざまな方法が提案されていますが，その多くは入力変数の候補を個別に評価，選択するものです．しかし，入力変数の候補を個別に評価する場合，変数間の相関関係を考慮することができません．したがって，複数の入力変数の候補について，相関関係を考慮して同時に入力変数として採用するかどうかを評価するために入力変数をクラスタリングし，変数をクラスタリング結果を用いて入力変数を選択するNCSC-VSを紹介しました．

入力変数の選択には答えはありません．学習したモデルの性能の評価をするのは当然ですが，選択された変数が解析対象についてのドメイン知識と明確に反していないかなどの吟味が求められます．数学的な手法にだけ頼ることなく解析対象についての理解を深めることが，解析の成否を決めるでしょう．

第5章 分類問題と不均衡データ問題

前章までのデータ解析は，多くのデータの収集が困難でスモールなデータからモデルを学習させるために，できるだけモデルをシンプルにしたい，という動機があり，主に回帰に関わる問題に焦点を絞って説明してきました．本章では回帰問題と並んで機械学習の典型的なタスクである分類問題を対象とします．特に，収集できるデータが不均衡である場合を扱います．

“データが不均衡である”とは，全体としてデータは豊富に集められますが，収集できるデータのクラスのサンプル数が著しく偏っているという状況を指します．

わかりやすい例としては，医療データがあります．特定の疾患患者のデータの収集は困難ですが，健常者については比較的容易にデータを収集できます．そのため，患者データと健常者データでは後者の量が多く，データ量がバランスしません．このようなデータを不均衡データとよびます．医療データ以外にも，災害データや地下資源探索のデータも不均衡データに該当します．災害は頻繁には発生しませんし，地下資源はごく一部の地域に偏在しています．

通常の分類問題における機械学習アルゴリズムは，それぞれのクラスのデータ量がほぼ同量であることを想定しており，データが不均衡だと，モデルの学習が困難となります．たとえば，正解率99％のAIを学習できたと聞くと，一般的にはかなりの高精度だと思われるでしょう[*1]．しかし，2クラス$\mathcal{C}_1$，$\mathcal{C}_2$に属するサンプル数がそれぞれ99と1であった場合はどうでしょうか．すべてのサンプルをクラス$\mathcal{C}_1$だと出力しても，正解率99％になってしまいますが，このようなAIはまったく役に立たないことは明らかです．

本章では，このようにデータが不均衡である場合でも，なんとかモデル

*1 分類問題におけるより厳密な性能の評価方法については，5.6節で説明します．

を学習できる方法を紹介します．まず，分類問題と，分類問題を扱うための最もシンプルな手法である線形判別分析（Linear Discriminant Analysis; LDA）の説明から始めましょう．

5.1 分類問題とは

第3章ではモデルの出力変数が連続値である回帰問題について説明してきましたが，本章では機械学習のもう一つの典型的な問題である分類問題から説明をスタートします．

回帰問題では出力変数yは連続値でしたが，yが離散値をとる場合もあります．動物が写っている写真から，その動物の種類を当てるという問題を考えます．写真データを入力$\boldsymbol{x}$とすると，出力yとしてはウサギやネズミ，ヒト……などの物体のカテゴリを考えることになります．このように入力変数をいくつかのクラス（カテゴリ）に識別する問題を，分類（判別）問題とよびます．また，入力変数をクラスに分類するためのモデルを学習する方法を判別分析といい，判別分析で分類に用いられるモデルは分類モデル，または識別モデルとよばれます．

画像を分類する問題の例を**図 5.1**に示します．この例では，画像データから，その画像に写っている動物の名称を分類モデルで判別していますが，画像をそのまま分類モデルに入力するのではなく，画像を“特徴量”とよばれる対象の識別にとって本質的な情報に変換してから，分類モデルに入力しま

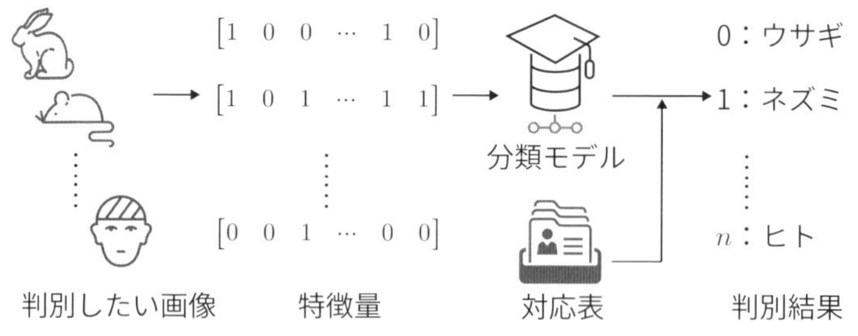

図 5.1　分類問題の流れです．この例では，画像データから，その画像に写っている動物の名称を分類モデルで判別します．画像データを特徴量に変換してから，分類モデルに入力して，分類モデルから得られた出力値を別に用意した対応表で照合して，物体名を最終的な識別結果にします．この例では特徴量は0-1の値になっていますが，特徴量の形式は0-1に限りません．

す．分類モデルの直接の出力は離散値で，この例では$0, 1, \ldots, n, \ldots$ですが，これとは別にそれぞれの出力値と物体名を紐付ける対応表があり，その対応表を参照することで最終的な判別結果として物体名を出力します．

回帰と分類は，出力変数yが連続値であるか離散値であるかの違いがありますが，実は数学的には同一の問題であることを，5.5 節で説明します．

5.2 線形判別分析

分類問題で用いられる最もシンプルな方法が，線形判別分析（LDA）です[*2]．LDAは二つのクラスを最もよく識別できる直線で2クラス分類を行う方法です．**図 5.2**は2次元のデータをプロットしたものですが，図中の実線の右側と左側で，サンプルのクラスが異なっています．このような直線のことを識別境界とよび，このような線形の境界で二つのクラスを完全に分離できるとき，線形分離可能といいます．

図 5.2は2次元なので，このように視覚的に左右が判断できますが，高次元のデータであると，視覚的な判断は困難となります．そこで，識別境界に直交している軸$\boldsymbol{w}$にそれぞれのサンプルを射影して，射影先の値を用いて，クラス$\mathcal{C}_1$なのかクラス$\mathcal{C}_2$なのかを識別することにします．**図 5.2**の例だと，$\boldsymbol{w}$上の値が大きいほどクラス$\mathcal{C}_1$であると判断できます．つまりサンプル$\boldsymbol{x}_n \in \mathbb{R}^M$を$\boldsymbol{w}$で線形変換した

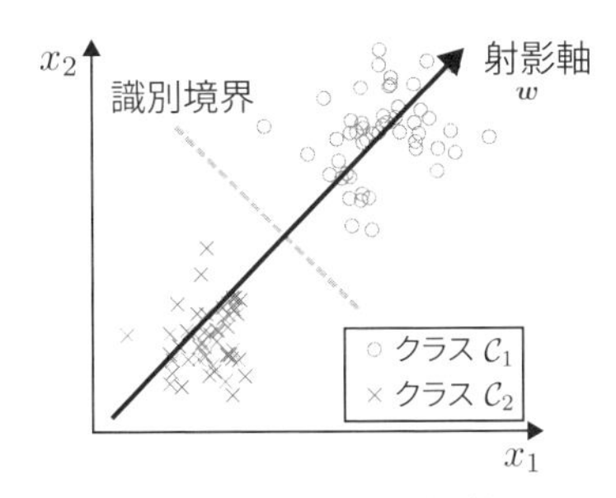

図 5.2　LDAの例．識別境界の左右でサンプルのクラスが分離できていることがわかります．しかし，多次元データだと，このように視覚的に判断できないので，実際はサンプルを識別境界に直交している軸$\boldsymbol{w}$に射影して，射影先の値を用いて識別を行います．

---

*2　正確には，フィッシャーの線形判別分析とよびます．

$$y_n = \boldsymbol{w}^\top \boldsymbol{x}_n \tag{5.1}$$

を用いてクラス識別をします．このようにLDAとは，クラス識別に資する射影軸$\boldsymbol{w}$をデータから学習する手法であり，PCA同様に次元削減手法とみなせます．

具体的に軸$\boldsymbol{w}$を導出しましょう．$\boldsymbol{w}$は射影した各クラスの“分離度”が最も大きくなるように決定します．最もシンプルな分離度として，それぞれのクラスに属するサンプルの平均が考えられます．二つのクラス$\mathcal{C}_1$と$\mathcal{C}_2$それぞれのサンプル数をN_1，N_2とします．クラス$\mathcal{C}_1$，$\mathcal{C}_2$の平均値は

$$\boldsymbol{m}_1 = \frac{1}{N_1}\sum_{n\in\mathcal{C}_1} \boldsymbol{x}_n \tag{5.2}$$

$$\boldsymbol{m}_2 = \frac{1}{N_2}\sum_{n\in\mathcal{C}_2} \boldsymbol{x}_n \tag{5.3}$$

です．これら$\boldsymbol{m}_1$と$\boldsymbol{m}_2$をそれぞれのクラスの代表とみなして，$\boldsymbol{m}_1$と$\boldsymbol{m}_2$が軸$\boldsymbol{w}$に射影されたときに最も離れるように，$\boldsymbol{w}$を決定します．したがって

$$\boldsymbol{w}^\top \boldsymbol{m}_1 - \boldsymbol{w}^\top \boldsymbol{m}_2 = \boldsymbol{w}^\top(\boldsymbol{m}_1 - \boldsymbol{m}_2) \tag{5.4}$$

が最大となる$\boldsymbol{w}$を探索します．2.7 節での主成分の導出と同様に$\boldsymbol{w}$のノルムを大きくすれば，(5.4) 式はいくらでも大きくできるので，ここでも$\|\boldsymbol{w}\| = 1$という制約を加えます．したがって，$\boldsymbol{w}$を求める問題は，やはりラグランジュの未定乗数法で解けることになります．目的関数Jは

$$J = \boldsymbol{w}^\top(\boldsymbol{m}_1 - \boldsymbol{m}_2) + \mu(\boldsymbol{w}^\top \boldsymbol{w} - 1) \tag{5.5}$$

ですので，これを$\boldsymbol{w}$で偏微分して$\boldsymbol{0}$とおくと

$$(\boldsymbol{m}_1 - \boldsymbol{m}_2) + 2\mu\boldsymbol{w} = \boldsymbol{0} \tag{5.6}$$

です．ただし，μはラグランジュ乗数です．すると，求める$\boldsymbol{w}$の条件は

$$\boldsymbol{w} \propto \boldsymbol{m}_1 - \boldsymbol{m}_2 \tag{5.7}$$

となるので，$\boldsymbol{w}$は$\boldsymbol{m}_1$と$\boldsymbol{m}_2$と結ぶ線分と平行であることを意味します．**図 5.3**（左）では，確かに$\boldsymbol{w}$は$\boldsymbol{m}_1$と$\boldsymbol{m}_2$と結ぶ軸$\boldsymbol{w}$に直交する分離境界で，クラス識別ができていることがわかります．

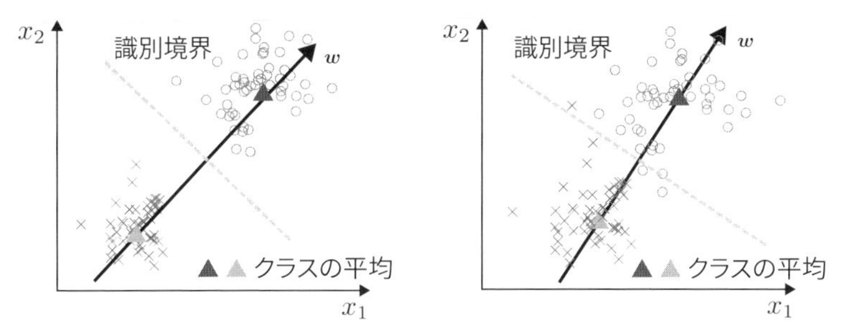

図 5.3 クラス中心が離れていて，クラス内のサンプルが密集して分布していれば，クラス平均を結ぶ線分で軸 $\boldsymbol{w}$ を決めることができます（左）．しかし，それぞれのクラスのサンプルが分散していると，クラスの端の方ではうまくクラス分類ができません（右）．

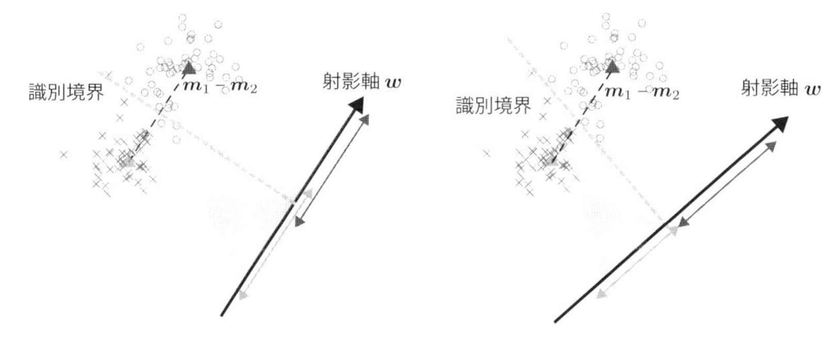

図 5.4 軸 $\boldsymbol{w}$ 上のサンプル y_n の頻度分布を描くと，クラス分類できていないクラスの端の方では，頻度分布が重なり合っています（左）．そこで，$\boldsymbol{w}$ を回転させて頻度分布が重ならないような $\boldsymbol{w}$ の傾きを探します（右）．

しかし，これだけでは $\boldsymbol{w}$ の条件としては不十分です．**図 5.3**（右）を見てみましょう．$\boldsymbol{w}$ は確かに2クラスの平均 $\boldsymbol{m}_1$ と $\boldsymbol{m}_2$ と平行になっていますが，二つのクラスのサンプルが散らばって分布しているため，平均 $\boldsymbol{m}_1$ と $\boldsymbol{m}_2$ が離れていても，クラスの端の方ではうまく識別ができていません．

それぞれのクラスでの軸 $\boldsymbol{w}$ 上のサンプル y_n について，頻度分布を描いてみましょう．正しくクラス分類できていないクラスの端の方では，**図 5.4**（左）のように頻度分布が重なり合っていることがわかります．

そこで，$\boldsymbol{w}$ を回転させると，**図 5.4**（右）のように，y_n の頻度分布が重ならなくなります．このときはクラスの端でも正しく分類できています．つまり，このようにできるだけ頻度分布が重ならなくなる $\boldsymbol{w}$ の傾きを探せばよいということがわかります．

ここで，もう一つの条件を追加します．y_n の頻度分布が重なってしまうのは，クラス内でのサンプルの変動の大きさが原因でした．そこで，$\boldsymbol{w}$ に射影した後では同一クラスのデータはなるべく密集してほしい，つまり，射影後のクラス内変動を小さくするようにします．**図 5.4** では，頻度分布の幅（図中の矢印）を短くすることに相当します．

射影後の $\mathcal{C}_1$，$\mathcal{C}_2$ クラスの変動は

$$s_1^2 = \sum_{n \in \mathcal{C}_1} (\boldsymbol{w}^\top \boldsymbol{x}_n - \boldsymbol{w}^\top \boldsymbol{m}_1)^2 \tag{5.8}$$

$$s_2^2 = \sum_{n \in \mathcal{C}_2} (\boldsymbol{w}^\top \boldsymbol{x}_n - \boldsymbol{w}^\top \boldsymbol{m}_2)^2 \tag{5.9}$$

なので，$\mathcal{C}_1$，$\mathcal{C}_2$ ともにクラス内変動を小さくするには

$$s^2 = s_1^2 + s_2^2 \tag{5.10}$$

を最小化します．

まとめると，LDA では二つの条件

1. 射影後の二つのクラスがなるべく離れるように，クラス間平均の差がなるべく大きくなるようにする．
2. 射影後のクラス内のデータがなるべく密集するように，クラス内変動がなるべく小さくなるようにする．

を同時を達成できる $\boldsymbol{w}$ を見つけるということになります．

ここでややトリッキーですが，一つ目の条件について，もともとの $\boldsymbol{w}^\top(\boldsymbol{m}_1 - \boldsymbol{m}_2)$ を最大化するのではなく，この二乗である $\{\boldsymbol{w}^\top(\boldsymbol{m}_1 - \boldsymbol{m}_2)\}^2 = \boldsymbol{w}^\top(\boldsymbol{m}_1 - \boldsymbol{m}_2)(\boldsymbol{m}_1 - \boldsymbol{m}_2)^\top \boldsymbol{w}$ を最大化するようにします．このとき

$$S_B = (\boldsymbol{m}_1 - \boldsymbol{m}_2)(\boldsymbol{m}_1 - \boldsymbol{m}_2)^\top \tag{5.11}$$

をクラス間変動行列とよびます．$\boldsymbol{S}_B$ を用いると，一つ目の条件は $\boldsymbol{w}^\top \boldsymbol{S}_B \boldsymbol{w}$ と書けます．

二つ目の条件であるクラス内変動ですが

$$s^2 = s_1^2 + s_2^2 = \boldsymbol{w}^\top \boldsymbol{S}_W \boldsymbol{w} \tag{5.12}$$

$$\boldsymbol{S}_W = \sum_{n \in \mathcal{C}_1} (\boldsymbol{x}_n - \boldsymbol{m}_1)(\boldsymbol{x}_n - \boldsymbol{m}_1)^\top + \sum_{n \in \mathcal{C}_2} (\boldsymbol{x}_n - \boldsymbol{m}_2)(\boldsymbol{x}_n - \boldsymbol{m}_2)^\top \tag{5.13}$$

とし，$\boldsymbol{S}_W$ をクラス内変動行列とよびます[*3].

このようにLDAでは，$\boldsymbol{w}^\top \boldsymbol{S}_B \boldsymbol{w}$ を最大化と，$\boldsymbol{w}^\top \boldsymbol{S}_W \boldsymbol{w}$ の最小化を同時に達成できる $\boldsymbol{w}$ を探索することになります．条件が二つあると扱いが厄介ですので，これを分数を用いて一つの式で表現します[*4]．最終的にLDAの目的関数は

$$J(\boldsymbol{w}) = \frac{\boldsymbol{w}^\top \boldsymbol{S}_B \boldsymbol{w}}{\boldsymbol{w}^\top \boldsymbol{S}_W \boldsymbol{w}} \tag{5.14}$$

と書け，$J(\boldsymbol{w})$ を最大とする $\boldsymbol{w}$ が求める射影軸になります．

(5.14) 式を最大化したいので，これを微分すると[*5]

$$\frac{\partial J(\boldsymbol{w})}{\partial \boldsymbol{w}} = \frac{(\boldsymbol{w}^\top \boldsymbol{S}_B \boldsymbol{w})'(\boldsymbol{w}^\top \boldsymbol{S}_W \boldsymbol{w}) - (\boldsymbol{w}^\top \boldsymbol{S}_B \boldsymbol{w})(\boldsymbol{w}^\top \boldsymbol{S}_W \boldsymbol{w})'}{(\boldsymbol{w}^\top \boldsymbol{S}_W \boldsymbol{w})^2} \tag{5.15}$$

$$= \frac{2\boldsymbol{S}_B \boldsymbol{w} \boldsymbol{w}^\top \boldsymbol{S}_W \boldsymbol{x} - 2\boldsymbol{w}^\top \boldsymbol{S}_B \boldsymbol{w} \boldsymbol{S}_W \boldsymbol{w}}{(\boldsymbol{w}^\top \boldsymbol{S}_W \boldsymbol{w})^2} \tag{5.16}$$

となります．(5.16) 式を $\boldsymbol{0}$ とおいて

$$\boldsymbol{S}_B \boldsymbol{w}(\boldsymbol{w}^\top \boldsymbol{S}_W \boldsymbol{x}) - (\boldsymbol{w}^\top \boldsymbol{S}_B \boldsymbol{w})\boldsymbol{S}_W \boldsymbol{w} = \boldsymbol{0} \tag{5.17}$$

が得られます．ここで $\boldsymbol{w}^\top \boldsymbol{S}_W \boldsymbol{x}$ と $\boldsymbol{w}^\top \boldsymbol{S}_B \boldsymbol{w}$ は二次形式で計算結果がスカラーになるので，かけ算の順番を入れ替えることができます．

$$(\boldsymbol{w}^\top \boldsymbol{S}_W \boldsymbol{x})\boldsymbol{S}_B \boldsymbol{w} = (\boldsymbol{w}^\top \boldsymbol{S}_B \boldsymbol{w})\boldsymbol{S}_W \boldsymbol{w} \tag{5.18}$$

ここで，右辺に着目すると (5.11) 式より

$$\boldsymbol{S}_B \boldsymbol{w} = (\boldsymbol{m}_1 - \boldsymbol{m}_2)(\boldsymbol{m}_1 - \boldsymbol{m}_2)^\top \boldsymbol{w} \tag{5.19}$$

です．右辺の $(\boldsymbol{m}_1 - \boldsymbol{m}_2)^\top \boldsymbol{w}$ はベクトルの内積となるのでスカラーになり

---

*3 クラス間変動行列 $\boldsymbol{S}_B$，クラス内変動行列 $\boldsymbol{S}_W$ ともに対称行列であることに注意してください．

*4 一つ目の条件について，あえて二乗の $\boldsymbol{w}^\top(\boldsymbol{m}_1 - \boldsymbol{m}_2)(\boldsymbol{m}_1 - \boldsymbol{m}_2)^\top \boldsymbol{w}$ を最大化するようにしたのは，(5.14) 式で分母，分子ともに分散とすることで，二つの条件を平等に扱うようにするためです．

*5 (5.14) 式は分母，分子双方に最大化の目的変数である $\boldsymbol{w}$ があるため，分数関数の微分を計算する必要があります．高校数学で習いますが，分数関数 $h(x) = f(x)/g(x)$ の微分の公式は $h'(x) = \dfrac{f'(x)g(x) - f(x)g'(x)}{\{g(x)\}^2}$ です．

ます．つまり

$$\boldsymbol{S}_B \boldsymbol{w} \propto \boldsymbol{m}_1 - \boldsymbol{m}_2 \tag{5.20}$$

であることがわかります．したがって，(5.18) 式と組み合わせると

$$\boldsymbol{S}_W \boldsymbol{w} \propto \boldsymbol{m}_1 - \boldsymbol{m}_2 \tag{5.21}$$

が得られますので，最終的に射影軸$\boldsymbol{w}$は

$$\boldsymbol{w} \propto \boldsymbol{S}_W^{-1}(\boldsymbol{m}_1 - \boldsymbol{m}_2) \tag{5.22}$$

となりました．(5.7) 式と比較すると，$\boldsymbol{w}$は，クラス間平均をクラス内変動行列の逆行列$\boldsymbol{S}_W^{-1}$で補正した形になっていることがわかります．

5.3 線形判別分析とレイリー商

LDAの目的関数である (5.14) 式のような形の式をレイリー商とよびますが，このレイリー商の性質を用いてもLDAを解くことができます．

(5.14) 式を最大化するために，分母を$\boldsymbol{w}^\top \boldsymbol{S}_W \boldsymbol{w} = 1$という条件で制約し，分子$\boldsymbol{w}^\top \boldsymbol{S}_B \boldsymbol{w}$のみを最大化する問題として定式化します．すると，ラグランジュの未定乗数法より，目的関数は

$$J'(\boldsymbol{w}) = \boldsymbol{w}^\top \boldsymbol{S}_B \boldsymbol{w} - \lambda(\boldsymbol{w}^\top \boldsymbol{S}_W \boldsymbol{w} - 1) \tag{5.23}$$

と書けます．λはラグランジュ乗数です．これまでと同様に$\boldsymbol{w}$で偏微分して0とおくと

$$2\boldsymbol{S}_B \boldsymbol{w} - 2\lambda \boldsymbol{S}_W \boldsymbol{w} = 0 \tag{5.24}$$

なので，これを整理すると

$$\boldsymbol{S}_W^{-1} \boldsymbol{S}_B \boldsymbol{w} = \lambda \boldsymbol{w} \tag{5.25}$$

となります．これは行列$\boldsymbol{S}_W^{-1}\boldsymbol{S}_B$についての固有値問題です．さらに，(5.25) 式を (5.14) 式に代入すると

$$J(\boldsymbol{w}) = \frac{\boldsymbol{w}^\top \boldsymbol{S}_B \boldsymbol{w}}{\boldsymbol{w}^\top \boldsymbol{S}_W \boldsymbol{w}} = \frac{\boldsymbol{w}^\top (\lambda \boldsymbol{S}_W \boldsymbol{w})}{\boldsymbol{w}^\top \boldsymbol{S}_W \boldsymbol{w}} = \lambda \frac{\boldsymbol{w}^\top \boldsymbol{S}_W \boldsymbol{w}}{\boldsymbol{w}^\top \boldsymbol{S}_W \boldsymbol{w}} = \lambda \tag{5.26}$$

となります．つまり，$J(\boldsymbol{w})$の最大値は行列$\boldsymbol{S}_W^{-1}\boldsymbol{S}_B$の最大固有値であり，求める射影軸$\boldsymbol{w}$は最大固有値に対応する固有ベクトルであることがわかります．

固有値問題を用いたLDAのPythonプログラムを，**プログラム5.1**に示します．

プログラム5.1 LDA

```
import numpy as np

def lda(X1, X2):
  """
  固有値問題を用いてLDAの射影軸を計算します.

  パラメータ
  ----------
  X1: クラス1のデータ
  X2: クラス2のデータ

  戻り値
  -------
  w: 射影軸
  """

  N, M = X1.shape

  # 各クラスの平均ベクトルを求める
  m1 = np.mean(X1, axis=0).reshape(-1, 1)
  m2 = np.mean(X2, axis=0).reshape(-1, 1)

  # クラス内変動行列を求める
  Sw = np.zeros([M, M])
  for i in range(N):
    S1 = (x1[:, i].reshape(-1, 1)-m1) @ (x1[:, i].reshape(-1, 1)-m1).T
    S2 = (x2[:, i].reshape(-1, 1)-m2) @ (x2[:, i].reshape(-1, 1)-m2).T
    Sw = Sw + S1 + S2

  # クラス間変動行列を求める
  SB = np.outer((m2 - m1), (m2 - m1))

  # 固有値と固有ベクトルを求める
  lam, v = np.linalg.eig(np.linalg.inv(Sw) @ SB)

  # 最大固有に対応する固有ベクトルwを求める
  w = v[:, np.argmax(lam)]

  return w
```

レイリー商

対称行列$\boldsymbol{M}$におけるレイリー商とは，ベクトル$\boldsymbol{x}(\boldsymbol{x} \neq \boldsymbol{0})$を用いて

$$R(\boldsymbol{x}) = \frac{\boldsymbol{x}^\top \boldsymbol{M}\boldsymbol{x}}{\boldsymbol{x}^\top \boldsymbol{x}} \tag{5.27}$$

と定義されます．対称行列$\boldsymbol{M}$の固有値は実数であり，レイリー商$R(\boldsymbol{x})$は$\boldsymbol{M}$の固有値となります．レイリー商$R(\boldsymbol{x})$の最小値は最小固有値λ_{min}であり，そのとき$\boldsymbol{x}$は最小固有値に対応する固有ベクトルになります．また，最大値は最大固有値λ_{max}に一致し，$\boldsymbol{x}$は最大固有値に対応する固有ベクトルです．このことをラグランジュの未定乗数法を用いて示しましょう．

レイリー商を

$$R(\boldsymbol{x}) = \boldsymbol{x}^\top \boldsymbol{M}\boldsymbol{x}, \quad \text{subject to } \|\boldsymbol{x}\|^2 = \boldsymbol{x}^\top \boldsymbol{x} = 1 \tag{5.28}$$

と書き換え，この停留点を求めるとします．ここで，$\boldsymbol{x}$のノルムを1に制約しているのは，0以外でスカラ倍してもレイリー商は変化しないためです．この問題にラグランジュの未定乗数法を適用すると，λを未定乗数として

$$L(\boldsymbol{x}) = \boldsymbol{x}^\top \boldsymbol{M}\boldsymbol{x} + \lambda(\boldsymbol{x}^\top \boldsymbol{x} - 1) \tag{5.29}$$

となります．Lを$\boldsymbol{x}$で微分して0とすると

$$\boldsymbol{M}\boldsymbol{x} = \lambda \boldsymbol{x} \tag{5.30}$$

が得られます．つまり，停留点においてλは固有値で，$\boldsymbol{x}$は固有ベクトルになっており

$$R(\boldsymbol{x}) = \frac{\boldsymbol{x}^\top \boldsymbol{M}\boldsymbol{x}}{\boldsymbol{x}^\top \boldsymbol{x}} = \lambda \tag{5.31}$$

であることがわかります．したがって，レイリー商の最大化・最小化問題は，固有値問題に帰着することがわかります．

5.4 カットオフの決定

LDAではn番目のサンプル$\boldsymbol{x}_n$を軸$\boldsymbol{w}$に射影した値

$$y_n = \boldsymbol{w}^\top \boldsymbol{x}_n \tag{5.32}$$

を用いてクラス識別をしますが，そのためにはy_nにカットオフ（閾値）$\bar{y}$を

設定する必要があります．この場合，識別境界は$\bar{y}$を通る軸$\boldsymbol{w}$に直交する直線となります．

最も簡単な方法としては，クラス$\mathcal{C}_1$と$\mathcal{C}_2$それぞれのy_nの平均値$m_{y,1}$，$m_{y,2}$の中点$\bar{a} = (m_{y,1} + m_{y,2})/2$をカットオフとすることが考えられます．

しかし，単純に2クラスの平均値の中点とだけすると，それぞれのクラスのサンプル数を考慮できていません．やはり，サンプル数の多いクラスを重視すべきとも考えられます．さらに，わざわざクラス内の分散も考慮して軸$\boldsymbol{w}$を決定したので，カットオフの決定にもy_nの平均値だけのみならず，分散も考慮すべきでしょう．そこで，カットオフ$\bar{y}$の決定に，クラスはクラス$\mathcal{C}_1$と$\mathcal{C}_2$のサンプル数N_1とN_2 $(N = N_1 + N_2)$と，射影後のサンプルy_nの分散$s_{y,1}^2$，$s_{y,2}^2$も考慮します．

$$
\begin{aligned}
\bar{y} &= \frac{N_1 m_{y,1} s_{y,1}^2 + N_2 m_{y,2} s_{y,2}^2}{N_1 s_{y,1}^2 + N_2 s_{y,2}^2} && (5.33) \\
&= \frac{p_1 m_{y,1} s_{y,1}^2 + (1 - p_1) m_{y,2} s_{y,2}^2}{p_1 s_{y,1}^2 + (1 - p_1) s_{y,2}^2} && (5.34)
\end{aligned}
$$

ここで，$p_1 = N_1/N$です[*6]．最終的に未知データ$\boldsymbol{x}$の射影後の値yとカットオフ$\bar{y}$を比較することで，未知データのクラスを識別することができます．

LDAのカットオフの決め方は，特に決まった方法があるわけではありません．5.6節でも説明しますが，すべてのクラスを100％の性能で識別できるモデルを学習できるのでない限り，カットオフの決定にはトレードオフがつきまといます．この決め方はあくまで一例であると考えてください．

5.5 線形判別分析と最小二乗法

これまでに，LDAはクラス間変動行列とクラス内変動行列を用いレイリー商として解けることを示しました．しかし，実はLDAは第3章で解説した最小二乗法を用いても解くことができます．本節では，LDAと最小二乗法の関係について説明しましょう．

クラス$\mathcal{C}_1$，$\mathcal{C}_2$のサンプル数をN_1，N_2，全サンプル数を$N(= N_1 + N_2)$とします．そして，クラス$\mathcal{C}_1$，$\mathcal{C}_2$のサンプルにそれぞれに，仮想的に線形回帰

*6　このp_1のことを，事前確率とよぶことがあります．

モデルの出力値として$t_1 = N/N_1$および$t_2 = -N/N_2$を与えて，最小二乗法を用いて回帰係数を求めてみます．この回帰係数がLDAの軸$\boldsymbol{w}$に相当します．

(3.8) 式同様に，残差二乗和を求めると

$$Q = \sum_{n \in \mathcal{C}_1} (\boldsymbol{w}^\top \boldsymbol{x}_n - t_1)^2 + \sum_{n \in \mathcal{C}_2} (\boldsymbol{w}^\top \boldsymbol{x}_n - t_2)^2 \tag{5.35}$$

となります．$\boldsymbol{w}$で微分して0とおきます．

$$\sum_{n \in \mathcal{C}_1} 2\left(\boldsymbol{w}^\top \boldsymbol{x}_n - \frac{N}{N_1}\right)\boldsymbol{x}_n + \sum_{n \in \mathcal{C}_2} 2\left(\boldsymbol{w}^\top \boldsymbol{x}_n + \frac{N}{N_2}\right)\boldsymbol{x}_n = 0 \tag{5.36}$$

これを整理すると

$$\sum_{n \in \mathcal{C}_1} \left(\boldsymbol{x}_n \boldsymbol{x}_n^\top + \sum_{n \in \mathcal{C}_2} \boldsymbol{x}_n \boldsymbol{x}_n^\top\right)\boldsymbol{w} = N\left(\frac{1}{N_1}\sum_{n \in \mathcal{C}_1} \boldsymbol{x_n} - \frac{1}{N_2}\sum_{n \in \mathcal{C}_2} \boldsymbol{x_n}\right) \tag{5.37}$$

$$\boldsymbol{S}_W \boldsymbol{w} = N(\boldsymbol{m}_1 - \boldsymbol{m}_2) \tag{5.38}$$

となります．この考察より，回帰係数$\boldsymbol{w}$は

$$\boldsymbol{w} \propto \boldsymbol{S}_W^{-1}(\boldsymbol{m}_1 - \boldsymbol{m}_2) \tag{5.39}$$

となり，LDAの射影軸である (5.22) 式と同一の結果が得られました．

したがって，LDAは仮想的な出力として$t_1 = N/N_1$および$t_2 = -N/N_2$を与えた場合の最小二乗法と一致しますので，LDAと最小二乗法は同一の方法であることがわかります．より一般的には，仮想的な出力を$t_1 = 1$および$t_2 = -1$としても同一の結果が得られます．

このことから，第3章で説明した最小二乗法の性質は，LDAも同様に有していることになります．つまり，入力変数間に相関関係があると，最小二乗法同様に多重共線性の問題が発生し，学習させたモデルが安定しなくなります．

さらに，PCRやPLSなどの最小二乗法を拡張した線形回帰モデルの学習方法においても，クラス$\mathcal{C}_1$，$\mathcal{C}_2$のサンプルの仮想的な出力として$t_1 = 1$および$t_2 = -1$を与えることで，分類モデルの学習に利用できることになります．

このように，回帰問題と分類問題には，見た目の出力は異なっていても，数学的には本質的な違いはありません．

5.6 分類モデルの性能評価

分類モデルの性能は，モデルにより出力されたクラスが，サンプルの真のクラスとどの程度一致しているかで，評価することができます．

クラス$\mathcal{C}_1$に着目します．真のクラスが$\mathcal{C}_1$で分類モデルの出力も$\mathcal{C}_1$であるときTrue Positive（TP）とよび，真のクラスが$\mathcal{C}_2$で分類モデルの出力が$\mathcal{C}_1$であるとき，False Positive（FP）といいます．一方で，真のクラスが$\mathcal{C}_2$で分類モデルの出力も$\mathcal{C}_2$であるときはTrue Nagative（TN），真のクラスが$\mathcal{C}_2$で分類モデルの出力が$\mathcal{C}_1$はFalse Nagative（FN）です．

たとえば，ガンの診断を例とすると，「本当にガンだった」を$\mathcal{C}_1$，「本当はガンではなかった」を$\mathcal{C}_2$として

TP　ガンと診断されて，本当にガンだった（モデルの出力が$\mathcal{C}_1$で，真のクラスが$\mathcal{C}_1$）

FP　ガンと診断されたけど，本当はガンではなかった（モデルの出力が$\mathcal{C}_1$で，真のクラスが$\mathcal{C}_2$）

TN　ガンではないと診断されて，本当にガンではなかった（モデルの出力が$\mathcal{C}_2$で，真のクラスが$\mathcal{C}_2$）

FN　ガンではないと診断されたけど，本当はガンだった（モデルの出力が$\mathcal{C}_2$で，真のクラスが$\mathcal{C}_1$）

となります．また，FPのことを統計学では第I種の過誤，FNのことを第II種の過誤とよびます．これらの関係を**図5.5**にまとめました．このような表のことを2×2クロス表とよびますが，機械学習では混合行列ともよび，多クラス分類の際の性能評価によく用いられます．

これらTP，FP，TN，FNを用いて2クラス分類の分類モデルの性能として

$$\text{感度（Se）} = \frac{\mathrm{TP}}{\mathrm{TP} + \mathrm{FN}} \tag{5.40}$$

$$\text{特異度（Sp）} = \frac{\mathrm{TN}}{\mathrm{FP} + \mathrm{TN}} \tag{5.41}$$

		真のクラス	
		ガン（$\mathcal{C}_1$）	ガンではない（$\mathcal{C}_2$）
モデルの出力	ガン（$\mathcal{C}_1$）	True Positive (TP)	False Positive (FP)
	ガンではない（$\mathcal{C}_2$）	False Negative (FN)	True Negative (TN)

図 5.5　2×2クロス表（混合行列）．このような表としてまとめることで，学習させた分類モデルの性能を一目で確認できます．

$$\text{陽性的中率（PPV）} = \frac{\mathrm{TP}}{\mathrm{TP} + \mathrm{FP}} \tag{5.42}$$

$$\text{陰性的中率（NPV）} = \frac{\mathrm{FN}}{\mathrm{FN} + \mathrm{TN}} \tag{5.43}$$

が定義できます[*7][*8]．

このように複数の指標があると，どの指標に着目してモデルの性能を評価すればよいのか，混乱するときがあります．その場合に用いられるのが，感度とPPVの調和平均として定義される F 値です．F 値を用いることで，感度とPPVをバランスよく評価できるようになります．

$$F = \frac{2 \cdot \mathrm{Se} \times \mathrm{PPV}}{\mathrm{Se} + \mathrm{PPV}} \tag{5.44}$$

このように，分類モデルの評価にはさまざまな指標があります．3.19 節で述べた回帰モデルの性能評価と同様に，一つの指標だけで判断するのではなく，分類モデルにおいてもさまざまな指標を用いて多角的な評価が必要です．

*7　これらの指標は，もともとは医学臨床での検査方法の性能を示すための指標で，特に感度，特異度は医学論文では頻出の単語です．機械学習では感度を再現率（recall），PPVを適合率（precision）と呼称することがあります．分野によって名称が異なることがありますが，意味は同じですので，混乱しないように気をつけてください．

*8　Se, Sp, PPV, NPVはそれぞれ，sensitivity, specificity, positive predictive value, negative predictive valueの略です．

5.7 ROC曲線とAUC

5.4節でクラス識別のためのカットオフの決定について説明しましたが，カットオフの決定の仕方によって，これらの指標は大きく変化します．たとえば，LDAにおいて線形変換(5.1)式で得られたyの値が大きいほどクラス$\mathcal{C}_1$として識別されやすくなるとしましょう．そうであれば，カットオフ$\bar{y}$を下げれば，多くのサンプルがクラス$\mathcal{C}_1$として識別されるようになります．

さきほどの例で$\mathcal{C}_1$がガンの診断だとすると，カットオフ$\bar{y}$を下げることでガンだと診断される人が増え，見逃しが減ります．しかし一方で，健康な人もガンと過剰診断される可能性が上がります．つまり，感度は上がりますが，特異度は低下します．もちろん，ガンの見逃しは避けるべきですが，健康な人がガンとして誤診されることで，不必要な追加の検査や治療が発生し，その人や家族に，また医療費という観点では社会的にも大きな負担が発生します．過剰診断のリスクはあってもとにかく見逃しはない方がよいのか，それとも過剰診断に伴う負担を考慮して多少の見逃しがあったとしても診断は慎重であるべきかは，どちらも一理あります．つまり，検査におけるカットオフの決定は，意志決定者の価値観とは無関係ではいられません．どのような検査にもこのようなトレードオフがありますので，検査におけるカットオフはスパッと決めることはできないのです．

そこで，検査結果（分類結果）に与える検査手法（分類モデル）自体の性能とカットオフ決定の問題を切り離して考えることにします．このときに使われるのがROC曲線です*9．

ROC曲線は，分類モデルにおいてカットオフを少しずつ変化させ，そのときの感度と特異度の変化をプロットしたものです．具体的には縦軸に感度を，横軸に1-特異度をプロットします．すると，**図5.6**のようなグラフが描かれます．ここで対角線は，ランダムに識別した場合と差がない，つまり分類として意味をなさない場合の曲線なので，この対角線から離れるほど性能が高いモデルであるといえます．ROC曲線は，カットオフの設定とは無関

*9 ROCとは受信者動作特性（receiver operating characteristic）の略で，受信者などやや奇妙な名称に思えます．これは，ROC曲線はもともと通信工学分野において，ノイズで汚れたレーダー信号の中から敵の機体を発見するための方法の評価のために開発されものであるためです．現在では医学分野においても，検査方法の性能の評価に広く用いられています[25]．

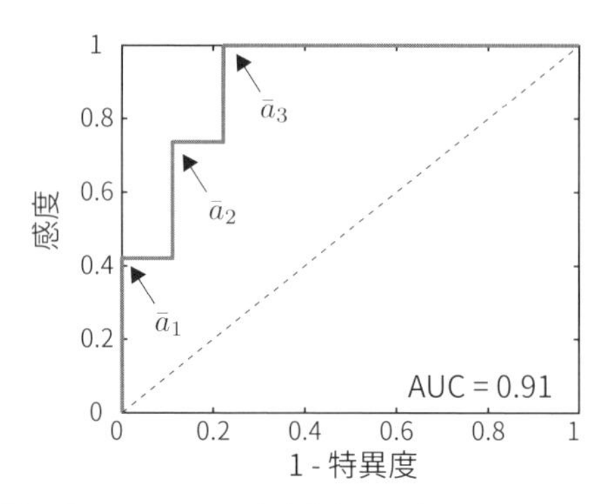

図 5.6　ROC曲線．分類モデルのカットオフを変化させて（ここでは$\bar{a}_1$，$\bar{a}_2$，$\bar{a}_2$），そのときの感度と特異度について，縦軸に感度を，横軸に1-特異度をプロットしたものです．対角線から離れるほど性能が高いモデルであることを意味します．また，ROC曲線下の面積をAUCとよびます．

係なモデルの性能を表しています．

さらに，これを定量化した指標がAUC（Area Under the Curve）で，ROC曲線の下の面積を指します[*10]．モデルの性能がパーフェクトであるとき，つまり感度も特異度も100％であるときはAUCは1であり，対角線のモデル，つまりランダムに分類した場合と差がないとき，AUCは0.5となります．**図 5.6**のAUCは0.91であり，これは比較的高い性能であるといってよいでしょう．

AUCによって，カットオフの設定とは無関係に分類モデルの性能は評価できますが，最終的にはやはりカットオフの決定が必要となります．ここでは，ROC曲線を用いたカットオフの決定方法を二つ紹介しましょう．

高性能なモデルであるほど，ROC曲線は対角線から離れて左上隅に近づいていくので，**図 5.7**（左）のように左上隅との距離が最小となる点をカットオフにすることが考えられます．これを0-1距離基準とよびます．

もう一つの方法として，ユーデン指標が知られています．ユーデン指標は0-1距離基準とは真逆の考えで，ROC曲線が対角線となるモデルが最も性能が低いことになるので，**図 5.7**（右）対角線から最も離れた点をカットオフとします [26]．そこで(感度＋特異度－1)を計算して，その最大値となる点

*10　Pythonでは`sklearn.metrics.roc_curve()`でROC曲線をプロットできます．また，AUCは`sklearn.metrics.roc_auc_score`で計算することができます．MATALBでは，Statistics and Machine Learning Toolboxの`perfcurve()`でROCのプロットと，AUCの計算ができます．

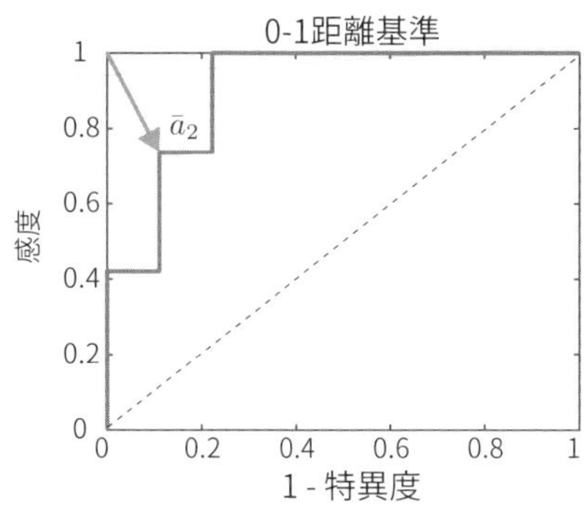

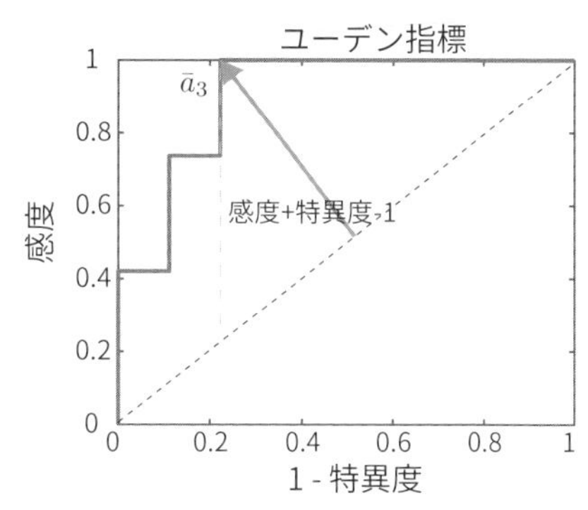

図 5.7　0-1 距離基準（左）とユーデン指標（右）によるカットオフの決定方法．0-1 距離基準では左上隅との距離が最小となる点をカットオフとしますが，ユーデン指標では，対角線から最も離れた点をカットオフとします．

をユーデン指標とよび，カットオフとして採用します．

0-1 距離基準とユーデン指標は，それぞれに尤もらしいカットオフの決め方です．しかし，検査において見逃しと過剰診断との間にはトレードオフが存在して最終的にはどちらの誤りをより許容するかという価値観の問題となるように，分類モデルのカットオフの決定も，一律にこのようにすればよい，という方法はありません．0-1 距離基準やユーデン指標を参考にしつつも，想定するユースケースから，どの程度の誤りであれば許容できるのか，あるいはできないのかを考えて，意志決定者が自らの責任で決定しなければなりません．

5.8　線形判別分析における不均衡データ問題

LDA に限らず，一般的な分類問題のアルゴリズムは，学習用サンプルに含まれるそれぞれのクラスのサンプル数がバランスしている状況を想定しています．しかし，スモールデータの世界では，特定のクラスのサンプルが著しく少ないという状況が想定されます．このとき，どのようなことを起きるのか，LDA を例に説明しましょう．

LDA での軸 $\boldsymbol{w}$ の決め方は，サンプルを $\boldsymbol{w}$ に射影した後のクラス間平均の差をなるべく大きくなるようすると同時に，クラス内変動をなるべく小さくなるようにする，というものでした．ここで，クラス $\mathcal{C}_1$，$\mathcal{C}_2$ の平均 $\boldsymbol{m}_1$，$\boldsymbol{m}_2$ は変化することなく，$\mathcal{C}_2$ のサンプルだけ大幅に削減されたとしましょう．

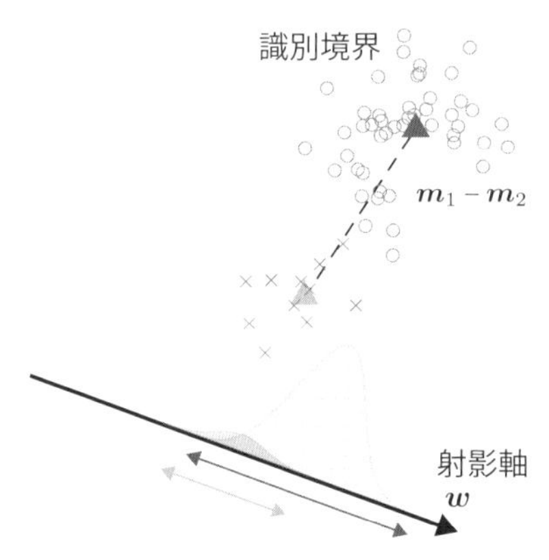

図 5.8　それぞれのクラスのサンプル数が不均衡な場合のLDA．クラス$\mathcal{C}_1$の変動だけを最小化するように軸$\boldsymbol{w}$が決定されてしまいます．このようになると，$\mathcal{C}_1$と$\mathcal{C}_2$の頻度分布が大きく重なってしまうため，適切なクラス分類ができません．

いま，平均$\boldsymbol{m}_1$，$\boldsymbol{m}_2$は変化していないので，クラス内変動だけが問題となります．クラス内変動行列$\boldsymbol{S}_W$は

$$\boldsymbol{S}_W = \sum_{n \in \mathcal{C}_1} (\boldsymbol{x}_n - \boldsymbol{m}_1)(\boldsymbol{x}_n - \boldsymbol{m}_1)^\top + \sum_{n \in \mathcal{C}_2} (\boldsymbol{x}_n - \boldsymbol{m}_2)(\boldsymbol{x}_n - \boldsymbol{m}_2)^\top \quad (5.45)$$

でした．ここで，クラス$\mathcal{C}_2$のサンプルが$\mathcal{C}_1$と比較して著しく少ないとき，(5.45) 式の第2項は第1項と比べて，非常に小さくなり，$\boldsymbol{S}_W$の大部分はクラス$\mathcal{C}_1$の変動で占められます．

したがって，クラス$\mathcal{C}_2$のサンプル数が$\mathcal{C}_1$と比較して著しく少ないとき，LDAは軸$\boldsymbol{w}$の決定において，ほぼ$\mathcal{C}_1$の変動だけを考慮することになります．**図 5.4**の例でこれを図示すると，**図 5.8**のようになり，$\mathcal{C}_1$と$\mathcal{C}_2$の頻度分布が重なってしまいます．したがって，二つのクラス間でサンプルの数に偏りがある場合は，LDAではクラス分類が困難であることがわかります．

このような現象はLDAに限ったことではありません．多くの機械学習手法では，クラス間のサンプル数が不均衡な不均衡データを用いると，適切にクラス分類できるモデルを学習するのは困難となります．

5.9 データの不均衡度

不均衡データ解析では，サンプルが多いクラスを多数クラス，サンプルが少ないクラスを少数クラスとよびます．そして，多数クラス$\mathcal{C}^{maj}$のサンプ

ル数N^{maj}と少数クラス$\mathcal{C}^{min}$のサンプル数N^{min}とすると[*11]，データの不均衡度rを

$$r = \frac{N^{min}}{N^{maj} + N^{min}} \tag{5.46}$$

とします．つまり，不均衡度rとは，全サンプルに占める少数クラスのサンプルの数の割合で，2クラスのサンプルの数が等しいとき，$r = 0.5$です．

不均衡度rがどこまで低下すると不均衡なのか，というのは明確な境界はありません．サンプル数の偏りだけではなく，多次元空間において多数クラス$\mathcal{C}^{maj}$と少数クラス$\mathcal{C}^{min}$のサンプルがどのように分布しているのかによっても，学習の困難さは変わってきます．

筆者の経験では$r = 0.2$程度まで低下すると通常の方法では学習は困難となり，$r < 0.1$となると十分に不均衡なデータといえます．そこで必要となるのが，これより紹介する不均衡データ解析に用いられる工夫の数々です．

5.10 サンプリング手法

それぞれのクラスにおけるサンプル数が不均衡であるのが問題だとすると，すぐに思いつくのは無理矢理にでも，サンプル数を同じぐらいに揃えてからモデルを学習させる，という方法です．一見すると乱暴ではありますが，機械学習モデルの学習を難しくする一番の原因がサンプル数の不均衡だとするならば，決して不合理な方法ではありません．つまり，多数クラス$\mathcal{C}^{maj}$のサンプルを間引くか，少数クラス$\mathcal{C}^{min}$のサンプルを仮想的に増やして，サンプル数を同じぐらいに揃えれば，つまり$r = 0.5$に近づければ，モデルの学習がしやすくなると考えられます．

このように，それぞれのクラスのサンプル数を揃える方法をサンプリング手法とよび，多数クラスのサンプルを間引く方法をアンダーサンプリング，少数クラスのサンプルを仮想的に増やす方法をオーバーサンプリングとよびます．また，これらを組み合わせて使うこともできます[*12]．

---

*11 majは多数派を意味するmajority，minは少数派を意味するminorityの略です．

*12 Pythonでは，サンプリング手法を含めた不均衡データを扱うためのアルゴリズムのライブラリとして，imbalanced-learnが知られています（https://imbalanced-learn.org/）．

5.11 アンダーサンプリング

アンダーサンプリングとは，多数クラスのサンプルを間引く方法で，どのように間引くかによって，サンプル選択型アンダーサンプリングとサンプル生成型アンダーサンプリングの二つのアプローチがあります．前者は間引くサンプルを既存サンプルから選択するのに対して，後者では多数クラスのサンプルを用いて複数の新たなサンプルを生成し，生成したサンプルのみを多数クラスの学習データとして用います．

5.11.1 サンプル選択型アンダーサンプリング

ランダムアンダーサンプリング（RUS）

多数クラスからサンプルを間引くだけでよければ，**図5.9**のようにランダムにサンプルを選んでも構いません．これをランダムアンダーサンプリング（Random Under Sampling; RUS）とよび，単純な処理ですがRUSだけでも，不均衡データについてある程度対処できます．

クラスタ基準アンダーサンプリング

しかし，単純にランダムに多数クラス$\mathcal{C}^{maj}$のサンプルを間引いてしまうと，間引いたサンプルが偏ってしまうこともあります．つまり，間引くサンプルは$\mathcal{C}^{maj}$のサンプルが分布する領域全体から均等に選択すべきではないかと考えられます．そこで，$\mathcal{C}^{maj}$のサンプルの領域をいくつかに分割して，それぞれの領域ごとに間引くサンプルを決めます．ここで，領域の分割にはクラスタリングを用いることができます．クラスタリングの方法としては，4.6.2項で紹介したk-平均法を用いることが多いようです．つまり，**図5.10**

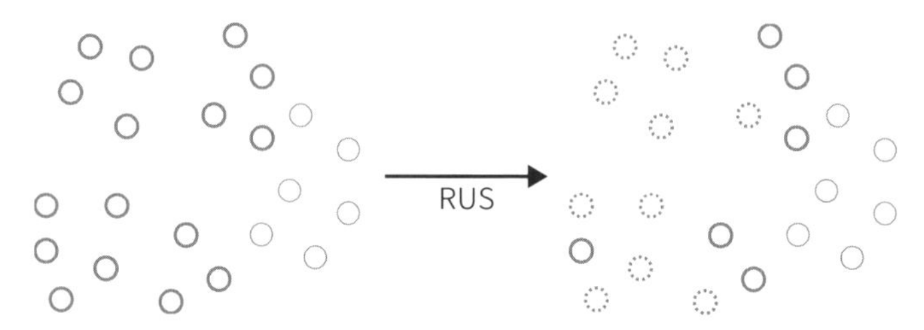

図5.9　RUSの例．この図では多数クラスが青（太線）のサンプルで，少数クラスが赤（細線）のサンプルです．RUSでは多数クラス側のサンプルをランダムに間引きます．

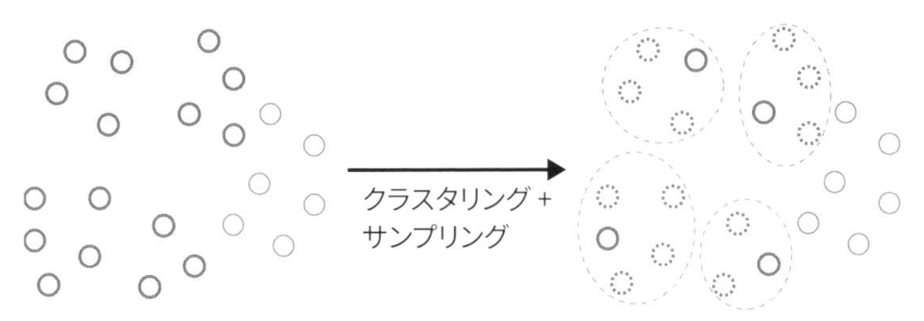

図 5.10 クラスタ基準アンダーサンプリングでは，k-平均法などを用いて多数クラスのサンプルをクラスタリングして，クラスタごとにサンプルを間引くことで，全体から均等にサンプルを間引くことができます．

のようにk-平均法で$\mathcal{C}^{maj}$のサンプルをいくつかのクラスタに分類し，クラスタごとにある個数のサンプルをランダムに選択して間引きます [27]．これをクラスタ基準アンダーサンプリングとよびます．

トメクリンク

トメクリンクとは，距離の近い2クラスのサンプルのペアのことで [28]，それぞれのトメクリンクにおける多数クラス側のサンプルを間引くことで，二つのクラス間の境界が明確になり，分類が容易になります．トメクリンクとは，2サンプル間の距離を$d(\cdot,\cdot)$とすると

$$d(\boldsymbol{x}^{maj},\boldsymbol{x}^{min}) < d(\boldsymbol{x}^{maj},\boldsymbol{y}) \quad \text{かつ} \quad d(\boldsymbol{x}^{maj},\boldsymbol{x}^{min}) < d(\boldsymbol{x}^{min},\boldsymbol{y}) \tag{5.47}$$

となるペア$\{\boldsymbol{x}^{maj},\boldsymbol{x}^{min}\}$のことです．ここで，$\boldsymbol{x}^{maj}$，$\boldsymbol{x}^{min}$はそれぞれ$\mathcal{C}^{maj}$と$\mathcal{C}^{min}$のサンプル，$\boldsymbol{y}$は任意のサンプルです．

したがって，**図 5.11**のように，データの中からトメクリンクとなるサンプルのペアを探索して，多数クラス側のサンプルを間引くことで，サンプル数の不均衡度が改善され，かつクラス境界が明確な学習データを構築することができます．

5.11.2　サンプル生成型アンダーサンプリング

サンプル選択型アンダーサンプリングは，多数クラス$\mathcal{C}^{maj}$のサンプルを間引いて，残りのサンプルを学習に用いるという方法でした．つまり，学習に用いるのは，あくまで既存のサンプルです．

それに対して，サンプル生成型アンダーサンプリングでは，既存のサンプ

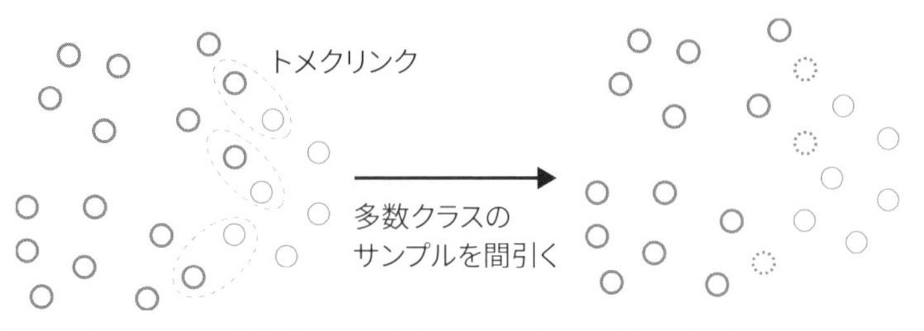

図 5.11　トメクリンクとは距離の近いそれぞれのクラスのサンプルのペアのことです．トメクリンクの多数クラス側のサンプルを間引くことで，クラス間の境界が明確となり，クラス分類が容易になると考えられます．

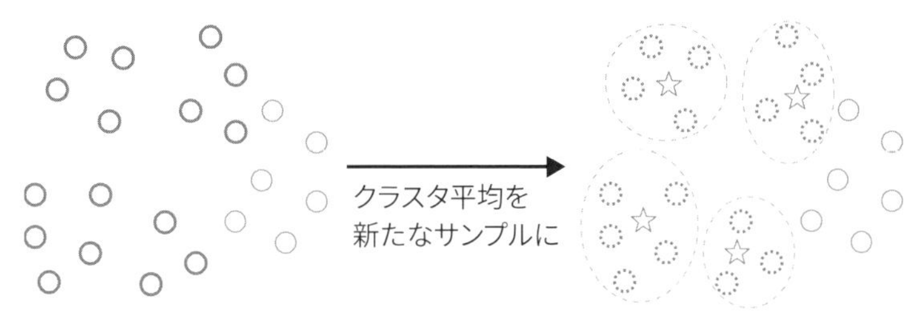

図 5.12　サンプル生成型アンダーサンプリングでは，多数クラスのサンプルを k-平均法でクラスタに分割したときのクラスタ平均（☆）を，新たな多数クラスのサンプルとします

ルを学習に用いることはしません．既存のサンプルから新たなサンプルを生成して，学習データを生成したサンプルに置き換えます．

新たなサンプルの生成には，サンプル選択型アンダーサンプリングで用いた k-平均法を用いることができます．4.6.2 項で説明したように，k-平均法では k 個のクラスタに分割するとき，クラスタ平均 $V_j(j = 1, \ldots, k)$ を求めることができますので，**図 5.12** のように，この V_j をそれぞれのクラスタを代表する新たなサンプルとします．通常は，$N^{maj} >> k$ と考えられますので，V_j を多数クラスの学習用データとして用いることで，不均衡度 r を改善することができます．

5.11.3　オーバーサンプリング

オーバーサンプリングは，少数クラス $\mathcal{C}^{min}$ のサンプルを水増しすることで，不均衡度 r を改善させる方法です．水増しさせる方法にいくつかありますが，ここではよく用いられる Synthetic Minority Oversampling Technique（SMOTE）と，SMOTE から派生した方法を紹介しましょう．

SMOTE

SMOTEは，$\mathcal{C}^{min}$のサンプル間の内挿に新たなサンプルを生成して，サンプルを水増しする方法です [29].

いま着目しているi番目の$\mathcal{C}^{min}$のサンプルを$\boldsymbol{x}_i^{min}$として，$\boldsymbol{x}_i^{min}$とk番目までに距離の近いk個の$\boldsymbol{x} \in \mathcal{C}^{min}$を取り出します．これを$k$-近傍サンプル$\boldsymbol{x}_k^{min}$とよびます．$\boldsymbol{x}_k^{min}$の中からランダムに一つのサンプルを選択してこれを$\boldsymbol{z}$とし，$\boldsymbol{x}_i^{min}$と$\boldsymbol{z}$の内挿となる点に，$\boldsymbol{x}_i^{min}$の新たなサンプル$\boldsymbol{y}_i$を生成します.

$$\boldsymbol{y}_i = \boldsymbol{x}_i^{min} + r(\boldsymbol{x}_i^{min} - \boldsymbol{z}) \tag{5.48}$$

SMOTEでのサンプル水増しの例を，**図 5.13**に示します．そして，すべての$\boldsymbol{x}_i^{min} \in \mathcal{C}^{min}$に対してこの手順を適用して，生成された$\boldsymbol{y}_i$を学習データに追加します.

SMOTEのサンプル水増しの手順を，**アルゴリズム 5.1**にまとめました. なお，**アルゴリズム 5.1**では$\boldsymbol{x}_i^{min}$一つにつき新たなサンプルを生成しますが，$\boldsymbol{x}_i^{min}$のk-近傍サンプルから複数のサンプルを選択すれば，生成する新たなサンプルの数をそれだけ増やすことができます.

ADASYN

Adaptive Synthetic（ADASYN）は，SMOTEから派生した方法で，新たなサンプルはSMOTE同様に少数クラス$\mathcal{C}^{min}$のサンプル間の内挿として生成します．SMOTEでは多数クラス$\mathcal{C}^{maj}$側の情報を用いることはなく，$\boldsymbol{x}^{min}$一つについて一律にサンプルを水増ししていました．一方，ADASYNでは，着目する$\boldsymbol{x}^{min}$付近にどの程度多数クラスのサンプルがあるかという

アルゴリズム 5.1　SMOTEのアルゴリズム

1: 近傍の数kを決定する.
2: **for** $i = 1, \cdots, N^{min}$ **do**
3: 　$\boldsymbol{x}_i^{min}$のk-近傍サンプルとなる$\boldsymbol{x}_k^{min}$を探索する.
4: 　$\boldsymbol{x}_k^{min}$からランダムに一つのサンプルを選択して，これを$\boldsymbol{z}$とする.
5: 　$0 \sim 1$の乱数rを生成する.
6: 　新たなサンプル $\boldsymbol{y}_i$を生成する: $\boldsymbol{y}_i = \boldsymbol{x}_i^{min} + r(\boldsymbol{x}_i^{min} - \boldsymbol{z})$
7: **end for**

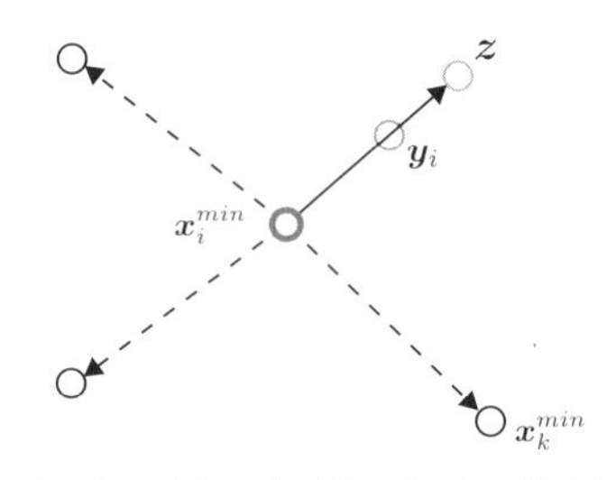

図 5.13　SMOTE によるオーバーサンプリングの例．図では少数クラスのサンプルのみを示しています．SMOTE では，着目しているサンプルと k-近傍サンプルとの内挿となる点に，新たなサンプルを生成します．なお，この例では $k=4$ です．

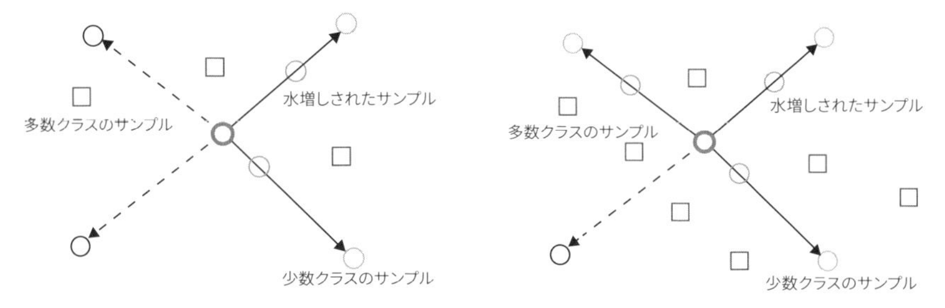

図 5.14　ADASYN は SMOTE の拡張ですが，丸で表される少数クラスのサンプルの周囲に，どの程度，四角の多数クラスのサンプルが分布しているかによって，水増しする少数クラスのサンプルの数を変更します．左図に比べて右図は着目している少数クラスのサンプルの周囲の多数クラスのサンプルが多いため，その分，水増しするサンプルの数も 2 から 3 に増加しています．

情報に基づいて，適用的（Adaptive）に新たに生成するサンプルの個数を変化させます [30]．つまり，$\boldsymbol{x}^{min}$ の周囲に多数クラスのサンプルが多ければ，それに応じて水増しするサンプルの数も増やします．

いま，$\mathcal{C}^{maj}$ も含むサンプル全体で $\boldsymbol{x}_i^{min}$ の k-近傍を探索したとき，k-近傍に含まれる $\mathcal{C}^{maj}$ と $\mathcal{C}^{maj}$ のサンプルの個数をそれぞれ $N_{i,k}^{maj}$，$N_{i,k}^{min}$ $(N_{i,k}^{maj}+N_{i,k}^{min}=k)$ とします．このとき，**図 5.14** のように，**アルゴリズム 5.1** のステップ 4 において，k-近傍から取り出す少数サンプルの個数を $N_{i,k}^{maj}/N_{i,k}^{min}$ に比例させて増加します．k-近傍内に多数クラス $\mathcal{C}^{maj}$ のサンプルが存在しなければ，新たなサンプルを生成する必要はありません．

ボーダーライン SMOTE

ボーダーライン SMOTE は，ADASYN 同様に少数クラス $\mathcal{C}^{min}$ のサンプ

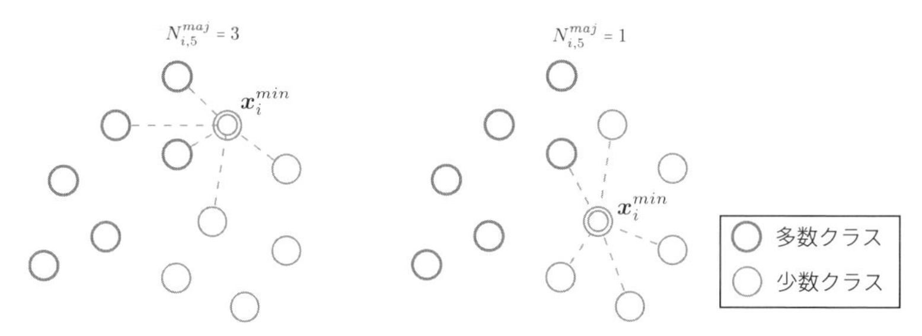

図 5.15　ボーダーライン SMOTE では，着目している少数クラスのサンプル $\boldsymbol{x}_i^{min}$ についてのサンプル全体での k-近傍サンプルの個数によって，$\boldsymbol{x}_i^{min}$ がボーダーライン $\mathcal{B}$ に含まれるかを判定します．$\mathcal{B}$ に含まれる場合のみ，SMOTE を用いてサンプルを水増しします．図は $k=5$ の場合ですが，左図は $N_{i,5}^{maj}=3$ なので $\mathcal{B}$ に含まれますが，右図は $N_{i,5}^{maj}=1$ なので $\mathcal{B}$ に含まれません．

ル付近に，どの程度多数クラス $\mathcal{C}^{maj}$ のサンプルがどれくらい存在するかによって，水増しするサンプルの数を調整する方法です [31]．ボーダーライン $\mathcal{B}$ とよばれる領域を定義して，$\mathcal{B}$ 内の $\mathcal{C}^{min}$ のサンプルのみを水増しします．これは，2 クラス $\mathcal{C}^{maj}$ と $\mathcal{C}^{min}$ のクラス境界付近のサンプルが，分類モデルに重要であるという考えによります．

図 5.15 にボーダーライン $\mathcal{B}$ の例を示します．$\mathcal{C}^{maj}$ も含むサンプル全体で $\boldsymbol{x}_i^{min}$ の k-近傍を探索したとき，k-近傍において $\mathcal{C}^{maj}$ のサンプルの個数 $N_{i,k}^{maj}$ が $k/2 \leq N_{i,k}^{maj} < k$ となるとき，$\boldsymbol{x}_i^{min}$ が $\mathcal{B}$ に含まれると定義します．そして，$\boldsymbol{x}_i^{min}$ が $\mathcal{B}$ に含まれるときのみ，SMOTE でサンプルを水増しします．

5.11.4　アンダーサンプリングとオーバーサンプリングの組み合わせ

当然のことながら，アンダーサンプリングとオーバーサンプリングは組み合わせて利用することもできます．つまり，多数クラス $\mathcal{C}^{maj}$ のサンプルは間引き，同時に少数クラス $\mathcal{C}^{min}$ のサンプルを水増しします．さまざまな組み合わせのバリエーションが考えられますが，オーバーサンプリングには SMOTE を使うことが多いようです．これは，SMOTE はサンプルの水増しに $\mathcal{C}^{maj}$ の情報を使うことがなく，アンダーサンプリングとオーバーサンプリングを独立して実施できるためであると考えられます．オーバーサンプリングに $\mathcal{C}^{maj}$ の情報も必要であるとすると，アンダーサンプリングをオーバーサンプリングの前に実施するか，後に実施するかで結果が変わってきます．

アンダーサンプリングとオーバーサンプリングのどのような組み合わせが最適であるかというのは事前にはわかりません．よい組み合わせを探すには，データごとにいろいろと試してみる必要があります．いろいろな組み合わせで分類モデルの性能の変化を確認しながら，データに適したサンプリングの方法を確認しましょう．

5.12 アンサンブル学習

アンサンブル学習は，弱分類器とよばれる複数のモデルを学習させて，その複数のモデルの結果を統合するという集団学習とよばれる方法です [32, 33]．**図 5.16** のように，異なる弱分類器を多数学習し，弱分類器の分類結果の多数決，または重み付き多数決を最終的な分類結果とします．アンサンブル学習では複数の弱分類器を組み合わせますが，それぞれの弱分類器がすべて同じ構造だった場合は，多数決する意味がないので，弱分類器の多様性が必要です．なお，弱分類器をまとめたモデル全体を強分類器とよぶことがあります．

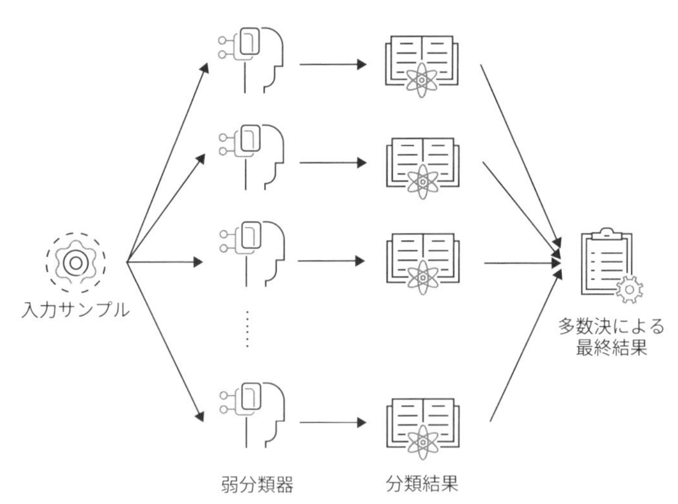

図 5.16　アンサンブル学習では，多数の弱分類器を学習させて，弱分類器の分類結果の多数決を最終的な分類結果として出力します．

それぞれのクラスのサンプルの数が均衡している通常のデータの解析にも，アンサンブル学習は広く使われていますが，不均衡データの解析にも使われることがあります．これは通常の機械学習の方法よりもアンサンブル学習の方が，不均衡データでも比較的よい性能を達成しやすいとされているためです．

アンサンブル学習における弱分類器は任意の学習モデルを用いることができるため，アンサンブル学習の枠組みはメタアルゴリズムとよばれます．また，アンサンブル学習には大きく分けて，バギングとブースティングという考え方があります．バギングは多数の弱分類器を独立して学習させますが，ブースティングでは一つずつ順番に弱分類器を学習させ，その学習時に以前に学習した弱分類器の結果を取り込むようにします．そのため，バギングは並列に弱分類器を学習させることができますが，ブースティングでは学習を並列化できないという違いがあります．

5.13 判別木

アンサンブルで学習させる弱分類器は任意のモデルが利用できますが，サポートベクターマシン（Support Vector Machine; SVM）や，木構造を用いた決定木がよく用いられます[*13]．ここでは決定木について紹介しましょう．

決定木とは，**図 5.17** のようにサンプルに対してさまざまな条件を比較して分岐させていくことで，分類や回帰を行うモデルです．決定木において，条件分岐を行う箇所を親ノードといい，分岐先を子ノードとよびます．

判別木では，CART（Classification and Regression Tree）というアルゴリズムが有名です [36]．CART では**図 5.17** のように常にノードは必ず二つの子ノードに分岐されてゆき，さらに子ノードも同様に親ノードとなってさらに二つの子ノードに分岐します．そこで，CART のノードの分岐条件としては

- 男性ですか？

*13 木構造とは，グラフ理論で登場するデータ構造の一つです．コンピュータでは，木構造は階層構造のあるデータの表現に用いられ，身近な例としては，ディレクトリ（フォルダ）やインターネットのドメイン名の構造などがあります．本書のデザインのコンセプトにもなっています．

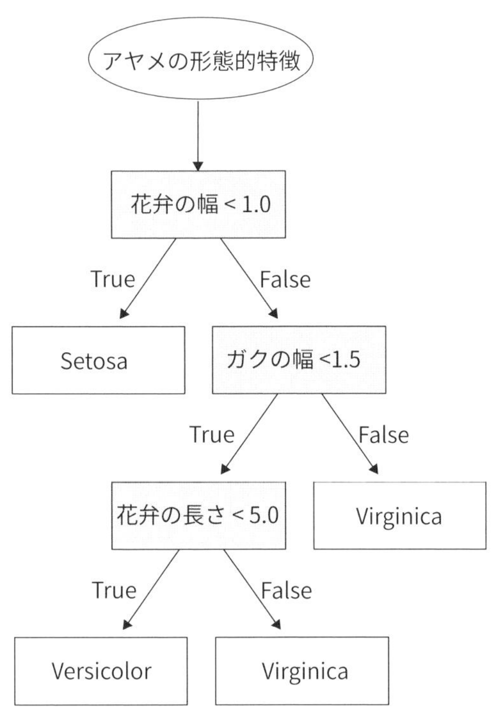

図 5.17　決定木では，さまざまな条件で比較してサンプルを分岐させて，分類や回帰を行います．この例では，アヤメ属の花の花弁やがく片の長さなどの特徴を入力として，アヤメの種類をIris setosa（ヒオウギアヤメ），Iris versicolor（ブルーフラッグ），Iris virginica（バージニカ）に分類します．*14

- 腹囲は85 cm以上ですか？
- 高血圧ですか？

などのように，データ中の入力変数を一つ取り出して，True/Falseで回答できるような質問とします．このように，高々二つに分岐させる判別木のことを二分木とよびます．

*14　このアヤメの分類の例は，機械学習の例題で有名な`Iris`データで，`scikit-learn`の標準データセットにも入っています．オリジナルのデータは，米国の植物学者エドガー・アンダーソンによって1936年に発表された論文で，アヤメ属の種分化について，形態，遺伝，生態などの観点から調査したものでした [34]．たとえば，形態については，全体的な形態はよく似ているが，sepal（がく片）とpetal（花弁）の長さ・幅が，種間で異なると報告されており，これが`Iris`データでは分類の特徴量として採用されています．その後，実際の測定データを英国の統計学者のフィッシャーが公開したため [35]，現在ではフィッシャーのアヤメとよばれることがあります．

CARTの学習とは，大元の親ノード[*15]から，データからノードである条件分岐を学習させることを繰り返して，枝を拡げる木のように成長させることになります[*16].

CARTにおける分岐条件の探索には，ジニ不純度を指標として用いることが多いようです．ジニ不純度とは，着目しているノードに含まれるサンプルをどの程度正しく分類できたかを判断する指標であり[*17]，m番目の変数の分岐のノードのジニ不純度は

$$I_G(m) = 1 - \sum_{k=1}^{K} \left(\frac{n_m^{\{k\}}}{N_m} \right) \tag{5.49}$$

で定義されます．ここでN_mと$n_m^{\{k\}}$はそれぞれ，m番目の変数のノードに入ってきた全サンプル数と，その中でk番目クラスのサンプルの数です．Kはクラス数ですが，ここでは多数クラス$\mathcal{C}^{maj}$と少数クラス$\mathcal{C}^{min}$の2クラス分類を考えているので，$K = 2$です．ノードmにおいてすべてのサンプルが正しく分類されているとき，ジニ不純度$I_G(m)$は0になります．したがって，CARTの学習においては，全体でのジニ不純度が小さくなるように学習させます.

ノードmでの分岐によるジニ不純度の改善度を

$$\Delta I_G(m) = I_G(m) - \sum_{l=1,2} w_{m_l} I_G(m_l). \tag{5.50}$$

とします．ここで$I_G(m_l)(l = 1, 2)$とは，子ノードにおけるジニ不純度です[*18]．また，$w_{m_l} = N_{m_l}/N_m$で，N_{m_l}はl番目の子ノードにおけるサンプ

*15 木の根っこに相当するため，ルート（root）とよぶことがあります.

*16 CART は，scikit-learn の sklearn.tree.DecisionTreeClassifier クラスで実装されています．DecisionTreeClassifier クラスは，指定できるハイパーパラメータが多いので，事前にドキュメントにしっかりと目を通して理解しておく必要があります.

*17 ジニ不純度は，イタリアの統計学者コッラド・ジニの名前にちなんでつけられた名前です．コッラド・ジニは，ジニ係数とよばれる経済学において社会における所得の不平等さを測る指標を提案したことで有名です．ジニ係数は0から1の値をとり，すべての人の所得が均一で格差が全くない状態が0，ひとりがすべての所得を独占している状態が1となります．ジニ係数が高い状態は，一部の人間に富が偏ることを意味し，これは社会の不安定化の要因ですので望ましくありません．社会不安定化の警戒ラインは0.4とされています．2020年に発表されたOECD調査によると，日本のジニ係数は0.34ですが，高負担・高福祉国として知られる北欧のデンマークやフィンランドは0.26程度であり，税金などの負担が大きい分，所得の再配分を通じて貧富の差が小さくなっていることがわかります [37].

*18 CARTは常に二つの子ノードに分岐させるので，$l = 1, 2$です.

ル数です．m 番目の変数のノードによってジニ不純度が大きく改善した場合，m 番目の変数は分類性能に大きく影響していることになります．したがって，改善度 $\Delta I_G(m)$ はCARTにおける m 番目の変数の重要度と考えることができます．

5.14 バギングとランダムフォレスト

バギング（bagging）とは，ブートストラップ・アグリゲーティング（bootstrap aggregating）の略です[*19]．ブートストラップという方法で[*20]，データから一部のサンプルを学習データとしてランダムに取り出して弱分類器を学習させることを繰り返し，最終的に分類結果を統合します [38]．ブートストラップによって，データから取り出されるサンプルは毎回異なるため，学習される弱分類器も毎回異なります．図 5.18に，バギングの枠組みを示します．

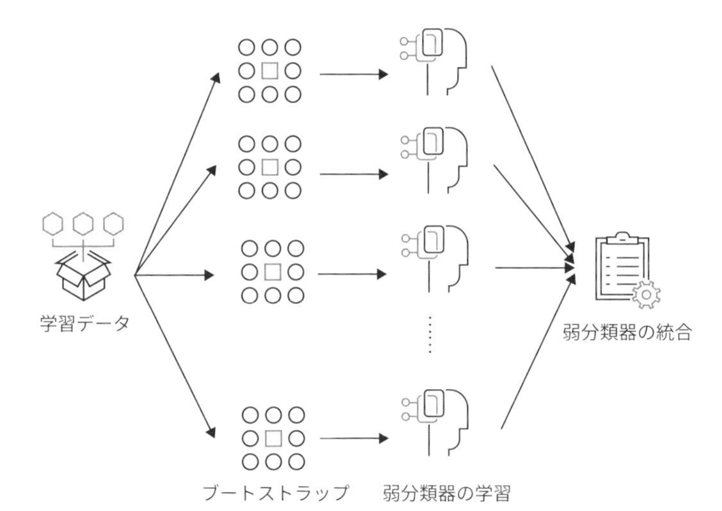

図 5.18　バギングでは，ブートストラップ法を用いて一部のサンプルを学習データとしてランダムに取り出して，弱分類器を多数学習させ，最終的に分類結果を統合します．

*19　aggregateとは，集めるという意味の動詞です．

*20　ブートストラップ法とは，再標本化とよばれる統計学の方法の一つです．ブートストラップ法はデータからランダムに一部のサンプルを取り出してデータセットをつくり（これを復元抽出といいます），これを繰り返すことで仮想的に一つのデータから多数のデータセットを構築します．

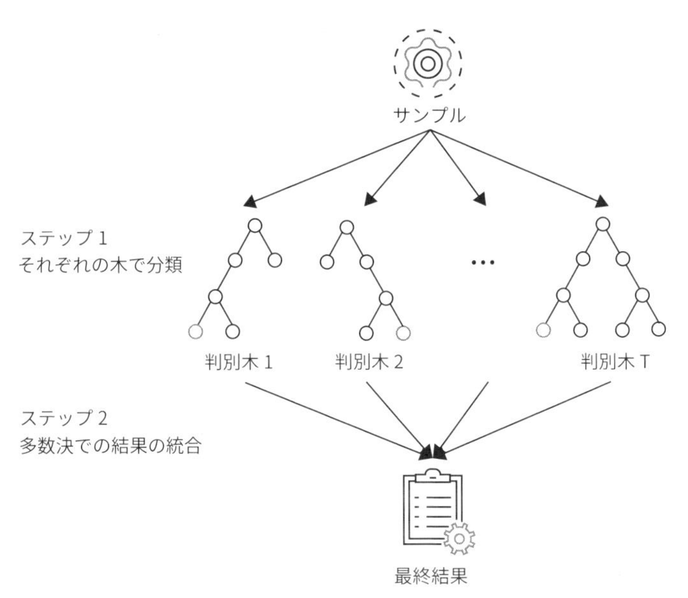

図 5.19 ランダムフォレストの枠組み．多数の判別木を集めて森（フォレスト）にします．最終的な出力は，それぞれの判別木の分類結果の多数決とします．

判別木をバギングの弱分類器として採用したアンサンブル学習アルゴリズムをランダムフォレストとよびます [39]．ブートストラップによってランダムに選択された学習データから多数の判別木を作るので，木（ツリー）が森（フォレスト）になるのです．ランダムフォレストでは，**図 5.19** のようにそれぞれの判別木での分類結果の多数決を最終的な分類結果として出力します．

CARTでは，ジニ不純度の改善度 $\Delta I_G(m)$ を m 番目の変数の重要度としました．ランダムフォレストでは学習させた T 個の CART の改善度から，m 番目の変数の重要度 VI_m を

$$\mathrm{VI}_m = \frac{1}{Z_{\mathrm{VI}}} \sum_{t=1}^{T} \Delta I_G^t(m) \tag{5.51}$$

と定義できます．ここで，t $(t = 1, \ldots, T)$ は学習させた CART の番号で，$\Delta I_G^t(m)$ は t 番目の CART における m 番目の変数のジニ不純度の改善度です．Z_{VI} は，変数重要度を 0 から 1 の値となるように正規化するための定数で

$$\mathrm{VI} = \sum_{m=1}^{M} \sum_{t=1}^{T} \Delta I_G^t(p) \tag{5.52}$$

です．このランダムフォレストの変数重要度は，機械学習モデルの変数選択の基準としても用いることができます．

5.15 ブースティング

ブースティングはバギング同様に，多数の弱分類器を学習させて，それらの出力の多数決を最終的な出力としますが，それぞれの弱分類器を独立して学習させるバギングとは異なり，弱分類器を一つずつ順番に学習させます．このとき**図 5.20**のように，$k+1$番目に学習させる弱分類器は，その前のk番目の弱分類器の学習結果を取り込むようにします．つまり，ブースティングは弱分類器の学習を進めるごとに，その弱点を修正していくというイメー

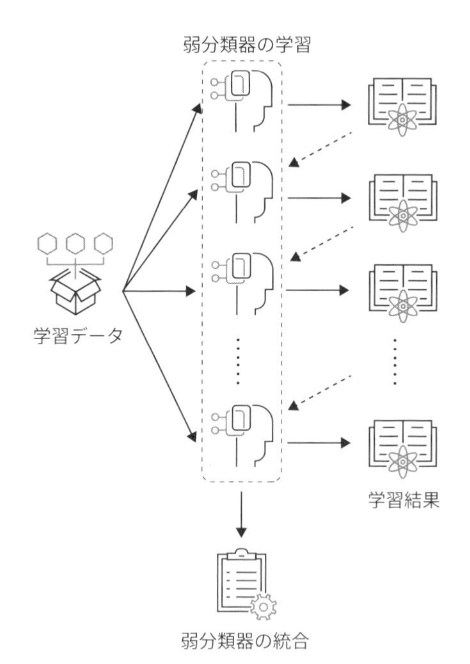

図 5.20　ブースティングでは，弱分類器の学習の際にその前の弱分類器の学習結果を取り込むようにすることで，弱分類器の弱点を修正していきます．最終的に，学習させた複数の弱分類器を一つの分類器として統合します．

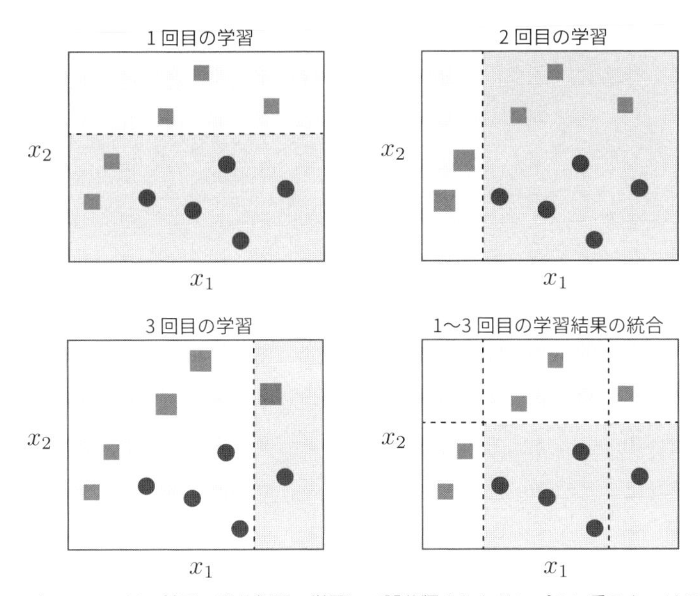

図 5.21　AdaBoost では，前回の弱分類器の学習にて誤分類されたサンプルに重みをつけることで，次の弱分類器ではそれを修正します．最終的に，すべての弱分類器を統合することで，最終的なモデルを得ます．この図の例だと，三つの弱分類器を統合することで，すべての学習データを正しく分類できるモデルができました（右下）．

ジになります [40]．このようにブースティングでは，以前の弱分類器の学習結果を取り込むため，完全にそれぞれの弱分類器の学習が独立しているバギングと比較して，高い性能が得やすいといわれています．

5.15.1　AdaBoost

さまざまなブースティングアルゴリズムが提案されていますが，ここではブースティングアルゴリズムとして最も有名な AdaBoost（Adaptive Boosting）を紹介しましょう [41]．AdaBoost では，k 番目の弱分類器にて誤分類されたサンプルについて，**図 5.21** のように $k+1$ 番目の弱分類器の学習の際に重みをつけることで，$k+1$ 番目の弱分類器ではできるだけ正しく分類されるように学習させます．

AdaBoost にもいくつかのバリエーションがありますが，ここでは AdaBoost.M1 について説明します．これは二値分類向けの AdaBoost に

アルゴリズム 5.2　AdaBoost.M1のアルゴリズム

1: n番目のサンプル$\boldsymbol{x}_n (n = 1, \ldots, N)$の重みを$D_{1,n} = 1/N$に初期化します．
2: **for** $t = 1, \ldots, T$ **do**
3: 　t番目の弱分類器f_tを，J_tを最小化するように学習させます．
4: 　学習させた弱分類器f_tを用いて，$\boldsymbol{x}_n$の推定値$h_{t,n}$を計算します：$h_{t,n} = f_t(\boldsymbol{x}_n)$.
5: 　推定値$h_{t,n}$の重み付き誤分類数ε_tを計算します．
　　　$\varepsilon_t = \sum_{n=1}^{M} D_{t,n} I(h_{t,n})$
6: 　(5.55) 式にて，β_tを更新します．
7: 　(5.56) 式を用いて，重み$D_{t+1,n}$を更新します．
8: **end for**

おいて最も基本的なものです[*21]．

AdaBoost.M1のアルゴリズムを，**アルゴリズム 5.2**に示します．学習データを$\mathcal{D} = \{\boldsymbol{x}_n, y_n\}$ $(n = 1, \ldots, N)$とし，二値分類を考えているので$y_n = \{1, -1\}$とします．

ステップ1では，それぞれの学習サンプル$\boldsymbol{x}_n$の重み$D_{1,n}$を$1/N$に初期化します．その後，ステップ2〜8で，弱分類器の学習を繰り返します．

ステップ3でt $(t = 1, \ldots, T)$番目の弱分類器f_tを学習させるとき，重み付き誤分類数J_tを最小化するようにします．

$$J_t = \sum_{n=1}^{N} D_{t,n} I(h_{t,n}) \tag{5.53}$$

ここで，$h_{t,n}$は$\boldsymbol{x}_n$を入力したときの弱分類器f_tの出力，つまり$h_{t,n} = f_t(\boldsymbol{x}_n)$であり，$I(h_{t,n})$は弱分類器の出力の正誤を示す指示関数です．

$$I(h_{t,n}) = \begin{cases} 1 & (h_{t,n} \neq y_n) \\ 0 & (h_{t,n} = y_n) \end{cases} \tag{5.54}$$

ステップ4と5では，t番目の弱分類器の重み付き誤分類数ε_tを求めます．ステップ6と7で，パラメータβ_tと重み$D_{t,n}$を更新します．

*21　たとえばAdaBoost.M2は多値分類に用いるアルゴリズムですが，二値分類の場合はAdaBoost.M2はAdaBoost.M1に帰着します．

$$\beta_t = \frac{\varepsilon_t}{1 - \varepsilon_t} \tag{5.55}$$

$$D_{t+1,n} = \frac{D_{t,n}}{Z_t} \times \begin{cases} \beta_t & (h_{t,n} \neq y_n) \\ 1 & (h_{t,n} = y_n) \end{cases} \tag{5.56}$$

ここで，Z_tは正規化のための定数です．

最終的な出力yは，入力$\boldsymbol{x}$について，T個の弱分類器f_tの出力結果についての重み付き多数決とします．

$$y = H(\boldsymbol{x}) = \mathop{\arg\max}_{y=\{1,-1\}} \sum_{t|f_t(\boldsymbol{x})=y} \log \frac{1}{\beta_t} \tag{5.57}$$

AdaBoostでも弱分類器として使用するモデルは任意ですが，バギング同様にSVMやCARTなどを用いることができます．

5.16 サンプリング手法とアンサンブル学習の組み合わせ

サンプリング手法とアンサンブル学習は，それぞれ不均衡データに対する独立したアプローチですが，これらを組み合わせて用いることで，より効果的に不均衡データに対処できるようになるのではないかと考えられます．このような方法をハイブリッド手法とよびます．

有名なハイブリッド手法として，RUSBoostがあります．RUSBoostはその名の通り，ランダムアンダーサンプリングとブースティングの組み合わせです．つまり，ブースティングでの学習の繰り返しの際に，多数クラス側のサンプルをランダムアンダーサンプリングで間引いて不均衡度を改善させてから，弱分類器を学習させます [42]．このようにして，不均衡度を改善させてそれぞれの弱分類器を学習させやすくすることで，全体の分類性能が改善すると期待されます．

もちろん，アンダーサンプリングとブースティングを組み合わせるRUSBoostがあれば，オーバーサンプリングであるSMOTEとブースティングを組み合わせたSMOTEBoostもあります [43]．また，ブースティングではなくて，バギングを採用しても構いません．このように，サンプリング手法とアンサンブル学習の組み合わせ方はいろいろとあり，どのような組み合わせがよいかは，実際のデータで試してみないとわかりません．

その中でRUSBoostは，単純ながら比較的高い性能を達成しやすいといわれており，まず最初に試してみてもよいでしょう．

自動化できる作業の条件

AIを使って意志決定を含むさまざまな業務プロセスを自動化したい，というのは多くの現場に共通する要望でしょう．しかしながら，AIに向く作業と向かない作業があり，AIに向かない作業を無理矢理AIで自動化させようとすると，むしろ現場に混乱を招くだけです．では，どのような作業であれば，AIで自動化できるのでしょうか．自動化できる作業の条件として，次の七つが考えられます．

1. 入力と出力が明確であること．
2. 入力と出力が対応付けられたデータが利用可能であること．
3. 入力と出力の関係があまり変化しないこと．
4. 多少の誤差・間違いが許容されること．
5. 判断についての理由や過程を詳細に説明する必要がないこと．
6. 背景知識・常識に基づく思考が必要ないこと．
7. 達成度に対するフィードバックが明確であること．

1と2は機械学習でモデルを学習させるための前提です．入出力関係は明示的に指定しなければなりませんし，入力と出力が対応付けされたデータでないと学習には使えません．

3は学習させたモデルを利用し続けるための条件です．たとえば，どのような装置でも経年による劣化があるわけですが，装置劣化によってモデルを学習させたときの入出力の関係から大幅に変化してしまうと，モデルが適合しなくなります．少なくとも，ある程度の期間は学習させたモデルが使えないと，すぐに再学習が必要となり，多大な手間が発生します．

5〜6は機械学習そのものの制約です．機械学習モデルはどんなに高性能なモデルを学習できたとしても，100％の精度はあり得ません．本書で説明した線形モデルであれば，モデルの中身について考察できますが，一般に機械学習モデルはブラックボックスであり，多くの場合，人間が解釈するのは困難です．なにより，機械は人間にとっては当たり前の常識を理解しません．さらに，常識を含む膨大な知識を学習させるためにデータとして記述させるのも困難です[*22]．

7は，AIに限った話ではありませんが，このような現場の改善活動についてPDCAサイクル[*23]を回すための条件です．評価方法と，それをどのようにフィードバックすればよいのかが明確でないと，継続的な業務プロセスの改善は望めません．

ノーフリーランチ定理

機械学習では，常にこのアルゴリズムを使えばすべての問題を解決できる，という万能なアルゴリズムは存在しません．そのため，対象とする問題についての前提の知識（ドメイン知識）が活用できない場合は，実際にデータを学習させて性能を比較しないと，どのアルゴリズムを選択すればよいのか判明しないことになります．

実はこの万能アルゴリズムが存在しないということは，ノーフリーランチ定理とよばれる定理で示されており，「特定のコスト関数の極値を探索するあらゆるアルゴリズムは，すべてのあり得るコスト関数に適用した結果を平均すると，同じ性能となる」ということを主張しています．ノーフリーランチ定理の主張を**図 5.22**に示しましょう．このように，特定の問題に特化して開発したアルゴリズムと汎用アルゴリズムは，どちらも平均すれば同程度の性能となります．

なぜ，このようなことが起こるのでしょうか．どのアルゴリズムでも必ず何らかの仮説に基づいて設計されています．ここで仮説とは，学習データの性質やモデルの構造のことです．しかし，そのアルゴリズムの仮定がすべての問題に当てはまるわけではなく，当てはまらない場合はどのようにパラメータをチューニングさせても性能が出ません．そのため，**図 5.22**のようにその仮説に該当する問題に対しては高い性能を達成できても，ほかの問題に対しては性能が低いため，平均した性能は汎用アルゴリズムと同程度になってし

*22 エキスパートシステムに注目が集まった第二次人工知能ブームが下火になったのも，膨大な知識を人間が記述して用意することが現実的ではなかったためでした．

*23 PDCAサイクルとは，たとえば品質管理などの業務プロセスの改善方法のことです．Plan（計画）→Do（実行）→Check（評価）→Act（改善）の4段階を繰り返すことで，業務プロセスを継続的に改善します．

まうのです．逆に，ノーフリーランチ定理は，機械学習モデルの学習にはドメイン知識をできるだけ活用すべきであることを示しています[*24]．なお，ノーフリーランチ定理は数理最適化の分野にも登場し，同様に万能の最適化アルゴリズムは存在しないことを示しています．

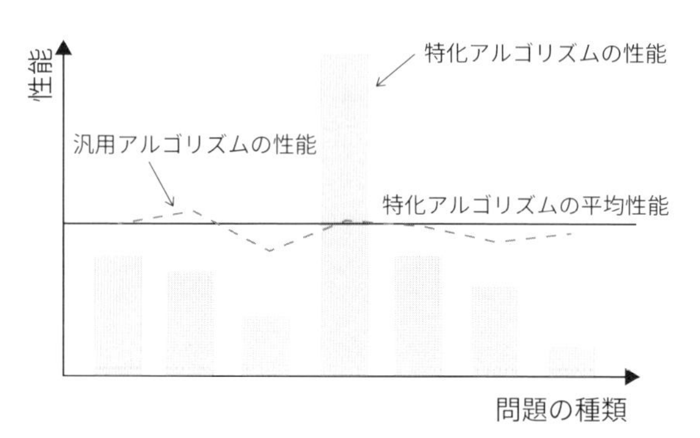

図 5.22　ノーフリーランチ定理の主張．特定の問題に特化したアルゴリズムの性能は，平均すると結局は汎用アルゴリズムと同程度の性能になります．

ところで，ノーフリーランチ定理とは奇妙な名前に思えますが，これには由来があり，ロバート・A・ハインラインのSF小説『月は無慈悲な夜の女王』に登場する“There ain't no such thing as a free lunch.”という格言に依ります[*25]．これは，居酒屋などで「お酒を呑んでくれるお客さんにはランチを無料にします」という宣伝があったとしても，フリーランチの代金は酒代に含まれているので，実際にはフリーランチなんて都合のよいものはない，という意味で，日本語だと「タダより高いものはない」でしょうか．

ともかく，どんな問題でも解ける万能のアルゴリズムという都合のよいものは，この世にはないのです．

*24　ビッグデータが使用できるのであれば，常にニューラルネットワーク/深層学習を用いればいいのではないかと思われるかもしれません．確かに画像認識については，CNN が第一選択となるでしょう．しかし，ニューラルネットワークにもさまざまなネットワーク構造があり，CNN も画像データ以外にも必ずしも適用できる万能のアルゴリズムというわけではありません．そもそも，CNN を選択するのも画像データであるからというドメイン知識を利用したからであると考えられます．

*25　しばしばこの格言は TANSTAAFL と略されます．

5.17 不均衡データにおける性能評価

5.6 節で，分類問題における性能の評価指標を紹介しました．本章の冒頭のクラス$\mathcal{C}_1$，$\mathcal{C}_2$のサンプル数がそれぞれ99と1としたときの例を思い出しましょう．あるモデルが100あるサンプルを，すべてクラス$\mathcal{C}_1$だと分類したとします．このとき，TP: 99，FP: 1，TN: 0，FN: 0となるので

$$\text{感度} = \frac{TP}{TP+FN} = \frac{99}{99+0} = 1 \tag{5.58}$$

$$\text{特異度} = \frac{TN}{FP+TN} = \frac{0}{1+0} = 0 \tag{5.59}$$

$$\text{PPV} = \frac{TP}{TP+FP} = \frac{99}{99+1} = 0.99 \tag{5.60}$$

と極端な結果となります．NPVは分母が0となるため，計算できません．このように，不均衡データでは感度や特異度など，クラスのサンプル数が均衡しているときの分類モデルの評価指標を用いるのは適切ではありません．

そこで不均衡データ解析では，感度と特異度の幾何平均を用いて分類モデルの性能を評価することがあります．

$$\text{G-mean} = \sqrt{\text{感度} \times \text{特異度}} \tag{5.61}$$

感度と特異度のどちらかのみが高くとも，他方が低いと全体としてG-meanは低くなります．G-meanを高くするには，感度と特異度の双方が高い値でないとならないため，不均衡データにおいてもバランスの取れた評価をすることができます．さきほどの例だと，感度は100％ですが特異度が0％であるため，G-meanも0となります．

このように，機械学習モデルの性能を評価する際は，問題に適した指標を選択する必要があります．不均衡データ解析ではPPVやNPVは計算ができないことがあるため，主に感度，特異度，G-meanの組で評価することが多いようです．**プログラム 5.2**に，感度，特異度，G-meanを計算するプログラムを示します．

プログラム 5.2　分類問題の性能

```
1 def calc_score(pred, target):
2   """
3   分類問題の性能を計算します
```

```
4
5    パラメータ
6    -------
7    pred: 予測ラベル
8    target: 正解ラベル
9
10   戻り値
11   -------
12   sensitivity: 感度
13   specificity: 特異度
14   g_mean: G-mean
15   """
16
17   # 真陽性, 真陰性, 偽陽性, 偽陰性
18   TP, TN, FP, FN = 0, 0, 0, 0
19   for i in range(0, len(pred)):
20     # 真陰性
21     if pred[i] == 0 and target[i] == 0:
22       TN += 1
23     # 偽陰性
24     if pred[i] == 0 and target[i] == 1:
25       FN += 1
26     # 偽陽性
27     if pred[i] == 1 and target[i] == 0:
28       FP += 1
29     # 真陽性
30     if pred[i] == 1 and target[i] == 1:
31       TP += 1
32
33   # 感度, 特異度の計算. ゼロ割を考慮して, if文で場合分け
34   if (TP+FN != 0) and (FP+TN != 0):
35     sensitivity = TP/(TP+FN)
36     specificity = TN/(FP+TN)
37     PPV =TP/(TP+FP)
38   else:
39     if TP+FN == 0 and FP+TN == 0:
40       sensitivity = 0
41       specificity = 0
42     elif TP+FN == 0 and FP+TN != 0 :
43       sensitivity = 0
44       specificity = TN/(FP+TN)
45     else:
46       sensitivity = TP/(TP+FN)
47       specificity = 0
48
49    # G-meanの計算
50   g_mean = np.sqrt(sensitivity*specificity)
51
52   return sensitivity, specificity, g_mean
```

5.18 ケーススタディ

それでは，機械学習用のオープンデータのコレクションとして有名なUCI Machine Learning Repository（https://archive.ics.uci.edu/ml/index.php）データを用いて [44]，不均衡データの解析をしてみましょう．このリポジトリには大量のデータセットが登録されていますが，ここでは論文 [45] を参考に，Covertype，Pageblocks，CTG，Abaloneの四つのデータセットをベンチマーク問題として解析します．

5.18.1 データセットの準備

対象とするオリジナルのデータセットは，必ずしも不均衡ではなく，多値分類向けのデータになっています．そこで，データセットを組み替えることで，人工的に2値の不均衡なデータを構築します．

Covertype 地図データをもとに，地表の森林のタイプを推定するためのデータセットで，七つのクラスから構成されています．ここでは“Ponderosa Pine”を多数クラス，“Cottonwood/Willow”を少数クラスとして選択します [29]．

Abalone アワビから測定した値を用いて，アワビの年齢を推定するためのデータセットです．このデータセットでは，1〜29才までのアワビのデータが含まれており，9才と18才を少数クラスとします [46]．

CTG 胎児心拍陣痛図（CGT）[*26]から胎児心拍数（FHR）を予測するデータセットです．FHRには10種類のタイプがありますが，ここではサンプル数の最も少ない“タイプ3”を少数クラスとし，残りを多数クラスとして選択します [47]．

Pageblocks 文章のページレイアウトにおけるブロックレイアウトの種類を分類するデータセットで，五つのクラスで構成されています．ここでは，“グラフィック”を少数クラスとして，それ以外をまとめて多数クラ

*26 CGTとは，胎児心拍数と子宮の収縮圧を時間経過とともに記録したデータです．胎児の心拍数の変動を確認することにより，胎児の中枢神経系や循環系機能を評価することができ，胎児の状態を把握することができます．

スとします [48].

まず，リポジトリから，これらのデータセットをダウンロードします[27]. データセットによっては，ファイルの拡張子が*.dataなどになっていることがありますが，その実体はカンマ区切り形式ですので，拡張子を*.csvと変更することで，Excelなどでファイルを開くことができます．ここではファイルをすべてcsv形式に変換してから，データセットを整理します．

プログラム5.3　データセットの構築

```
import numpy as np
import pandas as pd
import sys
import re # 正規表現を利用するためのライブラリ

# データセットを整理するための関数
def make_dataset(df, num):
  """
  データセットのラベルを整理します

  パラメータ
  -------
  df: データセット
  num: 少数データのラベル

  戻り値
  -------
  df: 多数データを0, 少数データを1としてラベル付けしたデータセット
  """

  for i in range(0, len(df)):
    df_class = df.iloc[i,-1] # データセットの最終列がラベル
      if df_class == num:
        df.iloc[i,-1] = 1 # 少数クラス
      else:
        df.iloc[i,-1] = 0 # 多数クラス

  return df

# Cover_type
# 少数クラス: Cottonwood/Willow(class=4), 多数クラス: Ponderosa ↩
    Pine(class=3)
df1 = pd.read_csv('data/covertype.txt', sep=',', header=None)
df1_major = df1.loc[df1.iloc[:, -1] == 3]
df1_minor = df1.loc[df1.iloc[:, -1] == 4]
```

*27　リポジトリのWebサイト右上の検索窓から，データセット名で検索することができます．

```
35  df1 = pd.merge(df1_major, df1_minor, ↩
        how='outer').reset_index(drop=True)
36  df1 = make_dataset(df1, 4)
37  df1.to_csv('data/cover_type_im.csv', index=None)
38  
39  # Abalone
40  # 少数クラス: 9才, 多数クラス: 18才
41  df2 = pd.read_csv('data/abalone.txt', sep=',', header=None)
42  df2_major = df2.loc[df2.iloc[:, -1] == 9]
43  df2_minor = df2.loc[df2.iloc[:, -1] == 18]
44  df2 = pd.merge(df2_major, df2_minor, ↩
        how='outer').reset_index(drop=True)
45  # 項目''SEX''がカテゴリカル変数なので, 整数値に置換します(Male: 0, ↩
        Female: 1, Infant: 2)
46  df2.replace({'M': 0, 'F': 1, 'I': 2}, inplace=True)
47  df2 = make_dataset(df2, 18)
48  df2.to_csv('data/abalone_im.csv', index=None)
49  
50  # CTG
51  # 少数クラス: type_3(class=3) , 多数クラス: その他
52  df3 = pd.read_csv('data/CTG.csv', sep=',', header=0)
53  df3 = make_dataset(df3, 3)
54  df3.to_csv('data/CTG_im.csv', index=None)
55  
56  # Page-blocks
57  # 少数クラス: graphic(class = 5), 多数クラス: その他
58  df4 = pd.read_csv('data/page-blocks.txt', sep='\s+', header=None)
59  df4 = make_dataset(df4, 5)
60  df4.to_csv('data/page-blocks_im.csv', index=None)
```

これで四つの不均衡なデータができました．それぞれのデータセットのプロフィールを**表 5.1** に示します．#Var，#Minority，#Majority はそれぞれ，入力変数の数，多数クラスと少数クラスのサンプルの数で，Ratio はデータの不均衡度 r です．どのデータも不均衡度は $r < 0.1$ であり，通常の方法ではモデルの学習が困難です．

表 5.1 データセットのプロフィール

Dataset	#Var	#Minority	#Majority	Ratio〔%〕
Covertype	54	2747	35754	7.13
Abalone	8	42	689	5.75
CTG	21	53	2073	2.56
Pageblocks	10	115	5358	2.10

5.18.2　モデルの学習

ここでは，不均衡データ解析アルゴリズムとして，サンプリング手法としてSMOTEとADASYN，アンサンブル学習手法としてRFとAdaBoost，そしてこれらの組み合わせとしてRUSBoostを試してみます．RFとAdaBoostは`scikit-learn`，SMOTE，ADASYN，RUSBoostは`imbalanced-learn`（https://imbalanced-learn.org/）の実装を利用します．

不均衡データの場合は，学習用データと検証用データに入っている少数クラスの組み合わせによって，性能が大きく変動することがあります．そこで，データセットをランダムに10回組み替え，モデルの学習と性能評価を繰り返すことにします．そして最終的な性能は，10回の計算での感度，特異度，G-meanそれぞれの平均値と標準偏差で評価します．

プログラム 5.4の6行目ではCovertypeを読み込んでいますが，ファイル名を変更すれば，対象とするデータセットを変更できます．

プログラム 5.4　データの読込

```
1  import pandas as pd
2  from sklearn.model_selection import KFold
3
4  # Cover-typeを読み込みます.
5  # ファイル名は変更してください.
6  df = pd.read_csv('data/cover_type_im.csv')
```

プログラム 5.5に，RFで学習させる場合のプログラムを示します[*28]．

プログラム 5.5　RFによる学習と性能検証

```
1  from sklearn.ensemble import RandomForestClassifier
2
3  # モデルインスタンス生成
4  model = RandomForestClassifier()
```

*28　**プログラム 5.5**の11行目で，乱数のシードを`random_state=42`に設定しています．これは`scikit-learn`の公式ドキュメントのサンプルで乱数のシードが42になっているためですが，42というのは，ダグラス・アダムスの有名なSF小説『銀河ヒッチハイク・ガイド』に出てくる有名な問題「生命，宇宙，そして万物についての究極の疑問の答え」について，スーパーコンピュータで750万年かけて計算した結果のことです．計算機科学では，42のオマージュを見かけることがあり，元ネタを知っているとニヤリとすることがあります．たとえばGoogleで「生命，宇宙，そして万物についての究極の疑問の答え」を検索すると，この問題の答えを計算してくれます．なお，**プログラム 5.5**で乱数のシードは本質ではありませんので，42から変更していただいて構いません．

```
    
    # 結果をまとめるリスト
    _result_lst = []
    
    # データセットの準備
    # 学習用データと検証用データを10 回ランダムに組み替え
    kf = KFold(n_splits=10, shuffle=True, random_state=42)
    Y = df.iloc[:, -1] # 正解ラベルの抽出
    X = df.drop(df.columns[-1], axis=1) # 正解ラベルの削除
    
    # 学習と検証の繰り返し
    for train_index, test_index in kf.split(X):
        # train データとなる行のみ抽出します
        X_train = X.iloc[train_index, :].values
        # train データの正解ラベル
        Y_train = Y.iloc[train_index]
        # test データの行を抽出します
        X_test = X.iloc[test_index, :].values
        # test データの正解ラベル
        Y_test = Y.iloc[test_index].values
    
        # データの標準化
        # X_train, mean, std = autoscale(X_train)
        # X_test = scaling(X_test, mean, std)
    
        # モデルを学習させます
        model.fit(X_train, Y_train)
    
        # 検証用データのラベルの予測
        Y_pred = model.predict(X_test)
    
        # 性能評価
        sense, spec, g_mean = calc_score(Y_pred, Y_test)
```

AdaBoostおよびRUSBoostを用いる場合は，**プログラム5.5**の冒頭の4行を，それぞれ以下のように書き換えてください．読み込むモジュールと，モデルのインスタンスを変更するだけです．

プログラム5.6 AdaBoostを用いる場合

```
from sklearn.ensemble import AdaBoostClassifier

# モデルインスタンス生成
model = AdaBoostClassifier()
```

プログラム5.7 RUSBoostを用いる場合

```
from imblearn.ensemble import RUSBoostClassifier

```

```
3  # モデルインスタンス生成
4  model = RUSBoostClassifier()
```

SMOTEを用いる場合は，オーバーサンプリングをした後で，判別木を学習させるものとします．そのため，**プログラム5.5**の1〜24行目までを，以下のように書き換えます．

プログラム5.8　SMOTEによるオーバーサンプリング

```
1  from sklearn.tree import DecisionTreeClassifier
2  from imblearn.over_sampling import SMOTE
3  
4  # モデルインスタンス生成
5  ovs = SMOTE(random_state = 42)
6  model = DecisionTreeClassifier()
7  
8  _result_lst = []
9  
10 kf = KFold(n_splits = 10, shuffle = True, random_state = 42)
11 Y = df.iloc[:,-1]
12 X = df.drop(df.columns[-1], axis=1)
13 
14 for train_index, test_index in kf.split(X):
15   X_train = X.iloc[train_index,:].values
16   Y_train = Y.iloc[train_index]
17   X_test = X.iloc[test_index,:].values
18   Y_test = Y.iloc[test_index]
19 
20   # オーバーサンプリング
21   X_train, Y_train = ovs.fit_resample(X_train, Y_train)
```

オーバーサンプリングをした後は，**プログラム5.5**と同じ流れで計算できます．また，ADASYNを用いる場合は**プログラム5.8**の冒頭を以下のように書き換えてください．

プログラム5.9　ADASYNによるオーバーサンプリング

```
1  from sklearn.tree import DecisionTreeClassifier
2  from imblearn.over_sampling import ADASYN
3  
4  # モデルインスタンス生成
5  ovs = ADASYN(random_state = 42)
6  model = DecisionTreeClassifier()
```

5.18.3 モデル学習結果

この問題では，四つの不均衡データに対して，RF，AdaBoost，SMOTE，ADASYN，そしてRUSBoostの五つのアルゴリズムによってモデルを学習させ，その性能を検証しました．結果を**表5.2**に示します．

この表より，Covertypeはどのアルゴリズムを用いても，いずれの指標を見てもバランスのとれたよい性能を達成できていることがわかります．Abaloneは，アンサンブル学習であるRFとAdaBoostにおいて特異度はほぼ1であるにもかかわらず感度が低く，そのためG-meanが低くなっています．さらに，それぞれの指標の標準偏差が大きく，これは少数クラスのサンプルが学習データ，検証用データにどのように分布するかによって性能が変化してしまうという，不均衡データでありがちな状況です．Abaloneについては，オーバーサンプリングを用いているSMOTEやADASYNでも，改善することはないようです．それでも，サンプリング手法とアンサンブル学習を組み合わせたRUSBoostでは，多少の性能改善が見られています．Abaloneはデータそのものの問題として，どのアルゴリズムを用いても，予測性能が得られにくいのでしょう．

CTGとPageblocksの結果は，類似の傾向にあります．アンサンブル学習のRFとAdaBoostでは，やはり特異度は1ですが，感度がやや低くなっています．SMOTEやADASYNは特異度をほぼ1に維持したまま，ある程度，感度を改善できており，オーバーサンプリングが有効だと思われます．と

表5.2 モデル学習結果

		RF	AdaBoost	SMOTE	ADASYN	RUSBoost
Covertype	感度	0.86 ± 0.03	0.67 ± 0.03	0.89 ± 0.03	0.89 ± 0.02	0.92 ± 0.02
	特異度	1.00 ± 0.00	0.99 ± 0.00	0.99 ± 0.00	0.99 ± 0.00	0.91 ± 0.01
	G-mean	0.92 ± 0.01	0.81 ± 0.02	0.94 ± 0.01	0.94 ± 0.01	0.92 ± 0.01
Abalone	感度	0.12 ± 0.18	0.26 ± 0.22	0.41 ± 0.28	0.34 ± 0.31	0.52 ± 0.22
	特異度	1.00 ± 0.00	0.99 ± 0.01	0.90 ± 0.04	0.89 ± 0.03	0.87 ± 0.04
	G-mean	0.21 ± 0.29	0.42 ± 0.30	0.53 ± 0.31	0.47 ± 0.30	0.63 ± 0.24
CTG	感度	0.56 ± 0.33	0.54 ± 0.26	0.74 ± 0.15	0.67 ± 0.16	0.74 ± 0.24
	特異度	1.00 ± 0.00	0.99 ± 0.00	0.98 ± 0.01	0.99 ± 0.01	0.97 ± 0.01
	G-mean	0.66 ± 0.36	0.69 ± 0.27	0.85 ± 0.09	0.81 ± 0.09	0.83 ± 0.15
Pageblocks	感度	0.64 ± 0.12	0.61 ± 0.15	0.67 ± 0.18	0.69 ± 0.16	0.77 ± 0.14
	特異度	1.00 ± 0.00	1.00 ± 0.00	0.99 ± 0.00	0.99 ± 0.01	0.96 ± 0.01
	G-mean	0.79 ± 0.07	0.77 ± 0.09	0.81 ± 0.10	0.82 ± 0.10	0.86 ± 0.08

くにCTGでは，SMOTEが最も高いG-meanを達成しています．一方で，Pageblocksの結果では，RUSBoostのG-meanが最も高く，サンプリング手法とアンサンブル学習との組み合わせの効果が確認できます．

この結果から，不均衡データ解析においては，確かにサンプリング手法とアンサンブル学習を組み合わせることには意味はあるようです．したがって，RUSBoostをまず試すことは，必ずしも悪い方策ではありません．しかし，いつもサンプリング手法とアンサンブル学習を組み合わせることが，ベストとは限られないことに注意が必要です．この例のCTGのように，データによってはサンプリング手法だけでも十分な性能が得られる，または最もよい性能を達成することがあります．どのアルゴリズムを選択するかは，対象データに応じてしっかりと吟味し，比較しなければなりません．

第5章のまとめ

本章では，分類問題と，分類問題においてそれぞれのクラスのサンプルの数が著しく不均衡な場合，学習にどのような工夫をするとよいのかについて，説明しました．5.8節でも説明したように，サンプルの数が不均衡であると学習結果が大きく歪んでしまいます．したがって，分類モデルを学習させる場合は，事前にクラスごとにサンプルがどの程度利用できるかについて確認し，必要であれば不均衡データに対応できる方法を試すようにしましょう．

不均衡データを扱うためのサンプリング手法は，サンプル数を同じぐらいに揃えてからモデルを学習させる方法で，多数クラスのサンプルを間引くアンダーサンプリング，少数クラスのサンプルを仮想的に増やすオーバーサンプリング，そしてこれらを組み合わせて用いる方法があります．

一方，バギングやブースティングなどのアンサンブル学習は，不均衡データからの学習に有効であることが知られており，サンプリング手法と組み合わせて使われることがあります．いろいろな組み合わせが考えられますが，まずはランダムアンダーサンプリングとブースティングを組み合わせたRUSBoostから，試してみるとよいでしょう．

第6章 異常検知問題

前章では，特定のクラスのサンプル数が稀少である不均衡データの取り扱いについて紹介しました．不均衡データでは，多数クラスのサンプル数に比べて少数クラスのサンプルは著しく少ないけれど，多少の少数クラスのサンプルも学習に使える，という前提がありました．しかしながら，本章で扱う異常検知では，少数クラスのサンプルを学習に一切使いません．装置の故障や災害などの異常が，学習に使えるほど頻繁に発生してもらっては困るので，そのようなサンプルは使えないことを前提とします．

そのため異常検知では，正常時のデータだけから正常データと異常データを識別することになります．つまり，正常データの特徴を学習させ，明らかに正常データとは異なる特徴のデータが観測されたときに異常であると判定します．正常データの特徴としてどのようなものを考えるかで，異常検知にもさまざまなアルゴリズムがあります．ここでは，サンプルの分布の局所的な密度に基づく方法と，判別木に基づく方法，そして変数間の相関関係に基づく方法について紹介します．

6.1 局所外れ値因子法（LOF）

局所外れ値因子法（Local Outlier Factor; LOF）は，サンプル分布の密度に着目することによって，異常サンプルを検知する方法です [49]．異常であるかどうかを判定したいサンプルの周囲に仲間であるほかのサンプルがたくさんあれば，そのサンプルは正常だと考えられ，仲間外れ，つまり周囲にほかのサンプルがあまり存在しない場合は異常だとみなす方法です．通常，観測したサンプルの分布はムラがあり，一様に分布していません．そこでLOFは，サンプル分布のムラを考慮するために，局所密度という考え方を導入します．

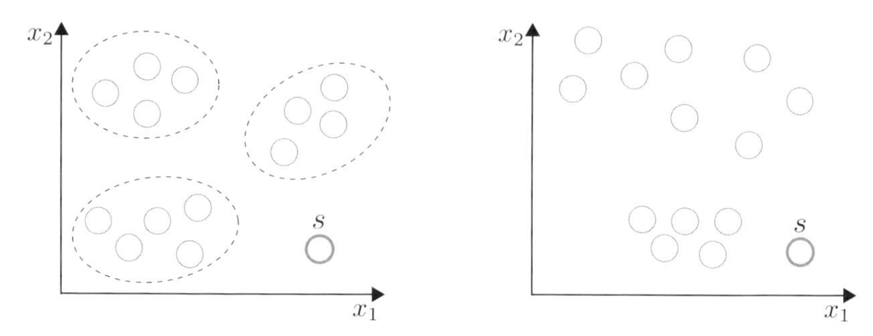

図 6.1　左図では，クラスタのサンプル密度が同程度であり，クラスタとは離れたところにサンプル s が一つだけ孤立しているので，この s は異常なサンプルである可能性があります．しかし，右図ではクラスタのサンプル密度が異なっており，下のクラスタの密度を基準とすると，s はクラスタから離れているので異常なサンプルですが，上のクラスタは疎であるので，この程度離れていても正常ではないかと思えます．このように，クラスタのサンプル密度が異なると，単純にサンプルの密度だけで正常と異常を判定するのは困難です．

6.1.1　局所密度

まず，局所的なサンプルの密度とはどのようなものであるか説明します．**図 6.1** を見てみましょう．左図では，同程度のサンプル密度の集団（クラスタ）が複数あり，それらクラスタとは離れたところにサンプル s が一つだけ孤立しています．この場合，s は孤立してどのクラスタにも属していないと判断しても差し支えないでしょう．このようなサンプルは外れ値であり，異常なサンプルである可能性があります．

では，**図 6.1**（右）はどうでしょうか？ 上側と下側に二つのクラスタがありますが，上のクラスタはサンプルがばらついており，下のクラスタはサンプルが密に固まっています．このとき，サンプル s は異常だといえるでしょうか？ 下のクラスタを基準とすると，s はクラスタから離れているので異常なサンプルであるように思えます．ところが，上のクラスタのサンプルの散らばり具合からすると，この程度クラスタから離れていても正常な範疇にはいるのではないかと考えられます．

このように，クラスタのサンプル密度が一様でない場合に，単純にサンプルの密度だけで正常と異常の判定をしようとすると，うまくいかないことがあります．**図 6.1**（右）は，s の近傍サンプルを探すと，近傍サンプルで密度が異なることが問題でした．そこで，着目するサンプルの k 個の近傍のサンプルの，近傍サンプル周囲の k 個のサンプルまでを含む密度を考えます．こ

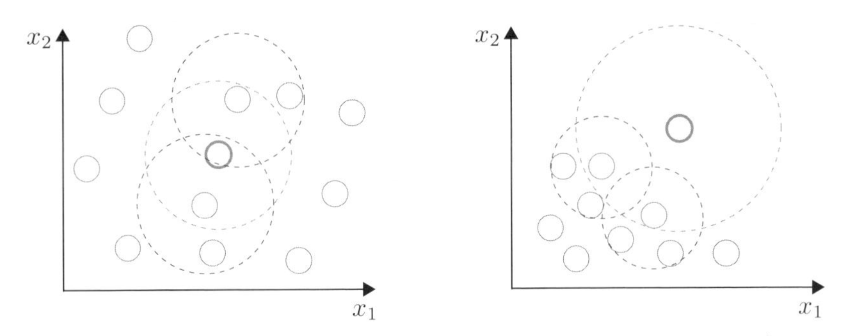

図 6.2 左図は一様にサンプルが分布していますが，右図では着目するサンプルの周囲は疎であり，その近傍のサンプルは密になっています．$k=2$として，着目するサンプルを中心として近傍のサンプルが入るように円を描き，さらに近傍サンプルの$k=2$個の近傍サンプルを含む円を描きます．すると左図では円の大きさはあまり違いがありませんが，右図では着目するサンプルについての円だけが大きくなることがわかります．この円の大きさが，局所密度と反比例します．

れを局所密度とよびます．

図 6.2では，左図は一様にサンプルが分布している状況ですが，右図では着目するサンプルの周囲ではサンプルが疎であり，一方でその近傍のサンプルは密になっています．それぞれの場合で，サンプルの近傍の局所密度を比較しましょう．左図では，近傍の別のサンプルの局所密度と同程度ですので，着目したサンプルは正常なサンプルだと判断できます．右図は着目するサンプルの局所密度は周囲と比べて低く，異常なサンプルではないかと考えられます．このように局所密度，つまり近傍サンプルのその周囲のサンプル密度まで考慮することで，クラスタのサンプル密度が異なる場合でも対処できるようになります．

図 6.3は，$k=2$として局所密度の考え方を**図 6.1**（右）に適用した結果です．この場合，sの近傍サンプルは下側のクラスタに属し，そして下側のクラスタでの局所密度はsの局所密度よりも高いので，sは異常であると判定されます．

6.1.2 到達可能性距離

局所密度のアイデアを定式化します．$k-\mathrm{dist}(\boldsymbol{x}_j)$を$j$番目のサンプル$\boldsymbol{x}_j$の$k$番目の近傍サンプルまでの距離とし，$\boldsymbol{x}_j$の$k$個の近傍サンプルの集合を$N_k(\boldsymbol{x}_j)$とします．ここで，サンプル$\boldsymbol{x}_i$の$\boldsymbol{x}_j$からの到達可能性距離

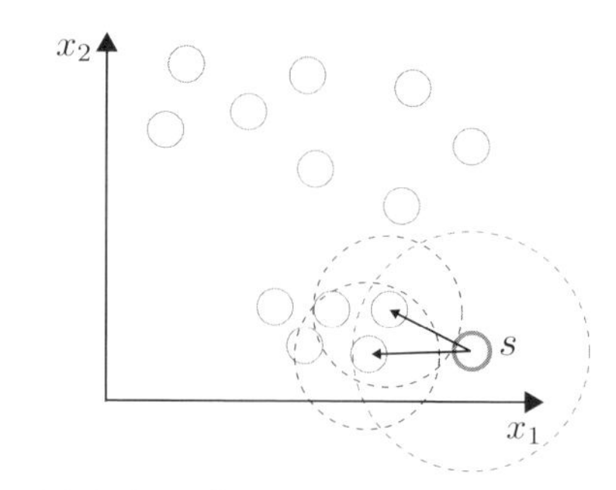

図 6.3　**図 6.1**（右）に局所密度（$k=2$）の考え方を適用した結果．sを中心としてsの近傍の二つのサンプルが入るように円を描きます．さらにsの近傍のサンプルの近傍の二つのサンプルを含む円を描くと，サンプルsの近傍を表す円よりもずっと小さくなっていることがわかります．したがって，sは異常であると判定できます．

$\mathrm{RD}_k(\boldsymbol{x}_i, \boldsymbol{x}_j)$を次式で定義します[*1]．

$$\mathrm{RD}_k(\boldsymbol{x}_i, \boldsymbol{x}_j) = \max\{k - \mathrm{dist}(\boldsymbol{x}_j), d(\boldsymbol{x}_i, \boldsymbol{x}_j)\} \tag{6.1}$$

ここで，$d(\boldsymbol{x}_i, \boldsymbol{x}_j) = \|\boldsymbol{x}_i - \boldsymbol{x}_j\|$です．つまりサンプル$\boldsymbol{x}_i$の$\boldsymbol{x}_j$からの到達可能性距離は，$k - \mathrm{dist}(\boldsymbol{x}_j)$と，$\boldsymbol{x}_i$-$\boldsymbol{x}_j$間の距離の大きい方になり，$N_k(\boldsymbol{x}_j)$内のサンプルはすべて等距離として扱われます[*2]．$\boldsymbol{x}_i$よりも$\boldsymbol{x}_j$周辺のサンプルの密度が大きい場合，**図 6.4**（左）のように，$\mathrm{RD}_k(\boldsymbol{x}_i, \boldsymbol{x}_j) = d(\boldsymbol{x}_i, \boldsymbol{x}_j)$です．一方で，**図 6.4**（右）では$\boldsymbol{x}_i$の方が$\boldsymbol{x}_j$周辺のサンプルの密度よりも大きいため，$\mathrm{RD}_k(\boldsymbol{x}_i, \boldsymbol{x}_j) = k - \mathrm{dist}(\boldsymbol{x}_j)$となります．

次に，サンプル$\boldsymbol{x}_i$の局所到達可能性密度を

$$\mathrm{LRD}_k(\boldsymbol{x}_i) = \left(\frac{\sum_{\boldsymbol{x}_j \in N_k(\boldsymbol{x}_i)} \mathrm{RD}_k(\boldsymbol{x}_i, \boldsymbol{x}_j)}{N_k(\boldsymbol{x}_i)} \right)^{-1} \tag{6.2}$$

で定義します．これは，サンプル$\boldsymbol{x}_i$の近傍サンプルからの到達可能性距離の平均の逆数になっています．そして，LOFでは局所到達可能性密度をその近傍サンプルとで比較することで，異常であるかを判定します．LOFでの異常スコアの定義は

[*1] 到達可能性距離は$\boldsymbol{x}_i$の近傍サンプルから，$\boldsymbol{x}_i$に到達する距離です．$\boldsymbol{x}_i$から近傍への距離ではないことに注意が必要です．

[*2] 到達可能性距離は，サンプル$\boldsymbol{x}_i$と$\boldsymbol{x}_j$について対称ではないため，正確には“距離”の定義を満たしていません．

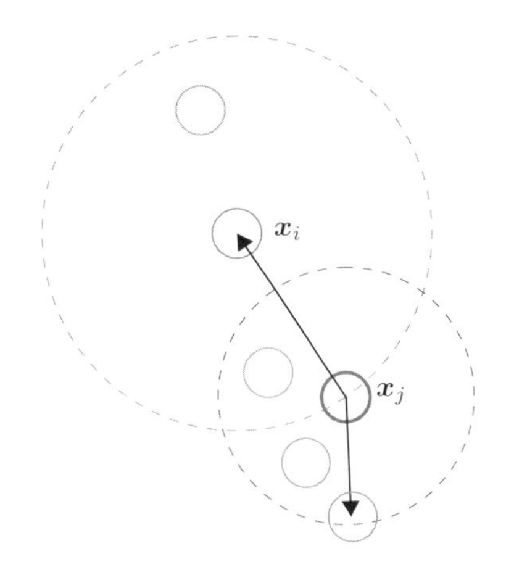

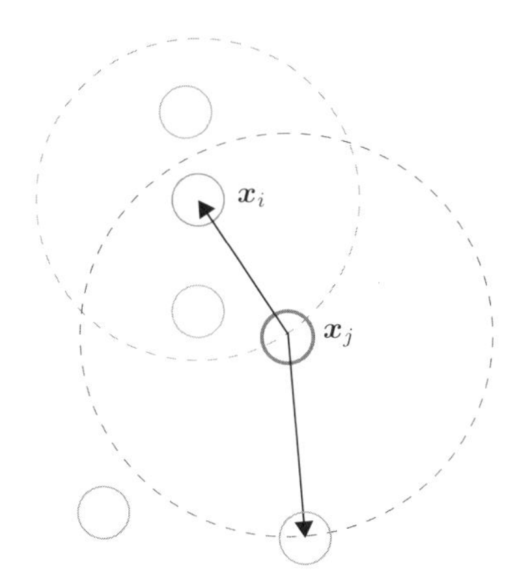

図 6.4 $k = 3$としたときの，サンプル$\boldsymbol{x}_i$の到達可能性距離．左図は$\boldsymbol{x}_i$よりも$\boldsymbol{x}_j$周辺のサンプルの密度が大きいため，$\mathrm{RD}_k(\boldsymbol{x}_i, \boldsymbol{x}_j) = d(\boldsymbol{x}_i, \boldsymbol{x}_j)$となります．右図では，$\boldsymbol{x}_i$の方が$\boldsymbol{x}_j$周辺のサンプルの密度よりも大きいので，$\mathrm{RD}_k(\boldsymbol{x}_i, \boldsymbol{x}_j) = k - \mathrm{dist}(\boldsymbol{x}_j)$となります．この図を見ることで，到達可能性という言葉の意味がわかるのではないでしょうか．

$$\mathrm{LOF}_k(\boldsymbol{x}_i) = \frac{\sum_{\boldsymbol{x}_j \in N_k(\boldsymbol{x}_i)} \mathrm{LRD}(\boldsymbol{x}_j)}{|N_k(\boldsymbol{x}_i)|} / \mathrm{LRD}(\boldsymbol{x}_i) \tag{6.3}$$

となります．このスコアは，$\boldsymbol{x}_i$の近傍サンプルの局所到達可能性密度の平均を，$\boldsymbol{x}_i$の自身の局所到達可能性密度で割ったものです．したがって，$\mathrm{LOF}_k(\boldsymbol{x}_i)$が1に近いとき，$\boldsymbol{x}_i$の局所密度はその近傍と同程度なので，正常であるとみなされます．一方で，$\mathrm{LOF}_k(\boldsymbol{x}_i)$が1を大きく上回るとき，異常であると判定されます．

実際には，$\mathrm{LOF}_k(\boldsymbol{x}_i)$にあらかじめ管理限界$\overline{\mathrm{LOF}}$を設定しておき，$\overline{\mathrm{LOF}}$を越えた場合に異常なサンプルとして検出します．また，近傍の数kはハイパーパラメータとなります[*3]．

*3 Pythonでは，LOFは`sklearn.neighbors.LocalOutlierFactor`で利用できます．MATLABではLOFは，2022年1月現在で公式にはサポートされていませんが，GitHubなどで有志が開発したToolboxが公開されています．たとえばhttp://dsmi-lab-ntust.github.io/AnomalyDetectionToolbox/などがあります．

6.2 アイソレーションフォレスト

5.14 節では，ランダムフォレスト（RF）を紹介しました．RF は判別木をバギングによってアンサンブル化した方法でしたが，この RF の枠組みを異常検知に活用した方法がアイソレーションフォレスト（Isolation Forest; iForest）です[50].

iForest では，まず正常データから RF 同様に複数の判別木を学習させます．正常データは判別木のルートから遠い枝の部分で分類されると期待されます．つまり正常データは類似のサンプルが多いため，さまざまな条件で比較して分岐させていかないと分類できません．一方で，正常データとは明らかに異なる性質を有している異常データは，類似のサンプルがまったく存在しないか非常に数が少ないために，多くの条件で比較しなくても分類できると考えられます．つまり，**図 6.5** のように，異常なサンプルは木のルートに近い部分で分離（アイソレーション）されると考えられます．

このように，判別木ではルートからの分離ノードの距離 $h(\boldsymbol{x})$ が異常の度合いを表しているとし，$h(\boldsymbol{x})$ が小さいほど異常度が高いと考えることができます．ここで $\boldsymbol{x}$ は，正常であるか異常であるかを判定したいサンプルです．iForest では複数の判別木を学習させているので，単純に $h(\boldsymbol{x})$ の平均値を考えれば，それで異常が検知できると考えられます．しかし，木の深さはそれぞれで異なるため，単純な平均値では異常スコアをうまく定義できませ

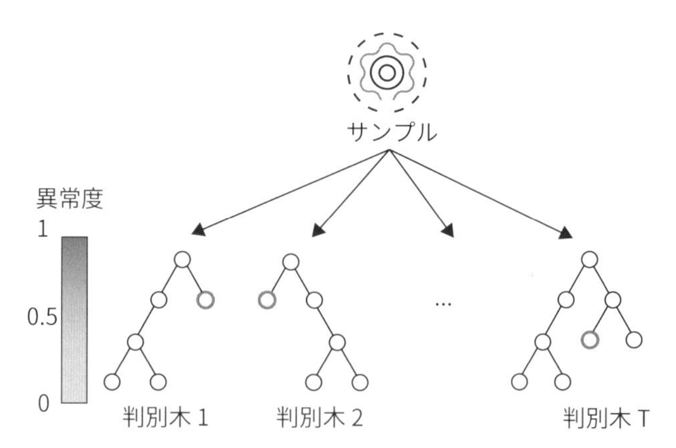

図 6.5　iForest の概要．異常なサンプルは，判別木のルートに近い部分で分離されると期待されます．

ん．CARTのような二分木の場合，学習に用いたサンプルの数がnのとき，木の平均深さは$\log n$に比例します[*4]．

理論的な解析によると，二分木において間違って分類してしまうときの，すべての木におけるルートから分離ノードまでの平均的な距離は

$$c(n) = 2H_{n-1} - \frac{2(n-1)}{n} \tag{6.4}$$

となることが知られています．ここで，H_n は n 番目の調和数で[*5]，$H_n \sim \ln(n) + \gamma$で近似できます．$\gamma = 0.57721\cdots$ はオイラーの定数です[*6]．

$c(n)$を用いて，iForestの異常スコア$s(\boldsymbol{x}, n)$を定義します．

$$s(\boldsymbol{x}, n) = 2^{-E(h(\boldsymbol{x}))/c(n)} \tag{6.5}$$

ここで$E(h(\boldsymbol{x}))$は，iForestで学習させた判別木の集合から計算された$h(\boldsymbol{x})$です[*7]．$E(h(\boldsymbol{x}))$によるスコア$s(\boldsymbol{x}, n)$の挙動を確認しましょう．

- $E(h(\boldsymbol{x})) \longrightarrow 0$のとき，$s \longrightarrow 1$.
- $E(h(\boldsymbol{x})) \longrightarrow c(n)$のとき，$s \longrightarrow 0.5$.
- $E(h(\boldsymbol{x})) \longrightarrow n-1$のとき，$s \longrightarrow 0$.

となるので，$s(\boldsymbol{x}, n)$は$E(h(\boldsymbol{x}))$について単調に減少し，その範囲は$[0,1]$です．$E(h(\boldsymbol{x}))$は，判別木のルートから分離ノードまでの平均的な距離であり，距離が小さいほど異常であると考えられるのでした．したがって

- $s(\boldsymbol{x}, n)$が1のとき，$\boldsymbol{x}$は異常.

---

*4　$\log x$は10を底とする常用対数で，$\ln x$はネイピア数eを底とする自然対数です．しかし，計算量などの見積もりでは対数の底をいくつにするかは，本質的な問題ではありません．

*5　n番目の調和数とは，1からnまでの自然数の逆数の和$H_n = 1 + 1/2 + 1/3 + \cdots + 1/n = \sum_{k=1}^{n} 1/k$で，数学では重要な数です．調和数の極限を調和級数とよび，数論など数学のさまざまな場面で登場します．

*6　オイラーの定数γとは，調和級数と対数関数との差です．調和級数が発散するという事実は微分積分学の初歩ですが，オイラーは調和級数の増加が極限において対数関数に等しいことを証明しました．つまり，調和級数と対数関数との差はある定数に収束し，これをオイラーの定数とよびます．

*7　少しややこしいですが，$c(n)$はありとあらゆる判別木の構造を想定したときの理論的に計算される$h(x)$の平均で，学習サンプルの数nだけで決まります．それに対して，$E(h(\boldsymbol{x}))$は実際の学習結果から求めた$h(x)$の平均です．

- $s(\boldsymbol{x}, n)$が0.5以下のとき，$\boldsymbol{x}$は正常.

と判断することができます．実際は$s(\boldsymbol{x}, n)$に閾値を設定して，閾値を超過した場合に異常であると判定します[*8].

6.3 多変量統計的プロセス管理（MSPC）

多変量統計的プロセス管理（Multivariate Statistical Process Control; MSPC）は，第2章で説明した主成分分析（PCA）に基づいた手法です．LOFはサンプルの密度，つまりサンプル間の距離を特徴として異常を検出する方法ですが，MSPCは変数間の相関関係の変化に着目します．つまり，MSPCは異常が発生した場合は変数間の相関関係が変化すると仮定し，この相関関係の変化を監視する方法です [51, 52].

6.3.1　USPCとMSPC

異常を検出する最も単純な方法は，上下限制約を変数ごとに設定してそれぞれ独立して監視することで，上下限制約を逸脱した変数があると異常が発生したとみなします．これを単変量統計的プロセス管理（Univariate Statistical Process Control; USPC）とよびます．

健康診断はUPSCとして理解することができます．健康診断の血液検査のそれぞれの項目には，至適範囲が定められています．検査値から至適範囲を逸脱すると，何か身体に異常があると疑われて，精密検査を受けることになります．しかし，USPCでは隠れた異常が発見できるとは限りません．このことを第2章でも登場した体型の例を用いて，説明しましょう．

図6.6（中央）の四角は身長と体重にそれぞれ上下限制約を設定した場合の正常範囲を示しています．USPCではこの四角の中にサンプルがあれば，正常であると判定されます．×は肥満および痩せすぎの人たちを表していますが，この人たちは身長と体重の上下限制約を逸脱していないので正常体型であると判定されます．☆の人は標準的な体型と比較すると大柄ですが，身長と体重のあるべき関係からすると異常とはいえません．

*8　Pythonでは，iForestは`sklearn.ensemble.IsolationForest`で利用できます．MATLABではStatistics and Machine Learning Toolboxに実装があります．

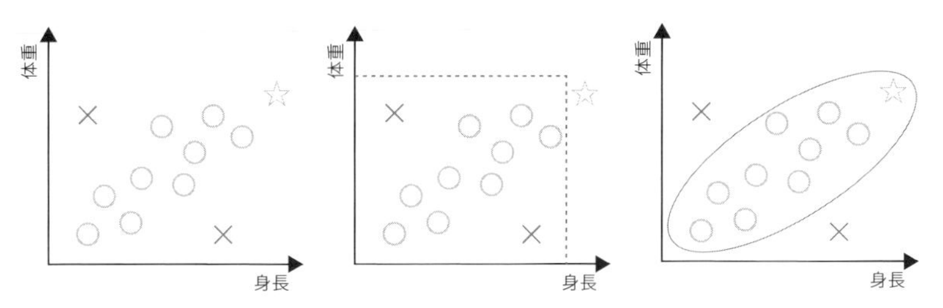

図 6.6　左図はいろいろな人の身長と体重をプロットしたグラフです．×は肥満および痩せすぎの人たちで，☆の人は大柄ですが，正常な体型です．肥満および痩せすぎの人たちを，どのようにすれば異常体型だと判定できるでしょうか？ 中央の図では，身長と体重にそれぞれ上下限制約を設定した場合ですが，×の人たちは上下限制約を逸脱していないので正常体型と判定され，☆の人は身長が上下限制約を逸脱しているため，異常だと判定されます．一方で，右図のように，身長と体重の間に正の相関関係を考慮して楕円型の正常範囲を設定すれば，☆の人を正しく正常と判定し，×の人を異常と判定することができます．このように変数間のあるべき相関関係に着目して異常を検知する方法が，MSPC です．

しかし，USPCでは☆の人は身長と体重の上下限制約を逸脱しているために，異常と判定されてしまいます．むしろ，異常と判定されなければならないのは×の肥満や痩せすぎの人たちのはずです．☆の人を正しく正常と判定し，×の人を異常と判定するのはどうすればよいでしょうか．

身長と体重の間に正の相関関係があるのは，既知です．そこで，変数の正常範囲を四角で表される上下限制約として設定するのではなく，**図 6.6**（右）のような楕円型の正常範囲を設定します．この楕円は正常な体型における身長と体重の間の相関関係を表しています．そして，サンプルがこの楕円の中にあるか外にあるかで正常であるか異常であるかを判定します．

このように楕円型の正常範囲を設定することで，☆の人を正しく正常と判定し，×の人を異常と判定することができました．MSPCでは，このように変数間のあるべき相関関係に着目して，サンプルの変数間の相関関係があるべき関係から逸脱した場合に異常であると判定します．

この例は身長と体重からなる2次元データですので，図のように可視化して楕円型の正常範囲を描くことができます．しかしながら，一般にデータは多くの変数からなり，3次元以上のデータは図のように可視化することはできません．また，楕円も高次元では楕円体というラグビーボール状の領域になりますが，サンプルが楕円体の内側にあるか外側にあるかを判定するのも容易ではありません．そこで，機械学習の登場となります．

PCAを用いることで，データの変数間の相関関係を主成分という形で抽出することができます．そこでMSPCでは，まず正常データを収集して，PCAによって正常データの主成分を抽出します．この主成分が，正常データのあるべき相関関係のモデルです．そして，MSPCでは楕円型の正常範囲ではなく，定量的な異常度を表す指標であるT^2統計量およびQ統計量を用いて異常を検出します [53][*9].

6.3.2　T^2統計量とQ統計量

ここでは，2.12節で説明した特異値分解（SVD）によってPCAを表現しましょう．正常なサンプルを収集して構築した正常データ行列を$\boldsymbol{X}$とすると，$\boldsymbol{X}$はSVDによって

$$\begin{aligned}\boldsymbol{X} &= \boldsymbol{U\Sigma V}^\top \\ &= \begin{bmatrix}\boldsymbol{U}_R & \boldsymbol{U}_0\end{bmatrix}\begin{bmatrix}\boldsymbol{\Sigma}_R & \boldsymbol{0} \\ \boldsymbol{0} & \boldsymbol{\Sigma}_0\end{bmatrix}\begin{bmatrix}\boldsymbol{V}_R & \boldsymbol{V}_0\end{bmatrix}^\top\end{aligned} \tag{6.6}$$

と分解できます．ここで，Rは採用する主成分数，0は採用されなかったR番目以降のマイナな主成分です．$\boldsymbol{U}$，$\boldsymbol{\Sigma}$，$\boldsymbol{V}$はそれぞれ左特異ベクトル，特異値を対角に並べた行列，右特異ベクトルで，PCAにおけるローディング行列は右特異ベクトル$\boldsymbol{V}_R$です．主成分数Rは，2.10節で紹介した寄与率を参考にして決定することができます．$\boldsymbol{V}_R$の列空間が主成分の張る部分空間Πであり，このΠが正常データのあるべき変数間の相関関係を表現しています．

主成分得点行列$\boldsymbol{T}_R$は

$$\boldsymbol{T}_R = \boldsymbol{X}\boldsymbol{V}_R \tag{6.7}$$

ですが，オリジナルの正常データ行列は2.11節で説明したように，$\boldsymbol{X}$は$\boldsymbol{T}_R$の線形変換によって復元できます．

$$\hat{\boldsymbol{X}} = \boldsymbol{T}_R\boldsymbol{V}_R^\top = \boldsymbol{X}\boldsymbol{V}_R\boldsymbol{V}_R^\top \tag{6.8}$$

したがって，採用しなかった第$R+1$主成分以降のマイナな主成分が持って

*9　T^2はT二乗ではなく，Tスクエアと読みます．Qはそのままキューと読みます．

いた情報の“絞りかす”である残差は[*10]

$$\boldsymbol{E} = \boldsymbol{X} - \hat{\boldsymbol{X}} = \boldsymbol{X}\left(\boldsymbol{I} - \boldsymbol{V}_R \boldsymbol{V}_R^\top\right) \tag{6.9}$$

と計算されます．これを用いて，Q統計量は以下で定義されます．

$$Q = \sum_{m=1}^{M} (x_m - \hat{x}_m)^2 = \boldsymbol{x}^\top \left(\boldsymbol{I} - \boldsymbol{V}_R \boldsymbol{V}_R^\top\right) \boldsymbol{x} \tag{6.10}$$

ここで，$\boldsymbol{x}$は正常であるか異常であるかを判定したい監視対象のサンプルです．

さらに，T^2統計量は次式で定義されます[*11]．

$$T^2 = \sum_{r=1}^{R} \frac{t_r^2}{\sigma_{t_r}^2} = \boldsymbol{x}^\top \boldsymbol{V}_R \boldsymbol{\Sigma}_R^{-2} \boldsymbol{V}_R^\top \boldsymbol{x} \tag{6.11}$$

ここで，σ_{t_r}は第r主成分における主成分得点の標準偏差です．

T^2統計量とQ統計量は，どのような意味があるのでしょうか？ **図 6.7**は，3次元空間において主成分の数を$R = 2$としたときのT^2統計量とQ統計量を図示したものです．この図で2次元平面は主成分の張る部分空間Π，つまり正常データのあるべき変数間の相関関係を示しています．図中の丸は監視対象のサンプル$\boldsymbol{x}$で，$\boldsymbol{x}$からΠへの垂線の足を$\hat{\boldsymbol{x}}$とします．

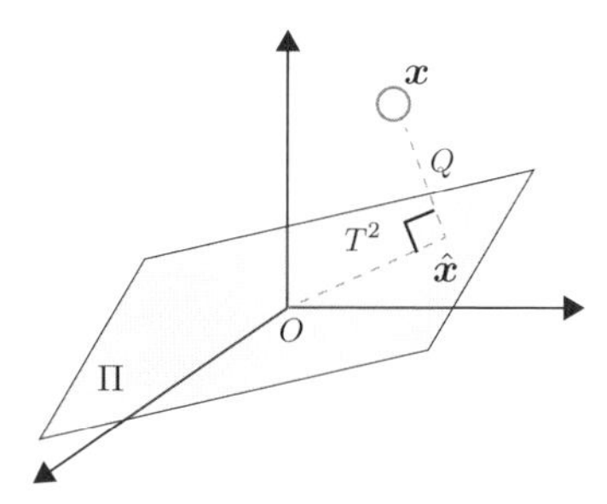

図 6.7 T^2統計量とQ統計量の幾何学的な意味．図中の平面は，正常データのあるべき変数間の相関関係を表している主成分の張る部分空間Πです．T^2統計量は，図中丸のサンプル$\boldsymbol{x}$の垂線の足$\hat{\boldsymbol{x}}$の原点からの正規化距離であり，Q統計量は$\boldsymbol{x}$のΠへの垂線の長さとして定義されます．両者ともに値が小さい方が正常に近いことを意味します．

*10 2.11節で，第$R+1$主成分以降の情報の絞りかすである$\boldsymbol{E}$にも，重要な使い途があると述べていたことを思い出してください．

*11 T^2統計量は，正確にはホテリングのT^2統計量とよびます．ホテリングはPCAの提案者です [54]．

T^2統計量は，**図6.7**のように，主成分の張る部分空間Πにおける$\hat{\boldsymbol{x}}$のそれぞれの主成分得点の標準偏差で正規化した原点からの距離です[*12]．PCAでは必ずデータの平均をゼロに中心化していますので，Πの原点とは，データの平均値のことです．つまり，T^2統計量が小さいことは，監視対象のサンプルがデータの平均に近いということを意味します．平均に近いサンプルは正常データの内挿であり，正常だろうと考えられます．

一方で，(6.11) 式より，Q統計量は$\boldsymbol{x}$のΠへの垂線の長さとして定義されています．主成分の張る部分空間Πがあるべき変数間の相関関係を表していたので，Q統計量は変数間の相関関係を尺度とした正常データとの非類似度といえます．つまり，Q統計量が小さいほど$\boldsymbol{x}$は正常に近いと判断できます．

これらのことからわかるように，T^2統計量は，主成分の張る部分空間Πの中におけるデータの変動を監視し，Q統計量はΠと直交する空間におけるデータの変動を監視しています[*13]．Πはデータのメジャーな成分を表していましたので，監視対象のシステム全体に影響するような大きな変化は，T^2統計量で検出されると期待されます．一方で，Πと直交する空間はデータのマイナな成分ですので，Q統計量では全体的には大きな影響を及ぼさないシステム内部のわずかな変化を検出できると考えられます．このようにMSPCでは，異常の性質を切り分けて監視できるというメリットがあります．

MSPCでは通常，T^2統計量，Q統計量が小さいほど正常であると判断できます．そこで，**図6.8**のようにこれらのいずれかが，あらかじめ定めた管

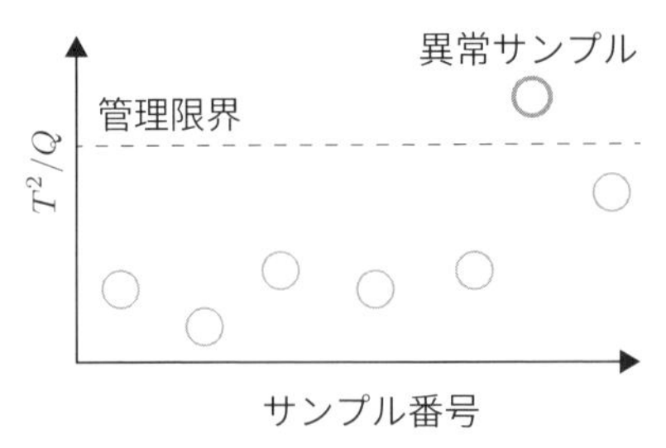

図6.8　MSPCでは，T^2統計量またはQ統計量のいずれかが，あらかじめ定めた管理限界を超過したときに異常が発生したとみなします．

---

*12　このような正規化距離をマハラノビスの距離とよびます．

*13　Q統計量の幾何学的な意味についてはコラムも参照してください．

理限界（閾値）$\overline{T^2}$, $\overline{Q}$を超過したときに異常が発生したとみなします*14.

プログラム 6.1 にMSPCを実行するPythonプログラムを示します．このプログラムでは，まずmspc_ref()によって，正常データ行列XよりMSPCモデルを学習させます．そして，mspc_T2Q()によって，監視対象サンプルxのT^2統計量とQ統計量を計算します．

プログラム 6.1 MSPC（mspc.py）

```
import numpy as np
import scale

def mspc_ref(X, numPC):
    """
    SVDを用いてMSPCモデルを学習します.

    パラメータ
    ----------
    X: 正常データ行列
    numPC: 採用する主成分数

    戻り値
    -------
    meanX: 正常データの平均
    stdX: 正常データの標準偏差
    U: 左特異ベクトル
    S: 特異値
    V: 右特異ベクトル
    """

    # 標準化
    X, meanX, stdX = scale.autoscale(X)

    # PCA
    U, S, V = np.linalg.svd(X)
    U = U[:,:numPC]
    S = np.diag(S[:numPC])
    V = V[:,:numPC]

    return meanX, stdX, U, S, V

def mspc_T2Q(X, meanX, stdX, U, S, V)
    """
    学習させたMSPCモデルより，監視対象サンプルの
    T2，Q統計量を計算します.
```

*14 MSPCでは，T^2統計量，Q統計量の閾値のことを管理限界とよびます．これはMSPCが品質管理の分野で用いられていたことに由来するもので，管理限界は品質管理で用いられる管理図に登場する用語です．

```
    パラメータ
    ----------
    X: 監視対象データ
    meanX: 正常データの平均
    stdX: 正常データの標準偏差
    U: 左特異ベクトル
    S: 特異値
    V: 右特異ベクトル

    戻り値
    -------
    T2: T2統計量
    Q: Q統計量
    """

    # 学習データに合わせて標準化する
    X = scale.scaling(X, meanX, stdX)

    I = np.eye(X.shape[1])

    # T2, Qの計算
    T2 = np.diag(X @ (V @ np.linalg.inv(S @ S) @ V.T) @ X.T)
    Q = np.diag(X @ (I - V @ V.T) @ X.T)
    return T2, Q
```

このようにMSPCとは，監視対象のサンプルの変数間の相関関係が，正常データの持つあるべき相関関係から逸脱していないかを監視する異常検出方法です．シンプルな方法でありながら，USPCで個別の変数に上下限制約を設定しているために発見できない異常でも，MSPCでは発見できるため，産業界で広く使われている実績があります．異常検出手法として何を用いてよいか迷った場合は，最初にMSPCを試みてもよいでしょう．

Q統計量の幾何学的な意味

ここでは，Q統計量の幾何学的な意味を考察しましょう．まず，PCAの残差行列$\boldsymbol{E}$は，(6.9) 式より

$$\boldsymbol{E} = \boldsymbol{X} - \boldsymbol{X}\boldsymbol{V}_R\boldsymbol{V}_R^\top = \boldsymbol{X}\left(\boldsymbol{I} - \boldsymbol{V}_R\boldsymbol{V}_R^\top\right) \tag{6.12}$$

でした．ここで行列$\boldsymbol{V}_R\boldsymbol{V}_R^\top$は，3.4節で登場した射影行列になっており，$\boldsymbol{V}_R$の列空間，つまり主成分の張る部分空間$\Pi$への射影を表しています．さらに，$\boldsymbol{I} - \boldsymbol{V}_R\boldsymbol{V}_R^\top$もまた射影行列となります．

射影行列$\boldsymbol{V}_R\boldsymbol{V}_R^\top$によって写像されるベクトルを基底とする部分空間は，

$\boldsymbol{V}_R\boldsymbol{V}_R^\top$ に随伴する部分空間とよばれます．そして，$\boldsymbol{V}_R\boldsymbol{V}_R^\top$ に随伴する部分空間と $\boldsymbol{I}-\boldsymbol{V}_R\boldsymbol{V}_R^\top$ に随伴する部分空間は，たがいに直交補空間となっています[*15]．いま，$\boldsymbol{V}_R\boldsymbol{V}_R^\top$ に随伴する部分空間は主成分の張る部分空間 Π でしたので，$\boldsymbol{I}-\boldsymbol{V}_R\boldsymbol{V}_R^\top$ に随伴する部分空間は Π の直交補空間 $\Pi^\perp$ です[*16]．このことより，残差行列 $\boldsymbol{E}$ は，データ行列 $\boldsymbol{X}$ のうち主成分では表現できないデータの変動を表しているといえます．これを図示すると，**図 6.9** のようになります．

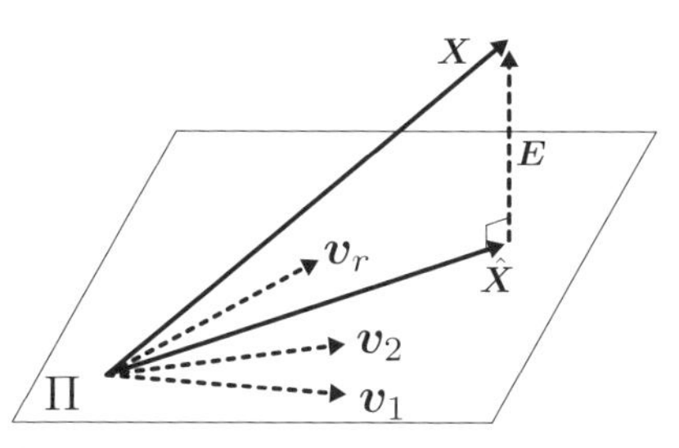

図 6.9 MSPC では，データ行列 $\boldsymbol{X}$ を主成分の張る部分空間 Π への射影と，その直交補空間 $\Pi^\perp$ に分解します．Q 統計量は $\Pi^\perp$ におけるサンプル $\boldsymbol{x}$ の変動の大きさを表します．

Q 統計量は (6.10) 式より

$$Q = \boldsymbol{x}^\top \left(\boldsymbol{I} - \boldsymbol{V}_R\boldsymbol{V}_R^\top\right) \boldsymbol{x} \tag{6.13}$$

で定義されています．これを書き直すと

$$\begin{aligned} Q &= \boldsymbol{x}^\top \left(\boldsymbol{I} - \boldsymbol{V}_R\boldsymbol{V}_R^\top\right)\left(\boldsymbol{I} - \boldsymbol{V}_R\boldsymbol{V}_R^\top\right) \boldsymbol{x} & (6.14)\\ &= \left(\left(\boldsymbol{I} - \boldsymbol{V}_R\boldsymbol{V}_R^\top\right)\boldsymbol{x}\right)^\top \left(\boldsymbol{I} - \boldsymbol{V}_R\boldsymbol{V}_R^\top\right) \boldsymbol{x} & (6.15) \end{aligned}$$

となります．ここで (6.15) 式の変形では，$\boldsymbol{I}-\boldsymbol{V}_R\boldsymbol{V}_R^\top$ は射影行列ですので，射影行列 $\boldsymbol{P}$ の条件である $\boldsymbol{P}^\perp = \boldsymbol{P}$ かつ $\boldsymbol{P}^2 = \boldsymbol{P}$ を用いました．(6.15) 式より，Q 統計量はサンプル $\boldsymbol{x}$ の Π への垂線ベクトルの二乗ノルムになっていることがわかります．つまり，Q 統計量は主成分の張る部分空間 Π では表現できない $\boldsymbol{x}$ の変動を表しています．

*15 ある部分空間と直交して空間全体と二分割する空間のことを，直交補空間とよびます．たとえば，平面上のある直線とその直線と直交する直線は，互いに直交補空間となります．

*16 ⊥ は直交補空間を意味する記号です．

6.3.3 寄与プロットによる異常診断

異常検知アルゴリズムで異常を検知した場合は，本当に異常が発生しているのか，その原因は何であるのかを特定しなければ，異常への対処ができません．異常原因の特定には，監視対象に関する物理的な知識と洞察が不可欠で，データだけで原因を調べるのは容易ではありません．しかし，異常原因の特定に役立つ情報をデータから抽出することはできます．つまり，データから異常に関わる変数の候補を挙げることはできます．このようなタスクを異常診断とよびます．

MSPCのT^2統計量やQ統計量を用いて異常検知を試みる場合，それぞれの統計量が管理限界を超えたという情報だけでは，何が起こっているかまでは知ることはできません．そこで，どの変数の変化がT^2統計量やQ統計量を上昇を招いたのかを調べます．このとき用いられる方法が寄与プロットです [55].

Q統計量は (6.10) 式より，それぞれの変数の二乗誤差の和として定義されています．そこでm番目の変数のQ統計量の寄与の大きさは

$$C_m^{[Q]} = (x_m - \hat{x}_m)^2 \tag{6.16}$$

で計算できます．**図 6.10**のように異常検出時のQ統計量の寄与をプロットしたとき，寄与が大きな変数があれば，その変数が異常に関係していると考えることができます．

一方でT^2統計量は，(6.11) 式のように元の変数ではなく，PCAによって計算した主成分得点t_rによる定義になっています．したがって，T^2統計量の寄与を考える場合は，t_rのT^2統計量への寄与を元の変数で表現する必要があります．そこで，m番目の変数のT^2統計量の寄与の大きさを

$$C_m^{[T^2]} = \boldsymbol{x}^\top \boldsymbol{V}_R \boldsymbol{\Sigma}_R^{-2} x_m \boldsymbol{v}_{\boldsymbol{m}}^\top \tag{6.17}$$

で定義します．ここで，$\boldsymbol{t}$は異常検出時の主成分得点ベクトルで，$\boldsymbol{v}_m$はローディング行列の第m行目のベクトル，つまりm番目の変数に関わる係数を並べたベクトルです．

Q統計量についての寄与は，(6.16) 式からわかるように非負です．しかし，T^2統計量についての寄与は，正の値にも負の値にもなり得ます．寄与が負であるというのは物理的な解釈が困難ですが，寄与が大きな正の数とな

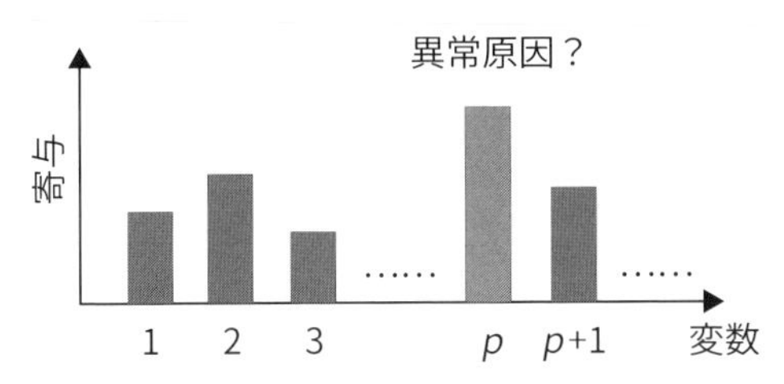

図 6.10 寄与プロットの例．異常を検出したときに，異常を検出した統計量の寄与を計算し，プロットしてみます．大きな寄与を持ついくつかの変数があれば，それらを異常に関わる変数の候補としてピックアップします．この図の場合は，p 番目の変数が異常に関わる変数の候補となります．

るいくつかの変数だけを異常に関わる変数として着目すればよいので，実用上は負の寄与は無視してもよいとされます．**プログラム 6.2** に T^2 統計量と Q 統計量の寄与を計算するプログラムを示します．

プログラム 6.2 T^2 統計量と Q 統計量の寄与プロット（mspc.py）

```
def cont_T2Q(X, meanX, stdX, U, S, V):
    """
    パラメータ
    ----------
    X: 監視対象サンプル
    meanX: 正常データの平均
    stdX: 正常データの標準偏差
    U: 左特異ベクトル
    S: 特異値
    V: 右特異ベクトル

    戻り値
    -------
    cont_T2: T2統計量の寄与
    cont_Q: Q統計量の寄与
    """

    X = scale.scaling(X, meanX, stdX)

    # 寄与の計算
    cont_T2 = np.multiply(X, X @ V @ np.linalg.inv(S @ S/X.shape[0]) ↩
        @ V.T)
    cont_Q = np.power(X @ (np.eye(X.shape[1]) - V @ V.T), 2)

    return cont_T2, cont_Q
```

寄与プロットは便利な方法ですが，あくまで異常に関わる変数の候補を教えてくれるだけであり，直接的な異常原因までを特定してくれる方法ではありません．寄与プロットの限界を理解した上で，そこから得られる情報を参考にしながら，対象に関する知識に基づいて異常原因の特定に取り組まなければなりません．

6.4 オートエンコーダ（AE）

MSPCは，優れた異常検出手法ですが，PCAを用いているためモデルは線形です．そのため，複雑なシステムでの異常を適切に扱えないことも想定されます．そこでここでは，非線形モデルを用いた異常検出手法を紹介します．

オートエンコーダ（autoencoder; AE）は，出力データが入力データをできるだけ再現するように学習させたニューラルネットワークのことです [56]．**図6.11**にAEのネットワーク構造を示します．ネットワークは左から入力されるデータを受け取る入力層，データを変換する隠れ層，データを出力する出力層から構成されています．図中の$x_1, \ldots, x_M$は入力，$\hat{x}_1, \ldots, \hat{x}_M$は出力で，それぞれの丸はユニットを表しています．隠れ層のユニットでは，複数の入力の線形和にバイアスとよばれる定数を加え，さらに活性化関数を作用させるという処理を行います[*17]．

AEの学習では，出力を入力にできるだけ近づけるようにコスト関数を定義して，コスト関数を最小化する重みとバイアスを確率的勾配降下法によって求めます[*18]．たとえばコスト関数として通常の二乗誤差

$$E = \frac{1}{N} \sum_{n=1}^{N} \|\boldsymbol{x}_n - \hat{\boldsymbol{x}}_n\|^2 \tag{6.18}$$

を採用してもよいでしょう．ただし，Nは学習データのサンプル数，$\boldsymbol{x}_n$と$\hat{\boldsymbol{x}}_n$はそれぞれ学習データのn番目のサンプルの入力変数ベクトルと出力変数ベクトルです．

AEは入力とできるだけ近い出力を得るモデルですので，入力と出力の誤差が著しく大きくなったときは，データの入出力間の関係が学習データか

*17　活性化関数とは，ニューラルネットワークのユニットにて入力から出力を決定するための関数のことです．通常はシグモイド関数などの非線形関数を用います．

*18　AEはPythonではTensorFlowやPyTorchなどの深層学習フレームワーク，MATLABではDeep Learning Toolboxなどに実装があります．

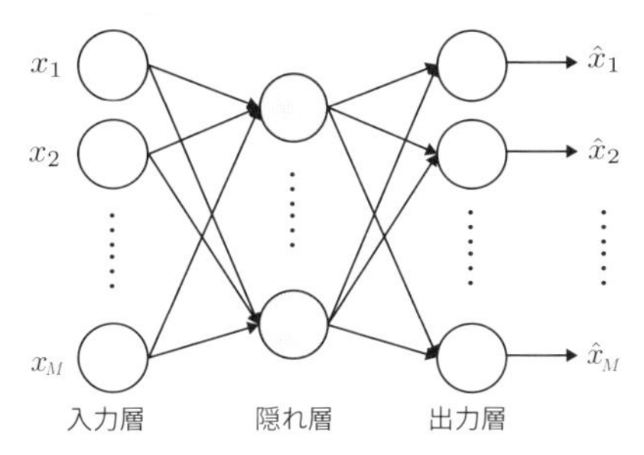

図 6.11 AE の構造．入力層にてデータを受け取り，隠れ層にて入力の線形和に対して活性化関数を作用させて，非線形変換を行います．そして出力層から再構築したデータを出力します．

ら変化したと考えることができます．つまりAEを正常データだけで学習させている場合，入力と出力の誤差が著しく大きくなったときは，正常データが持つあるべき入出力間の関係から逸脱したとみなし，異常として検出します．

そこで，AEの入力 $\boldsymbol{x}$ と出力 $\hat{\boldsymbol{x}}$ の差の L_1 ノルムや L_2 ノルムを再構築誤差 RE とし，この RE を異常度の指標として，RE があらかじめ定められた管理限界 $\overline{RE}$ を超過したときに異常を検出するものとします．

$$RE = \|\hat{\boldsymbol{x}} - \boldsymbol{x}\| \tag{6.19}$$

なお，AEでは入力層と出力層は同じ次元ですが，通常は隠れ層の次元を入力層と出力層より小さくします．このとき隠れ層での計算結果を取り出すと，入力されたデータの特徴を保持したままデータの次元を小さくできているため，PCAのような次元削減ができていることになります．実際に，付録A.4 節で説明するように，隠れ層の活性化関数として恒等関数を選ぶと*19，AEはPCAと一致することが知られています．つまり，AEはPCAに非線形性を取り入れた拡張であると考えることができます．

先ほどの (6.19) 式の RE は実測値とAEでの予測値との二乗誤差ですので，MSPCにおける Q 統計量とみなすことができます．ただし，MSPCの Q 統計量は正常データの持つ相関関係の非類似度ですが，AEの RE はあくまでサンプルを再構築したときの誤差に過ぎません．

さらにAEでも，T^2 統計量のような指標を考えることもできます [57].

*19 恒等関数とは，$f(x) = x$ のような関数のことで，つまり受け取った入力に何もせずにそのまま出力する，という関数です．

$$T_{AE}^2 = (\boldsymbol{z} - \bar{\boldsymbol{z}})^\top \boldsymbol{S}_z^{-1} (\boldsymbol{z} - \bar{\boldsymbol{z}}) \tag{6.20}$$

ここで，$\boldsymbol{z}$は隠れ層での値で，$\bar{\boldsymbol{z}}$は$\boldsymbol{z}$の平均*20，$\boldsymbol{S}_z$は$\boldsymbol{z}$の共分散行列です．

PCAに基づいたMSPCは線形手法であるためシンプルですが，複雑なデータの特徴を十分に表現できるとは限りません．AEはニューラルネットワークの一種であるためデータの表現力が高く，大量の正常データを学習に利用できるのであれば，異常検出性能も向上すると期待できます．

AEを用いた異常検知は，ネットワークの学習に用いるフレームワークによって，プログラムの書き方が異なってきます．6.8節の応用例で，AEを用いた異常検知のプログラムの一例を示します．

6.5 管理限界の調整

異常検知アルゴリズムでは，多くの場合，T^2統計量やQ統計量などの異常スコアeが事前に設定した管理限界（閾値）$\bar{e}$を逸脱した場合に異常を検出します．このため，$\bar{e}$を適切に設定する必要があります．

管理限界の決定方法としては，α％信頼区間という考え方を採用することができます．管理限界調整用に用意した正常サンプルの個数のα％が管理限界以下，そして$(100 - \alpha)$％が管理限界を上回る点が管理限界となるように設定します．そのため管理限界$\bar{e}$はαが大きくなるにつれ大きくなります．つまり，αは異常検知アルゴリズムの異常検出性能をコントロールするもので，αを低すぎると誤検知が増えますし，高くしすぎると誤検知は減りますが真の異常も検知されにくくなります．ここでは$\alpha = 0.99$としたときの管理限界の決め方を，**図 6.12**に示します．

このように，αの設定は非常に重要ですが，αの決め方は主成分数の決め方同様に明確な基準はありません．通常は，αとして95％または99％信頼限界が採用されることが多いですが，この95％や99％という数字には根拠がなく，慣習的な目安に過ぎません．そのため実務では，実際に異常検知アルゴリズムを運用しながら，少しずつ管理限界を調整していくこともあるよ

*20　線形変換だけを考えるのであれば，$\boldsymbol{x}$が平均0に中心化されていれば，$\boldsymbol{z}$の平均も0ですが，AEでは活性化関数によって非線形変換が施されます．その結果，線形変換だけを考えるのであれば，$\boldsymbol{x}$が平均0に中心化されていても，$\boldsymbol{z}$の平均は0でないことがあります．たとえば非線形変換として指数関数を考えると，$\exp(0) = 1$です．

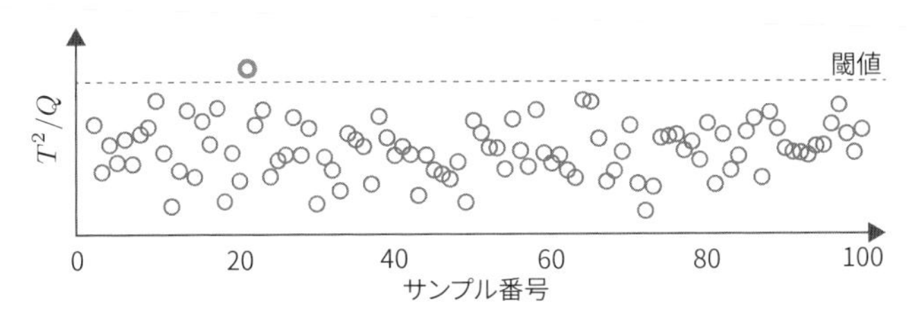

図 6.12 α% 信頼区間では，正常サンプルの α% が管理限界以下となるように管理限界を設定します．この図ではサンプル数が 100 ですので，$\alpha = 0.99$ のときは，最もスコアの大きなサンプルだけを異常と判定するように，管理限界を設定します．

うです．**プログラム 6.3** に，MSPC の T^2 統計量と Q 統計量の管理限界を決定するプログラムを示します．

プログラム 6.3 T^2 統計量と Q 統計量の管理限界の決定（mspc.py）

```
def mspc_CL(T2, Q, alpha=0.99):
    """
    T2統計量とQ統計量の管理限界を計算します

    パラメータ
    ----------
    T2: 管理限界決定用T2統計量
    Q:  管理限界決定用Q統計量
    alpha: 信頼区間（デフォルト99%）

    戻り値
    -------
    meanX: 正常データの平均
    stdX: 正常データの標準偏差
    U: 左特異ベクトル
    S: 特異値
    V: 右特異ベクトル
    """

    sort_T2 = sorted(T2)
    CL_T2 = sort_T2[math.floor(alpha * len(sort_T2))]
    sort_Q = sorted(Q)
    CL_Q = sort_Q[math.floor(alpha * len(sort_Q))]
    return CL_T2, CL_Q
```

さらに，一定時間連続で管理限界を超過した場合に，はじめてアラームを発報する，などのロジックを追加することもあります．センサの信号に突発的に混入するノイズによって，正常であるにもかかわらず異常検知指標が管理限界を超過してアラームが発報してしまう可能性がありますが，このようなロジックを追加することでノイズによるアラームを抑制できます．

6.6 時系列データの取り扱い

異常検知問題は，連続的に測定される時系列データを対象とすることが多いです．たとえば，装置の故障監視や何らかの疾患による発作の検出などは，ある時点でのイベントを検出することになるので，時間経過にしたがってデータを測定し続ける必要があります．この場合，時系列というデータの特性も考慮すると，異常検知性能が改善することがあります．

時系列データの持つ特徴として自己相関があります．自己相関とは，時系列データを時間方向にシフトさせた場合に，その時系列データが時間シフトさせた自分自身とどの程度一致するかを測る指標です．正弦波は波の周期分だけシフトさせると自分自身と重なりますし，多くの経済データは季節変動があります．たとえば，ある生鮮食品の価格について長期間データ収集していると，1年前の価格も同じぐらいの値段のはずです．**図 6.13** は，2016年から2021年にかけての都内のきゅうりの価格変動ですが[*21]，夏野菜の代表であるためか，夏場は毎年価格が低下し，冬は値上がりしていることがわかります．このように過去の自分と何かしらの類似性がみられるというのが，自己相関です．

自己相関関数は，時系列データ上の異なる点の間の相関として定義されます．n番目の測定値をx_n $(n = 1, \ldots, n)$とするとき，自己相関関数は

$$R(k) = \frac{E[(x_n - \mu)(x_{n-k} - \mu)]}{\sigma^2} = \frac{1}{n-k} \sum_{i=1}^{n-k} \frac{(x_n - \mu)(x_{n-k} - \mu)}{\sigma^2} \tag{6.21}$$

となります．ここで，kは2点間の差，μはx_nの平均値で，σ^2は分散です[*22]．(6.21)式と(2.8)式を見比べると，自己相関関数は，自分自身の異なる測定点との相関係数になっていることがわかります．

---

*21　このデータは政府統計を閲覧・ダウンロードできるe-Statより入手しました（www.e-stat.go.jp）．e-Statはデータをcsvファイルでダウンロードできるだけではなく，Webサイト上で集計したりいろいろなグラフを作成できるので，たいへん便利なサイトです．

*22　この式は，厳密には時系列データが定常過程であるときの自己相関関数です．定常過程とは時間によって確率分布が変化しないデータのことをいいます．

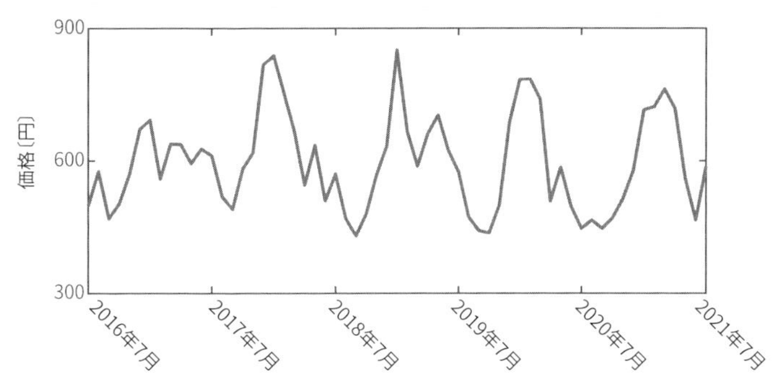

図 6.13 きゅうりの価格の季節変動（都内，2016 年〜2021 年）．毎年，夏と冬で価格が上下していることがわかります．これが自己相関です．

PCA は変数間の相関関係を抽出するために使われる方法でした．したがって，時系列データにおいて異なった点における測定値を異なる変数とみなせば，PCA によって自己相関を抽出することができます．たとえば

$$\boldsymbol{X}_k = \begin{bmatrix} x_1 & x_2 & \cdots & x_k \\ x_2 & x_3 & \cdots & x_{k+1} \\ \vdots & \vdots & \ddots & \vdots \\ x_{N-k+1} & x_{N-k+2} & \cdots & x_N \end{bmatrix} \in \mathbb{R}^{(N-k)\times k} \tag{6.22}$$

のように時系列データを並び替えて[*23], PCA を実行すれば自己相関を主成分という形で抽出できます．このような解析を特異スペクトル分析（Singular Spectrum Analysis; SSA）とよびます [58]．SSA によって，ローディング行列 $\boldsymbol{V}_R$ などを求めれば，変数が一つの場合の 1 次元時系列データについて，T^2 統計量，Q 統計量による異常検出が行えます．たとえば，生鮮食料品と異なり，加工食品の価格は通常は年間を通じてあまり変化がないと思われます．ですが，ある年に異常気象が発生してその影響を受けた場合は，例年とは異なった値動きをするでしょう．SSA を用いることで，そのような例年とは異なる価格変動を異常として検出することができると考えられます．

しかし，私たちは一般に多数の変数を同時に測定していますので，多次元の時系列データを扱う必要があります．この場合は，現在のサンプル $\boldsymbol{x}_n \in \mathbb{R}^M$ だけではなくて，過去の複数のサンプルを追加入力サンプルとし

*23 $\boldsymbol{X}_k$ のような行列をハンペル行列とよぶことがあります．ただし，厳密にはハンペル行列は正方行列として定義されます．

て構築します．たとえば現在のサンプルに加えて，過去$s-1$個のサンプルを$\boldsymbol{x}_n$に追加する場合

$$\boldsymbol{z}_n = [\boldsymbol{x}_n^\top, \boldsymbol{x}_{n-1}^\top, \ldots, \boldsymbol{x}_{n-s+1}^\top]^\top \in \mathbb{R}^{Ms} \tag{6.23}$$

とします．これを用いて正常データ行列を

$$\boldsymbol{Z} = \begin{bmatrix} \boldsymbol{z}_s \\ \boldsymbol{z}_{s+1} \\ \vdots \\ \boldsymbol{z}_N \end{bmatrix} \in \mathbb{R}^{(N-s+1)\times Ms} \tag{6.24}$$

として，たとえばMSPCによってモデルを学習させます．(6.24)式のように過去のサンプルも含めて学習させることで，自己相関を考慮できるようになるため，変数間の相関関係のみならず，あるべきデータの変動と異なる変動を異常として検出することができるようになると期待されます．

このように時系列データにおいて過去のサンプルも含めてモデルを学習させることをダイナミックモデリングといい[59]，ダイナミックモデリングを用いたMSPCを，ダイナミックMSPCとよびます．もちろん，ダイナミックモデリングはAEなどMSPC以外のアルゴリズムにも適用可能です．

6.7 砂山のパラドックス

実はここまでの説明では，正常と異常とが明確に区別できるものであるとの暗黙の了解がありました．そうでないと“正常データ”は収集できません．しかし，本当に正常と異常とは明確に区別できるものでしょうか？

砂山のパラドックスとよばれる古代ギリシャに遡る哲学問題があります．これは「砂山から砂粒を一つ取り去っても砂山のままですが，繰り返し何度も砂粒を取り続けて，最後に一粒だけが残ったとき，その一粒だけでこれは砂山であるといえるのか」という問いです（**図6.14**）．

たとえば，10000粒の砂山から1粒を取り除いて9999粒になっても，それも砂山とよんで差し支えないでしょう．9999粒と10000粒の違いはほとんどないからです．では，何粒以上からが砂山なのでしょうか？ 何粒取り除くと，砂山はなくなるのでしょうか？ 1粒でも砂がある限り砂山だとする

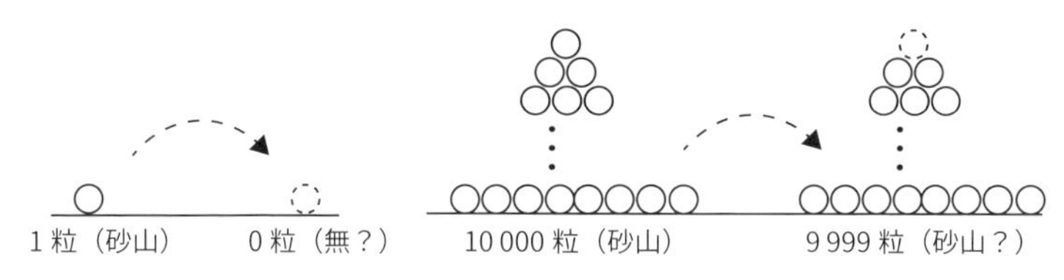

図 6.14 1粒でも砂がある限り砂山だとすると，0粒ではじめて砂山が消えます（左）．このときの変化量はわずか1粒です．では，量的には同じ1粒だけ変化させた10 000粒と9 999粒の場合はどうでしょうか？ 9 999粒は砂山でしょうか？（右）

と，0粒になってはじめて砂山が消えることになります．この1粒の変化は劇的だといえます．すると，9 999粒と10 000粒の差異も同じように1粒なので，10 000粒の砂山を9 999粒に減らしてもやはり砂山とするのは，おかしいとはいえないでしょうか？

つまり，砂山のパラドックスとは定義や境界が曖昧な概念をどう扱うかという問題です[*24]．

異常検知においても類似の問題を孕んでいます．異常の原因として，災害によって設備が破損したとか，運転員が操作を誤った，などの通常ではあり得ない入力が外部からもたらされた，という明確な原因が特定できるものはともかく，異常とは必ずしもある日突然発生するものではありません．どのような機械であれ，または生物を対象としていても，経年による変化があります．たとえば配管は日々汚れていきますし，回転物は摩耗します．人の場合は，日々，体重や血圧が変動しています．そのような目に見えない変化が少しずつ蓄積して，やがて目に見える変化となり，そのうち“異常”と認識されるのです．場合によっては，異常と認識されるようになる前に，突発的な事故が発生したり，人の場合は発作として現れるようになるかもしれません．

このように異常には，異常と認識される前から何かの変化があると考えるのが自然です．では，どこからを異常とみなせばよいでしょうか？ 収縮期血圧（上の血圧）が140 mmHg以上の人は高血圧と診断されますが，血圧140 mmHgから139 mmHgに下がったら，健康になったと診断してもよい

*24 砂山のパラドックスと類似の問題に，ハゲ頭のパラドックスがあります．前提1：髪の毛が一本もない人はハゲである，前提2：ハゲの人に髪の毛を一本足してもハゲである，と仮定を置いて，前提1に前提2を繰り返し適用していくと，すべての人はハゲである，という無茶苦茶な結論が得られてしまいます．これもハゲという状態の境界が曖昧なことによります．

図 6.15　一般に，正常と異常を明確に区別することはできず，スペクトラムになっています．明確な正常と明確な異常の間には，グレーゾーンが広がっています．

ものでしょうか[*25]？ また，異常検知アルゴリズムは，多くの場合，何らかの異常スコアのようなものとその管理限界を定義して，正常と異常の判定を行いますが，スコアが管理限界を超えなければいつも正常であるとしてもよいのでしょうか？ このように正常と異常は明確に区別できるものではなく，おそらく**図 6.15**のようにスペクトラムになっています．

この正常と異常の曖昧さは，異常検知においては常に考慮しなければならない問題です．異常スコアの管理限界の決定の考え方もそうですが，特にどのようなデータを正常データとみなすかは，異常検出において本質的な問題といえます．確実に正常だと判定できるデータのみを正常データとするのか，それともある程度“グレーゾーン”も正常としてみなすのか，この正常データ選び方には正解はありません．どのような場面で異常検知アルゴリズムを使うのかという利用シーンを想定しながら，慎重に学習用の正常データを選別する必要があります．

6.8 Tennessee Eastmanプロセスの異常検知

本章では，複雑な化学プロセスにおける異常検知の問題を解いてみましょう．ここでは，Tennessee Eastman（TE）プロセスを扱います．TEプロセスはイーストマン・ケミカル社[*26]のDownsとVogelが開発した現実の化学プロセスを模擬したシミュレーションで，現在では制御系の設計や異常検知問題のベンチマーク問題として広く使用されています [60]．論文などでもよく見かける例題なので，一度は触れておくべき問題です．

*25　拡張期血圧（下の血圧）では，90 mmHg以上で高血圧とされます．

*26　イーストマン・ケミカル社は日本での知名度はあまりありませんが，アメリカの代表的な株価指数であるS&P500にも組み込まれている大企業です．米国テネシー州に本社があり，もともとはテネシー・イーストマン社という社名でした．

6.8.1 TE プロセス

TE プロセスの概要を**図 6.16** で説明しましょう．このプロセスは，A〜H の八つの成分が存在し，反応器，凝縮器，気液分離器，コンプレッサ，精留塔の五つの主要装置から構成されています．また，**図 6.16** の数字は流れの番号です．TE プロセスではA，C，D，Eの四つの反応物（原料）から化学反応によってG，Hの二つの生成物（製品）を製造します．まず原料流れ8に，原料A，D，Eが流れ1〜3を通じて追加され，流れ6となり，これが反応器に供給されて，以下の反応が生じます．

$$A(g) + C(g) + D(g) \longrightarrow G(liq) \tag{6.25}$$

$$A(g) + C(g) + E(g) \longrightarrow H(liq) \tag{6.26}$$

$$A(g) + E(g) \longrightarrow F(liq) \tag{6.27}$$

$$3D(g) + 2F(liq) \tag{6.28}$$

かっこ内は成分の相を示しており，g は気体，liq は液体です．たとえば，(6.25) 式は気体のAとCとDが反応して，液体のGが発生することを意味します．なお，Bは反応には関わらない不活性物質で，Fは副生成物です．これらの反応は発熱反応[*27]であるため，熱を除去しなければなりません．そこで，反応器には冷却装置が設置されていて，冷却水[*28]で除熱します．

製品は気体ですが，未反応原料は液体です．これらが混合した状態で反応器から流れ7によって凝縮器に入ります．濃縮器では冷却水を用いて気体成分の大部分が冷却されて凝縮して液体成分となり，気液分離機によって気体成分と液体成分に分離されます．気体流れ9は，一部がパージされて[*29]，コンプレッサにより原料供給流れ8に戻されます．液体流れ10は，精留塔に供給されて原料AとCによって未反応の原料成分を除去され製品の純度を高めた後に，流れ11によって製品として取り出されます．一方で除去された原

*27 化学反応に伴い，熱（エネルギー）を放出する反応のことで，原料の状態よりも，生成物の状態の方がポテンシャルが低くなります．逆に，エネルギーを加えないと反応が生じない化学反応のことを，吸熱反応とよびます．

*28 日本の場合は冷却水は海水を用いることが多いです．このため，化学工場などの立地は海沿いのことが多くなります．もちろん，原料や製品を船で輸送するためという理由もあります．

*29 パージとは望ましくないものを追い出す，という意味です．化学プロセスにおいては，不純物が系内に蓄積するのを防ぐために，流れの一部を外部に排出する必要があり，これをパージとよびます．

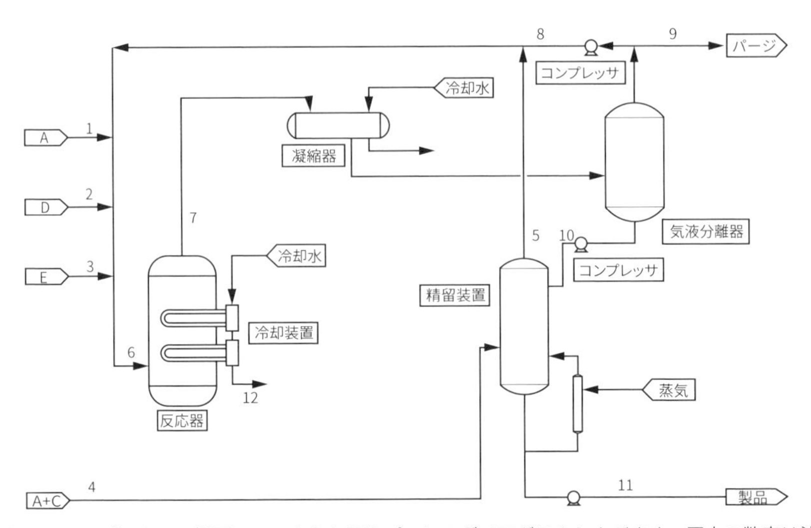

図 6.16　TE プロセスの概要．このような図をプロセスダイアグラムとよびます．図中の数字は流れの番号を表しています．

料成分は流れ5によって，原料供給流れ8に戻されます．

化学プロセスは，多くの読者にとって馴染みがないために複雑に感じるかもしれませんが，流れを丁寧に追えば理解できると思います．

TEプロセスでは，12個の操作変数（XMV1〜XMV12）と41個の観測変数（XMEAS1〜XMEAS41）が存在しています．ここで操作変数とは，こちらで制御できる変数で，観測変数とは操作はできませんが，センサで測定できる値のことです．操作変数としては，たとえば原料A，C，Eの供給量〔kg/h〕，パージ流れを調整するバルブの開度〔%〕，反応器冷却水の流量〔m^3/h〕などがあります．また，観測変数には反応器の温度〔℃〕や圧力〔kPa〕，コンプレッサ動力〔kW〕などがあります．

6.8.2　データの前処理

ここでは，TEプロセスの運転データとしてHarvard Dataverseデータを利用しましょう（https://doi.org/10.7910/DVN/6C3JR1）．このデータのファイルはRData形式ですので，rdataパッケージ（https://pypi.org/project/rdata/）を用いてデータを読み込み，Pandasを用いてcsv形式のファイルに変換します．幸いこのデータの正常データは豊富であるため，正常データを学習用データとパラメータチューニング用データに分割します．このパラメータチューニング用データは，ハイパーパラメータの調整に用いることができますが，今回のケーススタディでは，それぞれ文献で示されたパラメータを参考に決定します．TEプロセスでは20種類の異常IDV1〜IDV20が設定されていますが，このデータセットでは20種類の異常データが一つのファイルにまとめられているため，それぞれの異常ごとにファイルを分割して保存します．

プログラム6.4 TEプロセスのデータの準備

```
import rdata
import pandas as pd

# RData形式の読込
train_parsed = rdata.parser.parse_file('./TEP_FaultFree_Testing.RData')
train_converted = rdata.conversion.convert(train_parsed)

test_parsed = rdata.parser.parse_file('./TEP_Faulty_Testing.RData')
test_converted = rdata.conversion.convert(test_parsed)

# csvファイルに変換
# 学習用データ
train_data = pd.DataFrame(train_converted['fault_free_testing'])
train_data = train_data.iloc[0:960, 3:]
train_data.to_csv('normal_data.csv', index = False)

# パラメータチューニング用データ
tuning_data = pd.DataFrame(train_converted['fault_free_testing'])
tuning_data = tuning_data.iloc[960:1920, 3:]
tuning_data.to_csv('tuning_data.csv', index = False)

# 異常データ
test_data = pd.DataFrame(test_converted['faulty_testing'])
# 異常ごとに分割してcsv形式で出力
for i in range(1, 21):
  idv_data = test_data[test_data['faultNumber'] == i]
  idv_data = idv_data.iloc[0:960, 3:]
  title_name = 'idv'+ str(i) + '_data.csv'
  idv_data.to_csv(title_name , index=False)
```

これによって，正常データ（tuning_data.csv），パラメータチューニング用データ（tuning_data.csv），そして20個の異常データ（idv*_data.csv）が生成されました．

さきほど，操作変数は12個あると説明しましたが，このデータセットでは操作変数XMV12が除かれているため，合計で52個の変数からデータが構成されています．なお，1回のシミュレーション時間は48時間として，それぞれの変数のサンプリング周期は3分であるため，すべてのデータセットには等しく960個のサンプルが含まれています．

6.9 モデルの学習と異常検知

TEプロセスのデータから，モデルの学習と異常検知を実施してみましょう．異常検知アルゴリズムとしては，LOF，iForest，MSPC，AEを利用します．まず，さきほど作ったデータファイルを読み込みます．ここではIDV1のデータを読み込みますが，異常データとして読み込むcsvファイルを変更するだけで，ほかの種類の異常データの解析が行えます．

プログラム 6.5　データの読込

```
1  import pandas as pd
2
3  # 正常，異常データの読み込み
4  train_data = pd.read_csv('TE_data/normal_data.csv').values
5  # 対象とする異常によって読み込むファイルを変更してください.
6  faulty_data = pd.read_csv('TE_data/idv_2_data.csv').values
```

続いて，LOF，iForest，MSPCでのモデル学習と異常検知の手順を示しましょう．まずはLOFからです．

プログラム 6.6　LOFでの異常検知

```
1  from sklearn.neighbors import LocalOutlierFactor
2
3  # 正常データを用いたモデルの学習
4  model = LocalOutlierFactor(n_neighbors=50, novelty=True, ↩
       contamination=0.01)
5  model.fit(train_data)
6
7  # 管理限界の取得
8  CL_lof = model.offset_
9
10 # 異常データのLOFスコアの計算
11 score_lof = model.score_samples(faulty_data)
```

4行目のnoveltyは，未知のデータに対して適用する場合Trueを設定します．

n_neighborsは近傍サンプルの数，Contaminationは6.5節で説明した信頼区間に相当するパラメータで，これらはLOFの性能をTEプロセスで評価した文献 [61] を参考に決定しました．なお，LOFスコアscore_lofは負の値で出力され，管理限界CL_lofより値が小さい場合に異常と判定します．

iForestも，LOFと同様の手順となります．

プログラム6.7 iForestでの異常検知

```
from sklearn.ensemble import IsolationForest

# 正常データを用いたモデルの学習
model = IsolationForest(contamination=0.05)
model.fit(train_data)

# 管理限界の取得
CL_if = model.offset_

# 異常データのiForestスコアの計算
score_if = model.score_samples(faulty_data)
```

iForestのパラメータContaminationは，さまざまな異常検知アルゴリズムをTEプロセスに適用した結果を報告している文献 [62] を参考にしました．また，LOF同様にiForestのスコアscore_ifも負で値で出力されます．

MSPCはscikit-learnではなく，本書に掲載のプログラムを利用します．

プログラム6.8 MSPCでの異常検知

```
import mspc

# 正常データを用いたモデルの学習
meanX, stdX, U, S, V = mspc_ref(train_data, numPC=17)

# 管理限界の決定
T2_train, Q_train = mspc_T2Q(train_data, meanX, stdX, U, S, V)
CL_T2_mspc, CL_Q_mspc = mspc_CL(T2_train, Q_train, alpha=0.99)

# 異常データのT2 統計量とQ 統計量の計算
T2_mspc, Q_mspc = mspc_T2Q(faulty_data, meanX, stdX, U, S, V)
```

ここでMSPCモデルの主成分の数numPCは17としましたが，これは文献 [63] より決定しました．

AEの学習には，深層学習フレームワークのPyTorch（https://pytorch.or

g/）を利用しますが，その解説は本書の範囲を超えます．詳細はPyTorchの公式ドキュメントなど（https://pytorch.org/docs/stable/index.html）を参照していただくとして，ここでは，学習と異常検知の流れをプログラムで示したいと思います．まず，AEを利用するためのクラスを定義します．

プログラム 6.9　AEのクラス定義

```
import math
from sklearn import preprocessing
import torch
from torch.utils.data import DataLoader
from torch import nn

# クラス定義
class Autoencoder(nn.Module):
def __init__(self, z_dim):
    super(Autoencoder, self).__init__()
    self.encoder = nn.Sequential(
        nn.Linear(52, z_dim),
        nn.ReLU(True)
    )

    self.decoder = nn.Sequential(
        nn.Linear(z_dim, 52),
        nn.ReLU(True)
    )

def forward(self, x):
    z = self.encoder(x)
    xhat = self.decoder(z)
    return xhat, z
```

次に，学習用の正常データを用いてAEモデルを学習させます[*30]．

プログラム 6.10　AEモデルの学習

```
# ハイパーパラメータの設定
z_dim = 17 # 中間層の次元
model = Autoencoder(z_dim=z_dim)
criterion = nn.MSELoss() # 誤差関数(平均二乗誤差)
optimizer = torch.optim.Adam(model.parameters(), lr=0.0001) # ↩
```

*30　ニューラルネットワークといえば，GPU（Graphics Processing Unit）を利用しないと学習が遅いというイメージがありますが，この例題はサンプル数も少なく，層の浅いネットワークの学習であるため，GPUを搭載していない通常のPCでも問題なく学習をさせることができます．実際に，**プログラム 6.10**はGPUを使用する設定になっていません．GPUの利用については，PyTorchのドキュメントなどを参照してください．

```
        オプティマイザ
6   num_epochs = 110 # エポック数
7   batch_size = 20 # バッチサイズ
8
9   # 学習用データの前処理
10  train_data, mean_train, std_train = autoscale(train_data)
11  train_data = torch.tensor(train_data, dtype=torch.float32) # Tensor ↩
        型への変換します
12  dataloader = DataLoader(train_data, batch_size=batch_size, ↩
        shuffle=True)
13
14  # インスタンスの作成
15  model = Autoencoder(z_dim=z_dim)
16
17  # 学習ループ
18  for epoch in range(num_epochs):
19      for data in dataloader:
20          xhat, z = model.forward(data)
21          loss = criterion(xhat, data)
22          optimizer.zero_grad()
23          loss.backward()
24          optimizer.step()
```

中間層の次元はMSPCとの比較のために，MSPCモデルの主成分の数にあわせて17としました．そのほかのハイパーパラメータは，文献 [64] より決定しました．

AEでもMSPC同様に，(6.19)，(6.20) 式で定義される再構築誤差 RE と T^2 統計量にて異常検知を行います．これらのうち T^2 統計量の計算には，AEモデルの隠れ層の値 $\boldsymbol{z}$ の平均値 $\bar{\boldsymbol{z}}$ と共分散行列 $\boldsymbol{S}_z$ が必要ですので，これらを求めておきます．

プログラム 6.11　$\bar{\boldsymbol{z}}$（z_bar）と $\boldsymbol{S}_z$（S_z）の算出

```
1  x_hat, z = model.forward(train_data)
2  z = z.detach().numpy()
3  x_hat = x_hat.detach().numpy()
4  z_bar = np.average(z, axis=0)
5  z_bar = np.reshape(z_bar, (len(z_bar), 1))
6  S_z = np.cov(z.T)
```

学習させたモデルmodelと，z_bar，S_zから，AEでの T^2 統計量，RE を計算する関数を作ります．

プログラム 6.12　AEでのT^2統計量とREの計算

```
def AE_T2RE(X, z_bar, S_z):
    """
    T2 統計量とRE を計算します

    パラメータ
    ----------
    X: 監視対象データ
    z_hat: 正常データでの中間層の値の平均値
    S_z: 正常データでの中間層の値の共分散行列

    戻り値
    -------
    T2_AE: T2 統計量
    RE_AE: RE
    """

    AE = Autoencoder(z_dim=17)
    xhat_tensor, z_tensor = AE.forward(x=X)
    z = z_tensor.detach().numpy()
    xhat = xhat_tensor.detach().numpy()

    T2_AE = np.empty(len(X))
    RE_AE = np.empty(len(X))

    for i in range(len(z)):
        z_vec = np.reshape(z[i], (len(z[i]), 1))

        T2 = (z_vec-z_bar).T @ np.linalg.inv(S_z) @ (z_vec-z_bar)
        RE = (X[i] - xhat[i])**2

        T2_AE[i] = T2[0]
        RE_AE[i] = RE[0]

    return T2_AE, RE_AE
```

次に，異常検知のための管理限界を決定します．AE_T2Q() を用いて正常データのT^2統計量，REから，99％信頼区間にて管理限界 CL_T2_AE, CL_RE_AEを決定します．ここで管理限界を計算するプログラムはMSPCで用いたものと同一です．

プログラム 6.13　AEでの管理限界の決定

```
# 管理限界の決定
train_data = pd.read_csv('TE_data/normal_data.csv').values # ↩
    正常データの読み込み
train_data = torch.tensor(train_data, dtype=torch.float32)
T2_train, RE_train = AE_T2RE(train_data, z_bar, S_z)
```

```
5   CL_T2_AE, CL_RE_AE = mspc_CL(T2_train, RE_train, alpha=0.99)
```

これでAEによって異常を検知する準備が整いました．では，実際に異常データのT^2統計量とREを計算してみましょう．

プログラム 6.14 AEでの異常検知

```
1   # 前処理
2   faulty_data = scaling(faulty_data, mean_train, std_train)
3   faulty_data = torch.tensor(faulty_data, dtype=torch.float32)
4
5   # T2 統計量, RE の計算
6   T2_AE, RE_AE = AE_T2RE(faulty_data, z_bar, S_z)
```

6.10 異常検知結果

TEプロセスではIDV1〜IDV20の20種類の異常が設定されていますが，紙面の都合上，ここではIDV1とIDV14の異常検知結果のみを取り上げます．

IDV1は流れ4の原料A，Cの組成比のステップ状の変化です[*31]．原料のロットが異なると，しばしば性状が変化するため，原料ロットの切り替えによって異常が発生することがあり，IDV1はそのような異常を模擬しています．

結果をプロットして確認しましょう．

プログラム 6.15 異常検知結果のプロット

```
1   plt.plot(list(range(1, 961)), abs(score_lof)) # ↩
        LOFとiForestでは絶対値を計算する
2   plt.xlim(1, 960)
3   plt.ylim(0, 10)
4   plt.hlines(abs(CL_lof), 1, 960, 'r', linestyles='dashed') # ↩
        管理限界の表示
5   plt.vlines(160, 0, 15, 'g') # 異常発生時刻
6   plt.xlabel('Sample')
7   plt.ylabel('Score')
8   plt.title('IDV_1')
```

*31 ステップとは，突然ある値から別の一定値に階段状に変化することを意味します．

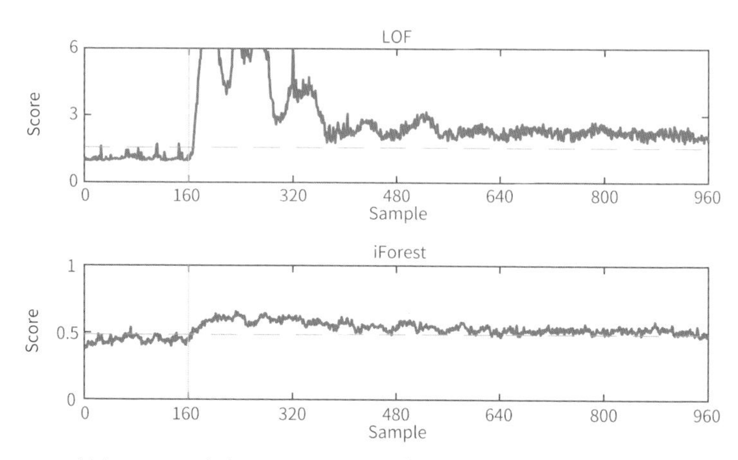

図6.17　LOF（上）とiForest（下）によるIDV1の異常検知結果．異常発生前のスコアはLOF，iForestともに管理限界以下ですが，LOFは異常が発生してからわずかな時間で，スコアが管理限界を大きく超過して異常を正しく検知できています．iForestも異常発生後にスコアが上昇していますが，LOFほど急激な変化ではありません．

プログラム6.15はLOFの結果を表示しますが，スコアscore_lofと管理限界CL_lofを変更すれば，ほかのアルゴリズムの結果も同様にプロットできます．なお，LOFとiForestではスコアと管理限界が負で出力されますので，その絶対値を求めてからプロットします．MSPCとAEでは，T^2統計量，Q統計量（RE）について絶対値を計算する必要はありません．

図6.17〜6.19に，それぞれのアルゴリズムによるIDV1の検知結果を示します．図中の破線は異常検知のための管理限界，160サンプル目（データ記録開始から8時間後）の縦線は，異常発生のフラグです．また，MSPCとAEは，二つの異常検知指標があるため，プロットも2段になっています．

LOF，iForestでは異常発生前のスコアが管理限界以下であり，異常発生後にすみやかに管理限界を超過していることから，正しく異常検知できているといえます．ただし，iForestではスコアの上昇はLOFほど急激ではありません．

MSPCでは，T^2統計量，Q統計量ともに異常発生後に急激に増大し，プロットの範囲を逸脱してしまいました．しかし，よく観察すると異常発生前からすでに管理限界付近の値になっており，ところどころ誤検知が発生し，管理限界の再度の調整が必要だと思われます．また，6.5節で紹介したように，一定時間連続で管理限界を超過した場合にアラームを発報するなどのロ

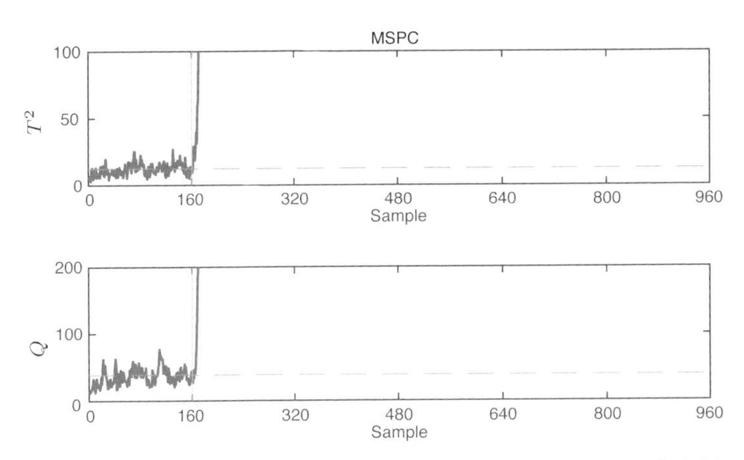

図 6.18 MSPCによるIDV1の異常検知結果：T^2 統計量（上），Q 統計量（下）．T^2 統計量，Q 統計量ともに異常発生後に急激に大きくなっていますが，異常発生前から管理限界付近の値となっています．

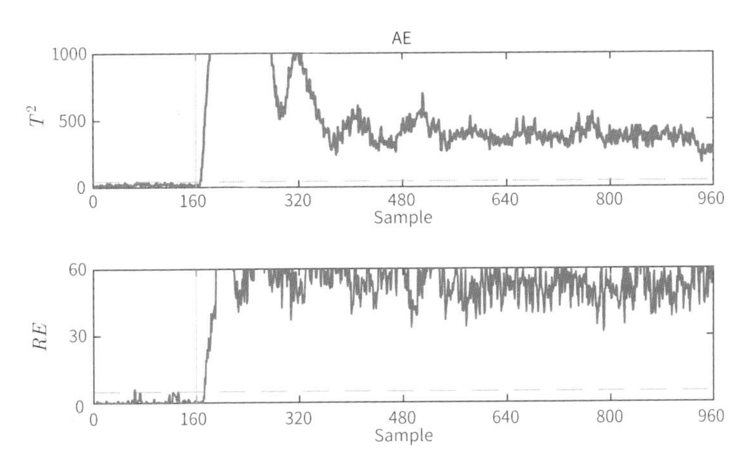

図 6.19 AEによるIDV1の異常検知結果：T^2 統計量（上），RE（下）．AEでは異常発生前で T^2 統計量，RE が管理限界以下となっており，異常発生後に管理限界を超過しているため，正しく異常が検出できているといえます．

ジックでも対処が可能でしょう．

AEですが，MSPC同様，異常発生後に T^2 統計量，RE が急激に増大しています．さらに，AEではMSPCとは異なり，異常発生前は管理限界を超過していません．とはいえ，MPSCでも正常時と異常時の T^2 統計量，RE の差が大きく，管理限界を調整すれば確実に異常だけを検知できるため，必ず

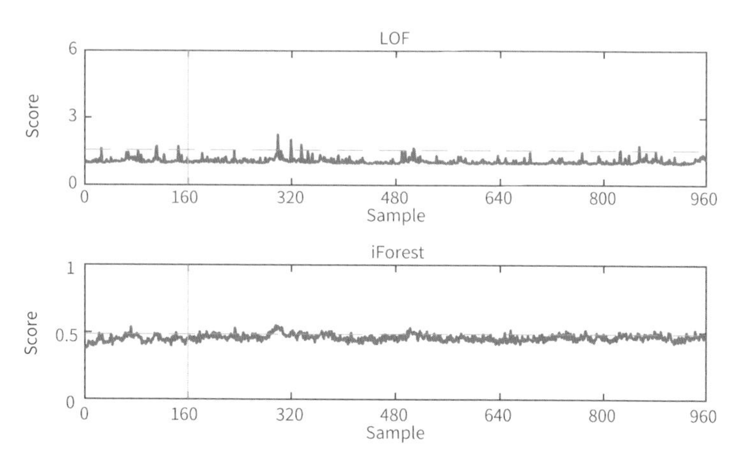

図 6.20　LOF（上）と iForest（下）による IDV14 の異常検知結果．LOF，iForest ともに異常発生前後でスコアに変動がないため，これでは異常の検知になりません．

しもMSPCよりもAEの方が優れているとはならないでしょう．

次に，IDV14はどうでしょうか．IDV14は反応器の冷却装置の異常で，冷却水の流量を調整するバルブにスティクション（固着）が発生するという異常です．通常，バルブの可動部が汚損するなどして摩擦が強くなってくると，バルブがスムーズに動かなくなります．バルブ開度を変化させようとしてと制御信号を送っても，スティクションが発生していると，バルブ開度は変化しにくくなり，制御信号がある程度大きくなってからはじめて突然バルブが動くという現象が発生するようになります．バルブスティクションは，バルブを多用しているプラントでは一般的な異常です [65]．

図 6.20〜6.22 に，それぞれのアルゴリズムによるIDV14の検知結果を示します．LOFとiForestではIDV1は正しく検知できていましたが，IDV14では異常発生前後でスコアの変化がなく，異常が検知できていません．IDV14は反応器の冷却装置の異常なので，異常が発生すると，直接的に反応器内の温度（XMEAS9）が変化すると考えられます．実際にデータを確認すると，確かに異常発生後にXMEAS9の異常な変動が確認できるのですが，その変化は±0.02℃程度の変化に留まっています．そのほかの変数には目立った変化はほとんど見られません．正常データでもより大きく変動している変数もあるため，XMEAS9の異常な変動が全体のデータの変動に埋もれてしまった可能性があります．このような場合，正常データのサンプル密

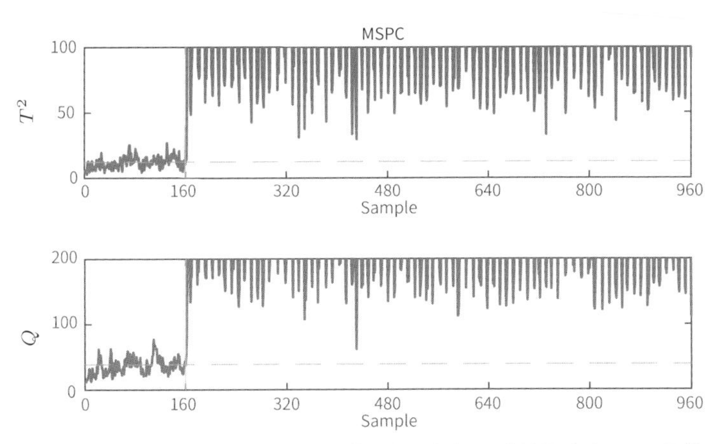

図 6.21 MSPCによるIDV14の異常検知結果：T^2 統計量（上），Q 統計量（下）．IDV1同様に T^2 統計量，Q 統計量ともに異常発生後に急激に大きくなっています．

度に基づくLOFや，判別木による分岐を用いるiForestでは，異常の検出が難しくなったと考えられます．

MSPCでは，IDV1同様に T^2 統計量，Q 統計量ともに異常発生後に急激に大きくなっており，管理限界を適切に決定することで，異常を正確に検知できます．IDV14ではXMEAS9の変動がわずかであっても，プロセス全体にわたって変数間の相関関係が変化する場合は，MSPCで異常を検知することができます．この例から，異常検知においては変数間の相関関係に着目することの有用性が確認できます．

AEでは，隠れ層での値を用いている T^2 統計量は異常発生後に管理限界を超過していますが，再構築誤差 RE では異常が検知できていません．これは，異常が発生してもデータ全体の変動が小さいときは RE も小さいためであると考えられます．一方で，MSPCの Q 統計量は正常データの相関関係との非類似度であるため，異常によって変数間の相関関係が変化すれば，異常を検出できます．しかし，AEでも T^2 統計量によって異常を検知できているため，次元を削減して特徴を抽出することは，異常検知にとっても効果的であることがわかります．

6.10.1 異常診断

最後に，異常IDV1とIDV14について，MSPCの寄与プロットを用いて異

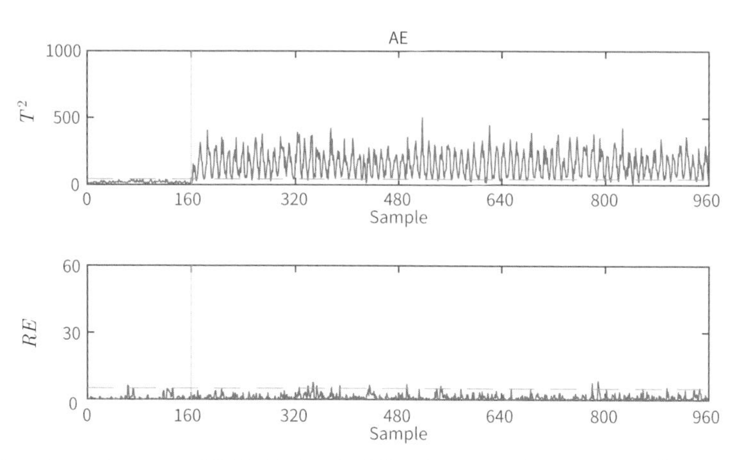

図 6.22　AE による IDV14 の異常検知結果：T^2 統計量（上），RE（下）．AE では異常発生後に T^2 統計量のみが管理限界を超過しており，RE では異常が検知できていません．

常原因の特定を試みてみましょう．

プログラム 6.16　寄与プロットによる異常診断

```
# 寄与の計算
cont_T2, cont_Q = cont_T2Q(faulty_data, meanX, stdX, U, S, V)

# 異常発生後100 サンプルの寄与の平均を計算
fault_cont_T2 = np.average(cont_T2[160:260, :], axis=0)
fault_cont_Q = np.average(cont_Q[160:260, :], axis=0)

# プロット
plt.figure()
plt.bar(range(1, 53), fault_cont_T2)
plt.title('contributions␣of␣T2')
plt.xlabel('varible')
plt.ylabel('contribution')

plt.figure()
plt.bar(range(1, 53), fault_cont_Q)
plt.xlabel('variable')
plt.ylabel('contribution')
plt.title('contributions_of_Q')

plt.show()
```

寄与プロットを**図 6.23** に示します．すべての変数の寄与を表示すると煩雑ですので，この図では寄与の上位5変数に限ってプロットしています．

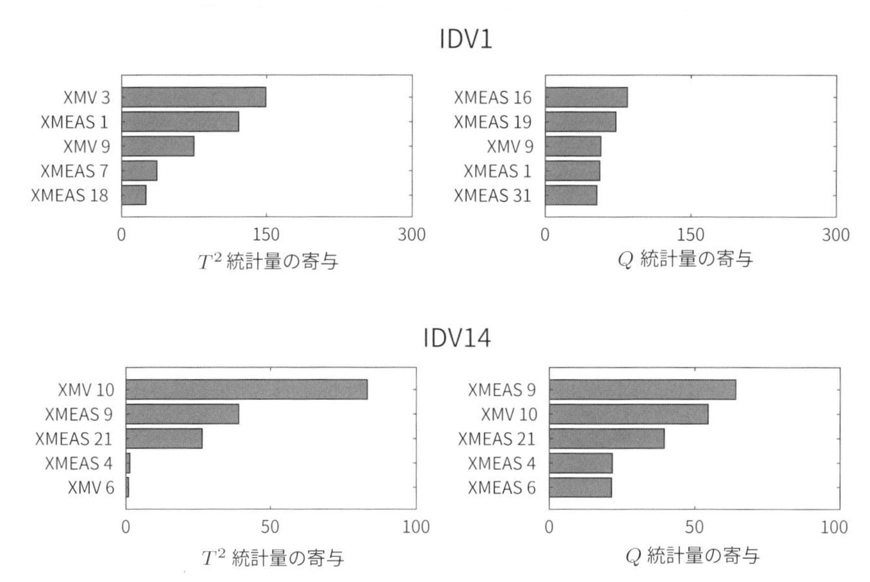

図 6.23 IDV1（上）とIDV14（下）の寄与プロット．IDV1では異常原因を正確に特定できませんでしたが，IDV14では異常原因を正しく特定できました．

この図より，IDV1ではT^2統計量ではXMV3とXMEAS1が大きな寄与を有しており，これは流れ1の原料A流量の操作変数と観測変数です．IDV1は流れ4の原料A，Cの組成比の変化でしたから，この結果は正しくありません．残りの変数も反応器内圧力など，流れ4とは関係のない変数でした．Q統計量ですが，寄与の大きなXMEAS16は精留装置の圧力で，XMEAS19は精留装置で使用する蒸気の流量です．T^2統計量の寄与同様に，Q統計量の寄与でも異常原因を正しく特定するには至りませんでした．

IDV14ではどうでしょうか．XMEAS9とXMV10の寄与が大きくなっていますが，これらはそれぞれ反応器温度の観測変数と，冷却水流量の操作変数です．IDV14は反応器の冷却水の流量を調整するバルブにスティクションが発生する異常でした．バルブに異常が発生すると流量の操作がうまくできず，反応器の除熱にも影響するため，XMEAS9とXMV10が異常に関係している変数であるといえます．したがって，IDV14では正しく異常原因の診断ができたといえます．

IDV1のように，異常検知自体はうまくいっても，必ずしもその原因まで適切に特定できないことがあることには常に注意が必要です．やはり寄与プロットにおいても，モデルから計算された結果だけを信じるのではなく，対象とするシステムのメカニズムに基づいた考察と合わせて，異常原因を調べていく必要があります．

第6章のまとめ

本章では，異常データがまったくもしくは学習に用いることができるほどの量が収集できない場合に，正常データだけでモデルを学習できる異常検知アルゴリズムについて紹介しました．ただし，砂山のパラドックスの例でもわかるように，明確に正常と異常を区別すること自体が困難なことも多く，単純に“異常ではない”データだけを集めて学習させればよいというわけではありません．どのようなデータを収集しモデルを学習させればよいかについては，慎重に判断をしなければなりません．

また，MSPCでは寄与プロットのような異常診断手法もありますが，異常検知アルゴリズムはあくまで入力されたデータより正常か異常かを識別するだけで，異常の種類や，異常の根本的な原因までは教えてくれません．そのため，データより異常を検知した場合に，その後，どのように対処するのかのフローもあらかじめ想定しておく必要があります．真に役に立つAIシステムを開発するためには，機械学習のモデル部分だけではなく，その周囲のシステム・枠組みにいかに知恵を絞るかにあるといえるでしょう．

第7章 データ収集や解析の心構え

これまで，いくつかのスモールデータ解析に典型的な問題と，それらにアプローチするための方法について説明してきました．しかし，適切にスモールデータを扱うには，アルゴリズムやプログラムを使いこなすだけでは不十分です．スモールデータの根本的な問題の一つは，通常の機械学習で必要とされる程度の量のデータが十分に集められないという状況そのものにあるわけですが，これは学習に利用できるデータの量が少ないということだけではなく，それ以外にもさまざまな問題をはらんでいます．

スモールデータへのアプローチは状況によって異なり，定まった解決方法はありませんが，いくつかの指針や心構えを示すことはできます．本章では，筆者の経験も踏まえて，スモールデータ解析におけるデータ収集や解析の心構え，ノウハウをお伝えします．

7.1 機械学習の手順

典型的な機械学習によるモデル学習の手順を，**図7.1**に示しました．

準備段階として学習の目的やデータ取得計画を立案し，立案した計画に沿ってデータを取得します．その後，取得したデータの特性に応じて，モデルを学習させるための特徴量を抽出し，機械学習の方法を使ってモデルを学習させます．学習させたモデルは何らかの形で利用されなければなりません．それがデプロイとよばれる工程で*1，実際の運用環境，たとえばクラウドやスマートフォンのアプリなどにモデルを配置・展開して，一般に利用できるようにします．

さて，この一連の手順の中で何が最も重要な工程でしょうか．本書を含め

*1 デプロイ（deploy）とは，配備する，配置する，などの意味があります．

図 7.1　典型的な機械学習のプロセス．学習の工程こそが重要だと考えられがちですが，最も重要なのは準備段階とデータ取得段階です．

て多くの書籍ではさまざまなモデル学習方法について解説していますし，一般にはモデルの精度を高めることが重要だと考えられますので，多くの方は学習の工程こそが重要だと考えられるでしょう．実際に，学習に利用するアルゴリズムの選択やハイパーパラメータのチューニングは，精度に大きく影響することは間違いありません．また，モデルの入力となる特徴（変数）をどのように選択するのかも，確かに重要です．

ところが，実際のところモデルの精度の精度の上限を決めているのは，学習よりも上流の工程である準備段階とデータ取得の段階なのです．ここを疎かにすると，まったく役に立たないゴミデータばかり集めてしまうことになり，下流の工程で特徴抽出や学習をいかに頑張っても，まともに利用できるモデルはできないのです．これはビッグデータであれスモールデータであれ，変わることのない事実です．“Garbage In, Garbage Out”[*2]は，データ解析に携わる人間は常に心に留めておくべき言葉でしょう．

本章では，前工程である準備段階と，データ取得段階において注意すべきことを，述べていきます．

7.2 そもそもデータを使って何をやりたいのか

図 7.2 は2018年1月から2021年7月の日経平均株価の終値の推移です．データ解析を生業としていると，このような図を見たときに過去のデータから株価の予測ができるAIを開発して，株で利益を上げたいという誘惑に駆られることがあります．そこで株価予測という問題を考えると，たとえば過去の株価を入力として，明日の終値を予測する回帰モデルを学習させればよ

*2　“Garbage In, Garbage Out”は，直訳すると「ゴミを入力するとゴミが出力される」ですが，意訳すると「無意味なデータからは無意味な結果しか得られない」ということになります．

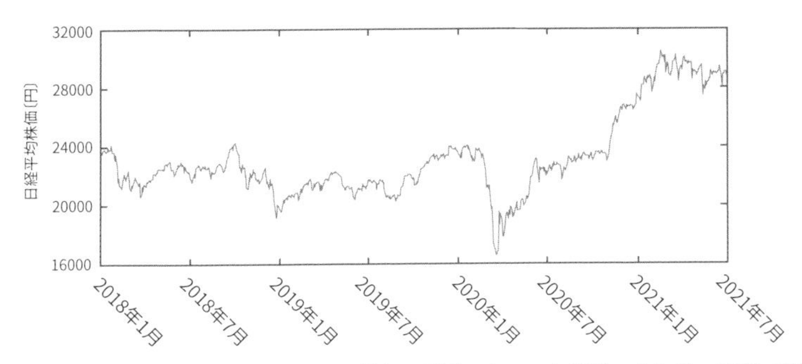

図 7.2 日経平均株価の終値の推移．明日の株価を予測できるAIを開発できれば，確実に利益を出すことができますが…….

いことになるでしょう[*3]．

このような株価予測モデルは，どの程度の性能があればよいでしょうか？たとえば，1円単位で正確に株価が予測できるのであれば，確実に大金を儲けることができます．そのため，とにかく正確なモデルが欲しいとなれば，必死に過去の株価を含むさまざまな経済データを集め，データの前処理などにいろいろと工夫をしたり，ハイパーパラメータも頑張ってチューニングして，少しでも精度を改善することに注力することになります．

しかし本来の目的は，株式の売買で利益を上げることであり，高精度の株価予測モデルを構築することではありません．もちろん，モデルの予測精度が高いに越したことはありませんし，高精度のモデルを学習できることはすばらしいことですが，これでは手段が目的化してしまっています．株で儲けたいだけであれば，1円単位で株価を予測する必要はなく，多少の予測誤差は許容されるでしょう．ある程度，精度を諦めてもよいのであれば，データ収集やモデルのチューニングにかける手間を削減できる可能性があります．

さらにいうと，株取引では最悪，損失さえ出さなければよい，とも考えられます．損失さえ出さなければいつかは必ず利益が出ますので，長い目で見れば儲かります．このように損失を出さなければよいと割り切ると，株価を予測する必要すらありません．株が値上がりするか値下がりするかだけ予想できれば十分です．値上がりすると考えられるときに株を買えばよいわけですし，値下がりすると思えばその前に売ればよいのです．この場合は，連続

*3　このように過去の出力を入力とする回帰モデルのことを，自己回帰（autoregressive; AR）モデルとよびます．

値として株価を予測するのではなく，株価が上がるか，下がるかの2クラスに分類する問題となります．

この例からわかるように，機械学習ではいつも精度の高いモデルを学習させることが重要というわけではありません．大切なのは目的を達成できる最適な方策を探ることであり，機械学習以外の方法でも目的が達成できるのであれば，そちらを採用しても構いません．そして，機械学習を活用すると決めたのであれば，どのような問題を想定して，採用する方法はなにか，入力と出力はどのようなものか，どの程度の性能を目指すのかを考えなければなりません．

正しく問題を設定することの重要さはスモールデータ解析に限りませんが，特にスモールデータ解析ではこの点を事前にしっかりと考えておく必要があります．なぜなら，スモールデータ解析では問題の解き方が明確でない場合が多いからです．本書ではこれまでに，スモールデータ解析について典型的な問題とそのアプローチを示してきましたが，たとえば回帰問題一つを取り上げても，モデルの入力と出力も，そして学習させたモデルの利用のされ方も千差万別です．つまりスモールデータの問題では，参考にできる類似の問題がまったく存在しなかったり，あっても少なかったりします．

一方で，ビッグデータを活用する典型的な問題である画像識別問題は，入力データは画像に固定されていますし，多くの場合の目的とする出力は物体の名称です．つまりビッグデータ問題の多くは，すでに問題設定が明確であり，問題へのアプローチ，つまり用いるモデルや入出力データもわかっています．さらにそれぞれの問題で，おおよそ機械学習モデルが到達できる性能の限界も明らかになっているので，新たにモデルを学習させる際のベンチマークにできます．

このように，スモールデータ解析においてはビッグデータと異なり，問題発見や定式化からはじめないといけないこともあり，ベンチマークとできる問題がない場合はモデルの目標とする性能もこちらで設定しなければなりません．

AIは問題の発見や定式化までしてくれません．解くべき問題の発見こそ，人間が自らの知能や経験を用いて行うべき最も重要なタスクといえます．

7.3 PICO

では，どのようにして適切に問題を設定すればよいでしょうか？ ここでは，機械学習に限らず一般的に問題の定式化に用いることができるPICOという考え方のフレームワークを示します．

PICOは，もともとは根拠に基づく医療（Evidence-Based Medicine; EBM）[*4]の分野で登場する考え方で，臨床現場における疑問（クリニカルクエスチョン）を，適切に扱える問題として定式化するためのフレームワークです．PICOでは，クリニカルクエスチョンを

1. どのような患者に（Patient）
2. どのような介入をしたら（Intervention）[*5]
3. 何と比較して（Comparison）
4. どのような結果になるか（Outcome）

という四つの要素に分解して定式化します．PICOはこの四つの要素の頭文字です．

例を挙げましょう．もともとのクリニカルクエスチョンが「50代の糖尿病患者である田中さんの高血圧に対処するためには，どの薬を使えばよいだろうか」だったとします．これをPICOで定式化すると

P　高血圧症を合併し糖尿病を罹患している50代男性に
I　薬剤Aで治療するのと
C　薬剤Bで治療するのでは
O　どちらが予後が良いか

となります．このようにPICOにしたがって問題を整理することで，意志決

*4　EBMとは，患者の意向や価値観とともに，質の高い臨床研究による検証されたエビデンスに基づいて，患者と一緒に治療方針を決めるよう心がける医療のことです．EBMでは，エビデンス構築のために，疫学的観察や客観的な治療効果の測定に統計学を利用します．

*5　意図的な治療や介入ではなくて，意図せず何かの危険因子に暴露したかどうかという形で定式化することがあります．この場合はInterventionではなくてExposureですので，IではなくてEとします．たとえば，喫煙や飲酒はExposureとして扱われます．

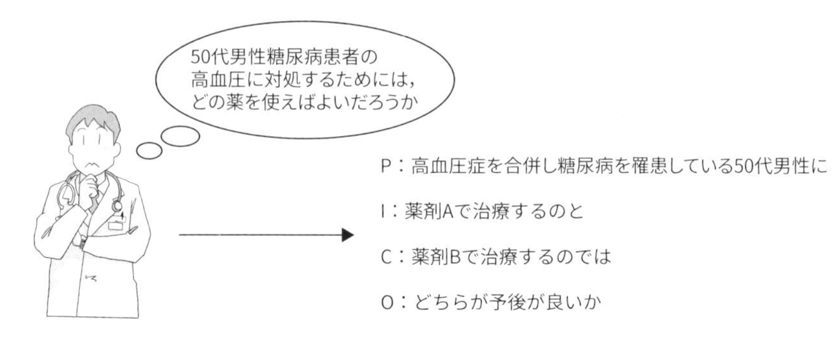

図 7.3　PICOの例．このように問題をPatient・Intervention・Comparison・Outcomeに整理して定式化することで，意志決定のために必要な情報を抽出することができます．

定のためにどのような情報が必要かを抽出することができます．この例の場合だと高血圧症を合併し糖尿病を罹患している50代男性に対して，薬剤AとBの治療成績を報告した論文やデータを検索して，治療成績の比較を行うことで，比較結果に基づいた適切な治療方針を決定できます[*6]．

先ほどの株式の例に戻りましょう．もともとのクエスチョンは「どのようにすれば株式売買で利益を上げられるか」でした．この場合，さまざまな問題の定式化があり得ます．たとえば

P　会社Aの株の売買において
I　回帰モデルで株価そのものを予測するのと
C　二値分類モデルで，株価が上がるのか，下がるのかを予測するのでは
O　どちらがより利益を上げられるか[*7]

と定式化することもできますし，そもそも機械学習を使うかどうかを考えるのであれば

P　会社Aの株の売買において
I　機械学習モデルに基づいて株の売買を行うのと
C　株式アナリストの意見に基づいて株の売買を行うのでは

*6　もちろん，患者さんの治療に対する意向も尊重します．

*7　より厳密にアウトカムを考えるのであれば，株式を売買する期間や，それぞれのモデルの学習に必要な手間などをトータルで考慮した上での利益を定量化しなければなりません．

O　どちらがより利益を上げられるか

とすることもできます．このようにPICOのフォーマットで問題を定式化し言語化することで，問題を明確にし，問題解決のために必要な意志決定のあり方を決めることができます．

PICOでは，ComparisonとしてInterventionと比較することが求められていますが，ベースラインを定義した上でベースラインと比較するということは，意志決定において重要です．無駄に高精度な株価予測モデルを構築しようとしてしまうというのは，性能を示す指標に適切な比較相手がいないからです．評価すべきポイントが複数ある場合もありますが，比較相手との性能の優劣が定量的にわかっていれば，つまりベースラインが適切に設定されていれば，性能だけ特化したモデルを作る必要はないことに気がつきます．

筆者らのグループが研究しているテーマを，PICOで表現した実例を示しましょう．筆者らはてんかんという脳の疾患について，患者の生体データを用いててんかん発作の発生を予知できるAIを開発しています [2]．てんかん発作はけいれんや意識障害が主な症状ですので，患者は発作による事故や怪我のリスクがあります．したがって，発作が起きる前に予知することができれば，患者は自らの身を守る行動をとることができ，事故や怪我のリスクを低減できます．

てんかん発作予知AIの開発にあたり，まず最初に決定しなければならないのは，生体データにもいろいろな種類のデータがあるので，どのような生体データを用いればてんかん発作を予知できるのか，ということでした．てんかんは脳の病気なので，脳活動をリアルタイムに測定できる脳波を用いればてんかん発作を予知できるのではないか，と素直に考えられます．しかし，脳波は容易に測定できないという難点もあります．一方で，てんかん発作が発生する前から心拍データにわずかな変化がある，ということがいくつかの研究で報告されていました [66, 67]．心拍データは小型センサで気軽に測定することができますが，直接的に脳活動を測定しているわけではありません．そこで，これらを比較することにしました．これをPICOでまとめると

P　てんかん発作を予知するAIを開発するには

I　脳波データを用いるのと
C　心拍データを用いるのでは
O　どちらが実用的であるか

となります．ここでOの「実用的である」とは，発作予知精度だけではなく，てんかん患者が日常生活中で脳波データや心拍データを，どれだけ簡便かつ高精度に取得できるかなども含んだ評価となっています．このようにPICOで意志決定すべき事柄を定式化して，脳波データと心拍データそれぞれのメリットとデメリットについての情報を収集し，最終的に測定が簡便である心拍データを採用することにしました．

問題を適切に設定することは，データ解析を成功させる上での一里塚です．焦って手を動かす前に，真に取り組むべきことについてじっくりと考えましょう．

7.4 データの文脈を理解する

問題が適切に定義できたとして，その次に必要なのは解析対象のデータを理解することです．ビッグデータであれスモールデータであれ，ドメイン知識の活用が求められます．しかし，ビッグデータ解析ではドメイン知識が不足していても，その膨大なデータ量から不足している知識を補間することもできるでしょう．たとえば，深層学習における特徴量の自動抽出は一つの例です[*8]．一方で，スモールデータ解析ではドメイン知識の不足をデータ量で補うことはできません．そして，特にスモールデータ解析では，データそのものへの理解だけではなく，データの「文脈」を理解することが求められます．

データの「文脈」とはなんでしょうか？ 2.3節でも強調しましたが，データだけでは，因果関係と相関関係を区別するのは困難で，データの背後にある物理化学的，生理学的，または経済学的なメカニズムを知っておく必要があります．しかし，これらだけでもまだ不十分なことがあります．

*8　その代わり，学習させたモデルが人間には解釈できないブラックボックスになってしまうおそれがあります．

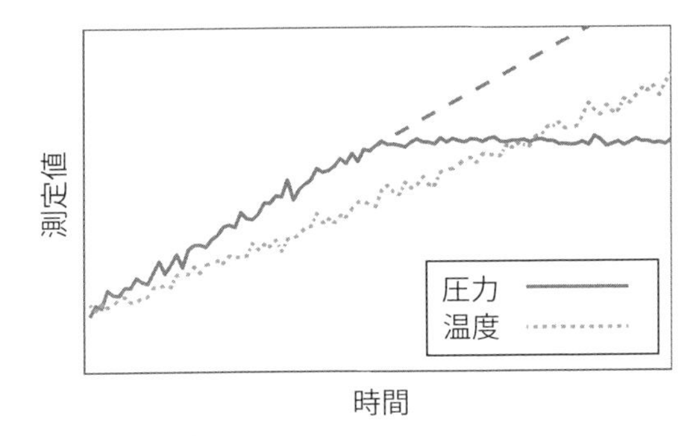

図 7.4 タンク内部の温度と圧力の時間変化．温度と圧力の間には相関関係がありますが，あるところから圧力が上昇しなくなります．これは，タンク内の圧力がある一定以上の値となったときに，内部蒸気を放出させることで，圧力を上昇しないような制御をしているためです．このように温度と圧力の間の物理的なメカニズムだけを知っていても，データの挙動までは理解できません．現場でどのようにこのタンクを操業しているかまで，踏み込む必要があります．

図 7.4 は流体を貯蔵するタンク内部の温度と圧力の時間変化のプロットです．この図より，温度と圧力はよく似た変動をしており，両者の間には相関関係があることがわかります．タンクの容積は一定ですので，ボイル・シャルルの法則からタンク内の温度が上昇すると，それに伴って圧力も上昇します．これがデータの背後にある物理的なメカニズムです．ところが，**図 7.4** ではあるところから圧力のみが上昇しなくなります．これはどのようなメカニズムなのでしょうか？

実はこのタンクでは，タンク内圧力がある一定以上の値となったときに，内部蒸気を放出させることで，圧力が上昇しないような制御をしています．このために，温度が上昇していても圧力が上昇しないことがあるのです．このルールはボイル・シャルルの法則と独立して存在しているため，温度と圧力の間の物理的なメカニズムを知っていても，データの挙動までは理解できません．

しばしば，この類の運用ルールは現場の作業手順書を確認しないとわからないことがあります．しかも，作業手順書として明文化されていない現場作業員の間での経験や勘に基づいた暗黙的な知識であることもあります．このような暗黙的なルールや明確に記録として残されていない情報が，データの「文脈」に該当します．

ビッグデータであれば，暗黙的なルールやデジタル化されていない情報もデータから自動的に抽出できるのかもしれませんが，スモールデータでは人間がデータを解釈しなければなりません．そのためには，データの測定や記録に関わるさまざまな周辺情報を「文脈として」把握しておく必要があるのです．

筆者の実体験を挙げましょう．ある製造装置の運転における重要な変数を運転データより予測するモデルを開発したことがありました．当初はかなり正確な予測ができていたのですが，あるときから予測モデルの予測性能が低下してしまいました．モデルの入力として用いているデータも確認しましたが，特に異常は確認できませんでした．

この予測性能低下の原因はしばらく不明だったのですが，現場を訪問してはじめて原因を突き止めることができました．実はある日を境に，この装置の運転条件が手動で変更されており，それ以降，予測モデルの予測性能が低下していたのでした．この運転条件の変更は運転データには含まれておらず，現場の手書きの日報にだけ記載がありました．この日報の記載を確認してはじめて装置の状態が変化し，予測モデルが適合しなくなっていたことが判明したのですが，このように日報や週報などの現場の報告は，デジタル化されていないことが多く，現場での調査が求められることもあります．

7.5 現地現物と三現主義

別の例として，病院の手術室のデータを解析したことがあります．手術室には多様な医療機器があり，たとえば心電図や血圧を測定している生体モニタ，麻酔の管理をしている麻酔表記録装置，手術用顕微鏡などが用いられています．現在はこれらの医療機器もすべてデジタル化されているため，手術中のデータを記録することは簡単にできるように思えます．筆者も当初はそのように考えていました．

しかし，実際に現場でデータを集めてみると，重大な問題が存在することに気がつきました．手術室の壁の時計と，生体モニタから取得したデータ，麻酔表，顕微鏡動画データの時刻がどれも一致しないのです．現在では，ほとんどの機器がネットワークに接続されており，タイムサーバ経由で自動的に機器の時計が同期されるため，普段は機器の時刻が同期されているかについては意識することがありません．しかし，病院内のネットワーク，特に命に関わる重要な医療機器についてはセキュリティ確保の観点から，外部ネットワークに接続していないことが多いため，自動的に時刻が同期されないのです．そのため，少しずつそれぞれの機器で時刻がズレていきます．

手術中のデータを解析に利用しないのであれば，このような時刻のズレは気にしなくてもよいのかもしれません．実際に，現場では機器間で時刻が同期されていないことを意識していた医療スタッフはいませんでした．しかし，これはデータ解析の立場からすると致命的です．術中のデータは薬剤の投与や血圧の急激な変化などのイベントに着目して，その前後のデータを解析することが多いのですが，すべてのデータで時刻が一致しないのでは，イベントが発生した真の時刻がわかりません．これも現場に実際に出向いていたからこそ気がつけたことでした．

つまり，手術室という現場を確認せずにデータだけもらってきて解析していたのでは，とんでもない解析結果を導いていた可能性がありました．これ以降は機器の時刻の同期について定期的に現場スタッフに確認してもらうように依頼し，解析可能なデータを収集できるようになりました．逆に，それまでのデータはすべて解析に適さないと判断せざるを得ませんでした[*9]．

この例からわかるように，スモールデータ解析ではデータをもらってくるだけではなく，必ずデータが発生している現場を，少なくとも一度は確認しておかなければなりません．

製造業では，「現地現物」という言葉があります．これは机上や想像で考えるよりも，実際に現地に足を運び，現物をみて触れることで，問題点を洗い出すことを意味します．さらに，より具体的な行動指針として「三現主義」ということがあります．

- 現場に足を運び，現場の状況を把握する．
- 現物を触れて，物の状態を確認する．
- 現実をこの目で見て，事実を知る．

現地現物も三現主義も当たり前といえば当たり前なのですが，オフィスのディスプレイでデータだけを眺めていると，データにはそれが発生している現場があり，しばしば現場固有の事情があることを忘れがちになります．これを防ぐためにも，データの収集を開始する前の現地現物を徹底し，データ収集についての問題点を洗い出すことをおすすめします．

*9 なお，ビッグデータとよばれるデータのほとんどはインターネット経由で収集されるため，時刻の同期性については気にする必要はないでしょう．その代わり，時刻表現のフォーマットの差異やタイムゾーンについては気をつけた方がいい場合もあります．

7.6 現場とのコミュニケーション

筆者も，企業や研究機関からさまざまなデータ解析の相談を受けます．その多くは，これまでに現場にはデータが蓄積されているので，これを活用して何かしらAIを開発したい，というものですが，ほとんどの場合はそう簡単に事は進みません．最初から解析を前提としてデータを収集しているのでない限り，現場のデータはそのままでは解析に利用できないことが多いのです．さきほどの手術室の例もそうですが，データの時刻同期ができていなかったり，測定の粒度が荒かったり，またデータの判読やラベル付けがきちんとされていない，などの状況はよくあります．

一度，測定されたデータはやり直しがきかないので，このようなデータはもはや機械学習に利用できません．測定が困難であったりデータの発生が稀なスモールデータ解析では少しでもデータを増やしたいのですが，解析に向かないデータを追加しても，むしろ状況を悪化させるだけであり，素直に諦めてデータ解析を前提として前向きにデータを収集し直した方が早いでしょう．

データの収集をその後の解析を前提としてやり直すということは，データの取り扱いについてこれまで現場でやっていた作業や手順の変更をお願いすることになります．しかし，これは必ずしも現場にとって容易に受け入れられることではありません．

これまでの作業を変更するというのは，程度の違いはありますが現場には負担であり，作業手順書の変更や，作業者の再訓練さえ必要なことがあります．しかも，現場にとってはデータ解析やAI開発のメリットが明確でないことも多く，解析側がこの程度の手順の変更や修正は簡単だろう，と思ってお願いをしても，現場から反発を受けることはさほど珍しいことではない，ということを肝に銘じておく必要があります．

このような現場との摩擦を避けるためには，まずはデータ解析やAI開発のメリットについて解析側が現場に丁寧に説明することが大切です．しかし困ったことに，AI開発は実際にやってみないことには性能の保証ができない，という問題があります．現場からすると，想定した成果が出ないと，頑張って作業手順を見直してデータ収集に協力したけど，最初に説明されたようなメリットがなかったじゃないか，これではもう二度とデータ収集には協力しない，ということにもつながりかねません．

したがって，現場にはデータ解析やAI開発のメリットだけではなく，必ずしもその目標は100％達成できるとは保証できないこと，また100％目標が達成されなくても，少なくともこの程度のことはできて，作業をわざわざ変更してもらった労力に見合うだけの価値はある，ということも同時に説明して説得すべきです．逆にいうと，その最低限達成できることの見積もりができないプロジェクトは，お金と時間をドブに捨てるだけの結果になりかねませんので，推進すべきではないでしょう．

もちろん，データ解析にはやってみないとわからない部分もあるので，実際にやってみないことには最低限達成できることの見積もりもできない，ということはあり得ます．しかし，現場に何か依頼しないといけないのであれば，何かしらの説得材料は必要です．目標に対する段階的な達成度による現場へのメリットは示した方がよいでしょう．

そして，なりより大切なのは，普段からの現場とのコミュニケーションです．現場にひとりでも理解者がいるだけで，現場との距離感が全然違います．オフィスに閉じこもってデータを眺めたり，プログラムを書いてるだけではなく，普段から現場に顔を出して，データとは必ずしも関係のない現場の悩みを聞くなどして地道な取り組みをしている方が，結局は近道かもしれません[*10]．

7.4節にて，データの文脈を理解することが大切だと説きました．このようにデータの背後には，データ発生のメカニズムがあるということだけではなく，現場でのデータ収集にはさまざまな人たちが関わっているということについて想像力を働かせるのも，データの文脈の理解の一つといえます．

*10　筆者が生産現場に出向いてデータを収集していた頃は，しばしば現場の敷地内の「赤ちょうちん」，つまり居酒屋で現場のスタッフと懇親会を開いてもらうことがありました．現場に併設されている居酒屋は，その企業が運営していることが多く，街中よりも格安で飲食できるため，現場とのコミュニケーションの場としてよく活用されていました．必ずしもアルコールが現場とのコミュニケーションに必要なわけではありませんが，プロジェクトを円滑に進めるための場作りは，今も昔も大切です．

7.7 解析データセット構築に責任を持つ

データは，現場で収集しただけでは解析できません．収集したデータを判読してラベルを付与し，データの前処理，たとえば混入している外れ値やノイズを除去して，フォーマットを整えて，ようやくコンピュータで解析ができるようになります．場合によっては，現場で手書きの日報に記録されていた測定データを，キーボードで打ち込むところからはじめないといけないかもしれません．

このようにデータを，解析に利用可能なデータセットにまとめるには，かなりの手間がかかります．しかも，データセット構築は単純作業に見える部分もあるので，外注したり，バイトを雇うのが早いのではないか，と思ったりするかもしれません．確かにデータのフォーマット整理ぐらいであれば，仕様を決めておけば，外注などでもよいかもしれません．しかし，他人にデータセット構築のすべてを任せるのは，おすすめしません．データセット構築は，解析者が責任を持って自ら実施すべきです．

たとえば，ほかのサンプルとは値が大きく異なるサンプルがデータに混入していたとします．これを外れ値とみなして，解析データセットから除外するのは簡単です．しかし，6.7節でも触れたように，正常と異常の区別は必ずしも容易ではありません．収集したデータの範囲だと異常に思えるサンプルでも，実は正常であることもあり得るので，本当にこのようなサンプルをデータセットから除去してもよいのかは，解析対象や現場についての知識に基づいた慎重な判断が求められます．このようなことを，やすやすと他人任せにはできないでしょう．一つひとつのサンプルを丁寧に目で確認しながら，場合によっては現場に確認しながら，解析データセットに組み入れるかを慎重に判定すべきです．

さらに，実際にデータを解析してみて，想定していなかった奇妙な結果が得られたとしましょう．このとき，データセットの構築が他人任せで作業内容がブラックボックスになっていると，作成したプログラムにバグがあるのか，解析したデータセットに何かおかしなサンプルが混入しているのか，原因の切り分けが困難となります．一方で，自分で責任を持ってデータセットを構築してれば，おかしな結果が得られた原因の究明が容易になります．

スモールデータ解析では，適用できる機械学習アルゴリズムにも制限があり，解析にさほど大きな自由度はありません．その代わり，データセットの質が解析成否を決めます．いくらスモールデータとはいえ，一つひとつサンプルを確認するのは，かなりの手間になります．しかし，この一手間を惜しんでいては，スモールデータ解析は成功しません．ぜひ，データを自身の目で確認して，データセットの品質に自信を持ってから，解析に挑んでください．

7.8 どうしてもうまくいかないときは

頑張って適切なデータセットを構築し，メカニズムから適切と考えられる入力と出力を定義してモデルを学習させたとしても，どうしてもうまくいかないことはあり得ます．一言でうまくいかない，といっても，学習させたモデルの性能が出ないということもあれば，そもそものプログラムの動作が不良であるなど，さまざまなレイヤーの問題があります．そのような場合は，何が不具合の原因であるかを切り分け，特定するための検証作業が必要となります．

不具合の原因を特定しようとするとき，なぜうまくいかないのか，を考えることが多いと思います．ある程度プログラミングに経験がある人は，デバッガを使って変数の動きを追跡したり，ブレークポイントを設定して，その前後でのプログラムの挙動をチェックするなどの作業を頻繁に行っているでしょう．

機械学習モデルにおける不具合は，なぜうまくいかないのか，を考えるよりも，モデルがなぜそのような挙動をするのかについて，考察した方が有益なことが多いです．機械学習は，入力と出力の間の関係をデータから抽出する方法です．したがって，一見奇妙に思えるモデルの挙動も，入力と出力の間の関係を正しく表現している可能性もあるのです．

本当にモデルの挙動が奇妙であるかは，2.3 節でも強調したように，対象とするシステムについての物理的，生理学，または経済学的なメカニズムに基づいた考察が必要です．対象についての十全の知識に基づいて，しっかりとモデルの挙動について検証しましょう．

どんなにプログラムを見直したり，ほかの学習アルゴリズムを試したり，また既知のメカニズムに基づいて考察しても，モデルの挙動に納得ができない場合は，スモールデータなのでやはり学習データの量が足りていないか，それとも私たち人間が未だ気がついていない何らかのメカニズムが潜んでいるかのいずれかです．大抵は前者ですが，ごく稀に後者の可能性もあります．その場合は，科学上の新発見につながるかもしれません[*11]．

第7章のまとめ

前章まで，スモールデータに関するさまざまな問題と，それを解くためのアルゴリズムを紹介してきましたが，本章からわかるようにスモールデータ解析の本質はデータの理解と収集です．適切に解析可能なデータが収集できれば，開発する機械学習モデルが最終的にどの程度の性能を達成するかはわかりませんが，プロジェクト全体の最も大きな山は越えているといえます．

一度，開始してしまったデータ収集はやり直しができません．つまり，データを収集するための計画立案と準備，そしてデータ収集とデータセットの構築こそがスモールデータ解析の成否を決めといっても過言ではありません．データ解析プロジェクトを成功に導けるデータ収集計画を立案するには，問題の適切な定義と，データの背後の文脈把握，そして現場とのコミュニケーションが求められますが，これこそ機械にはできない，人間にしかできないタスクです．

スモールデータ解析においては，ぜひ，この人間にしかできない仕事にこそ，最大のリソースを投入していただきたいと思います．

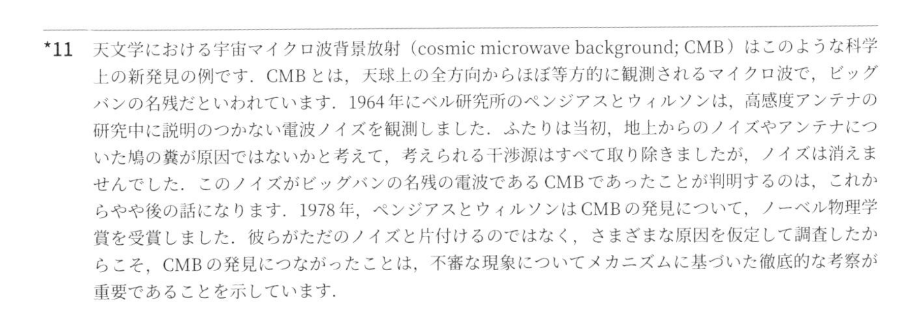

*11 天文学における宇宙マイクロ波背景放射（cosmic microwave background; CMB）はこのような科学上の新発見の例です．CMBとは，天球上の全方向からほぼ等方的に観測されるマイクロ波で，ビッグバンの名残だといわれています．1964年にベル研究所のペンジアスとウィルソンは，高感度アンテナの研究中に説明のつかない電波ノイズを観測しました．ふたりは当初，地上からのノイズやアンテナについた鳩の糞が原因ではないかと考えて，考えられる干渉源はすべて取り除きましたが，ノイズは消えませんでした．このノイズがビッグバンの名残の電波であるCMBであったことが判明するのは，これからやや後の話になります．1978年，ペンジアスとウィルソンはCMBの発見について，ノーベル物理学賞を受賞しました．彼らがただのノイズと片付けるのではなく，さまざまな原因を仮定して調査したからこそ，CMBの発見につながったことは，不審な現象についてメカニズムに基づいた徹底的な考察が重要であることを示しています．

A 付録

A.1 標本分散と母分散

(2.4) 式，つまり標本分散s^2の期待値$E[s^2]$は，母分散σ^2よりも小さくなるということを証明しましょう．標本分散の定義は

$$s^2 = \frac{1}{N}\sum_{n=1}^{N}(x_n - \bar{x})^2 \tag{A.1}$$

です．トリッキーですが，$x_n - \bar{x} = (x_n - \mu) - (\bar{x} - \mu)$として (A.1) 式に代入します．ここで，$\mu$は母平均です．

$$\begin{aligned}
s^2 &= \frac{1}{N}\sum_{n=1}^{N}(x_n - \bar{x})^2 && \text{(A.2)}\\
&= \frac{1}{N}\sum_{n=1}^{N}\left((x_n - \mu)^2 - 2(x_n - \mu)(\bar{x} - \mu) + (\bar{x} - \mu)^2\right) && \text{(A.3)}\\
&= \frac{1}{N}\sum_{n=1}^{N}(x_n - \mu)^2 - \frac{2(\bar{x} - \mu)}{N}\sum_{n=1}^{N}(x_n - \mu) + (\bar{x} - \mu)^2 && \text{(A.4)}\\
&= \frac{1}{N}\sum_{n=1}^{N}(x_n - \mu)^2 - 2(\bar{x} - \mu)\frac{1}{N}(N\bar{x} - N\mu) + (\bar{x} - \mu)^2 && \text{(A.5)}\\
&= \frac{1}{N}\sum_{n=1}^{N}(x_n - \mu)^2 - 2(\bar{x} - \mu)^2 + (\bar{x} - \mu)^2 && \text{(A.6)}\\
&= \frac{1}{N}\sum_{n=1}^{N}(x_n - \mu)^2 - (\bar{x} - \mu)^2 && \text{(A.7)}
\end{aligned}$$

この変形は複雑に見えますが，総和記号$\sum$に関係のある項と関係のない項を区別して計算すれば，難しくはありません．これよりs^2の期待値$E[s^2]$は

$$E\left[s^2\right] = \frac{1}{N}\sum_{n=1}^{N} E\left[(x_n - \mu)^2\right] - E\left[(\bar{x} - \mu)^2\right] \tag{A.8}$$

となります．母分散σ^2は母平均μを用いて

$$\sigma^2 = E\left[(x_n - \mu)^2\right] \tag{A.9}$$

と書けます．これを (A.8) 式に代入すると

$$E\left[s^2\right] = \frac{1}{N}\sum_{n=1}^{N} \sigma^2 - E\left[(\bar{x} - \mu)^2\right] \tag{A.10}$$

$$= \sigma^2 - E\left[(\bar{x} - \mu)^2\right] \tag{A.11}$$

となりました．これによって，標本分散s^2の期待値$E[s^2]$は，母分散σ^2より$E[(\bar{x} - \mu)^2]$だけ小さくなることがわかります．

この差を補正しましょう．まず，$E[(\bar{x} - \mu)^2]$について考えます．

$$E\left[(\bar{x} - \mu)^2\right] = E\left[\left(\frac{1}{N}(x_1 + x_2 + \cdots + x_N - N\mu)\right)^2\right] \tag{A.12}$$

$$= E\left[\frac{1}{N^2}\left((x_1 - \mu) + (x_2 - \mu) + \cdots + (x_N - \mu)\right)^2\right] \tag{A.13}$$

$$= \frac{1}{N^2}\sum_{n=1}^{N} E\left[(x_n - \mu)^2\right] \tag{A.14}$$

$$= \frac{1}{N^2}\sum_{n=1}^{N} \sigma^2 \tag{A.15}$$

$$= \frac{1}{N}\sigma^2 \tag{A.16}$$

です．これを (A.11) 式に代入すると

$$E\left[s^2\right] = \sigma^2 - E\left[(\bar{x} - \mu)^2\right] = \left(1 - \frac{1}{N}\right)\sigma^2 \tag{A.17}$$

となり，(2.4) 式が示されました．さらに

$$\sigma^2 = \frac{N}{N-1}E\left[s^2\right] = \frac{N}{N-1}\left(\frac{1}{N}\sum (x_n - \bar{x})^2\right) = \frac{1}{N-1}\sum (x_n - \bar{x})^2 \tag{A.18}$$

となり，不偏分散の式である (2.2) 式が導出されました．

A.2 LARSアルゴリズム

4.4.2 項では，2次元の場合のLARSアルゴリズムのコンセプトを示しました．ここでは，3次元以上に一般化して，Lasso回帰の最適化問題

$$\hat{\boldsymbol{\beta}}_{lasso} = \arg\min_{\boldsymbol{\beta}} J(\boldsymbol{\beta}), \quad J(\boldsymbol{\beta}) = \left(\|\boldsymbol{y} - \boldsymbol{X}\boldsymbol{\beta}\|_2^2 + \mu\|\boldsymbol{\beta}\|_1\right) \tag{A.19}$$

を解くことを考えましょう．

LARSアルゴリズムは，学習用の出力データ $\boldsymbol{y}$ とその推定値 $\hat{\boldsymbol{\eta}}$ との残差 $\varepsilon = \boldsymbol{y} - \hat{\boldsymbol{\eta}}$ と相関が大きい変数を，入力変数として一つずつ追加していく方法です．まず，次のような行列を定義します．

$$\boldsymbol{X}_{\mathcal{A}} = [\dots, s_j \boldsymbol{x}_j, \dots] \qquad (j \in \mathcal{A}) \tag{A.20}$$

ここで $\mathcal{A}$ は係数が0でない添字集合で，アクティブ集合とよびます．つまり，アクティブ集合はLasso回帰の入力変数として追加された変数全体を表しています．また，$s_j = \mathrm{sgn}(\hat{c}_j)$，$c_j = \boldsymbol{x}_j^\top(\boldsymbol{y} - \hat{\boldsymbol{\eta}})$ です．

4.4.2 項で説明したように，出力推定値の更新に必要なのは更新する方向だけで，その大きさは γ で調整します．そこで，任意の $j \in \mathcal{A}$ について $s_j \boldsymbol{x}_j$ との内積が1となるベクトル $\boldsymbol{u}'$ を用意します．つまり $s_j \boldsymbol{x}_j^\top \boldsymbol{u}'_j = 1$ であり，これを並べて

$$\boldsymbol{X}_{\mathcal{A}} \boldsymbol{u}'_{\mathcal{A}} = \boldsymbol{1}_{\mathcal{A}} \tag{A.21}$$

とします．ここで，$\boldsymbol{1}_{\mathcal{A}} \in \mathbb{R}^{|\mathcal{A}|}$[*1]はすべての要素が1のベクトルです．さらに $\boldsymbol{u}'_{\mathcal{A}} = \boldsymbol{X}_{\mathcal{A}} \boldsymbol{v}$ とすると

$$\boldsymbol{X}_{\mathcal{A}}^\top \boldsymbol{X}_{\mathcal{A}} \boldsymbol{v} = \boldsymbol{1}_{\mathcal{A}} \tag{A.22}$$

ですので

$$\boldsymbol{u}'_{\mathcal{A}} = \boldsymbol{X}_{\mathcal{A}} \boldsymbol{v} = \boldsymbol{X}_{\mathcal{A}} (\boldsymbol{X}_{\mathcal{A}}^\top \boldsymbol{X}_{\mathcal{A}})^{-1} \boldsymbol{1}_{\mathcal{A}} \tag{A.23}$$

が得られます．$\boldsymbol{u}'_{\mathcal{A}}$ のノルムを正規化して，これを $\boldsymbol{u}_{\mathcal{A}}$ とします．

---

*1　$|\mathcal{S}|$ は集合 $\mathcal{S}$ の要素の数です．

$$\boldsymbol{u}_{\mathcal{A}} = \frac{\boldsymbol{u}'_{\mathcal{A}}}{\|\boldsymbol{u}'_{\mathcal{A}}\|} = \boldsymbol{A}_{\mathcal{A}} X_{\mathcal{A}} \left(\boldsymbol{X}_{\mathcal{A}}^{\top}\boldsymbol{X}_{\mathcal{A}}\right)^{-1} \boldsymbol{1}_{\mathcal{A}}, \quad \boldsymbol{A}_{\mathcal{A}} = \left(\boldsymbol{1}_{\mathcal{A}}^{\top}\left(\boldsymbol{X}_{\mathcal{A}}^{\top}\boldsymbol{X}_{\mathcal{A}}\right)^{-1}\boldsymbol{1}_{\mathcal{A}}\right)^{-1/2} \tag{A.24}$$

これによって，出力推定式を更新する方向は決まりましたので，$k+1$回目の出力推定値の更新式は

$$\hat{\boldsymbol{\eta}}_{k+1} = \hat{\boldsymbol{\eta}}_k + \gamma \boldsymbol{u}_{\mathcal{A}} \tag{A.25}$$

となります．ここでγは出力推定値の更新量です．

次に更新量γを決めます．ここでは (4.26) 式の条件を用います．つまり，すべての$j \in \mathcal{A}$について，入力変数$\boldsymbol{x}_j \in \mathbb{R}^N$と残差$\boldsymbol{y} - \boldsymbol{X}\hat{\boldsymbol{\beta}}_{lasso}$の内積の絶対値は，常に等しくなければなりません．そこで$\hat{C} = \max|c_j|$とすると，$c_j = \boldsymbol{x}_j^{\top}(\boldsymbol{y} - \hat{\boldsymbol{\eta}})$だったので

$$|c_j| = |\boldsymbol{x}_j^{\top}(\boldsymbol{y} - \boldsymbol{\eta}_{k+1})| \tag{A.26}$$
$$= \left|\boldsymbol{x}_j^{\top}(\boldsymbol{y} - \boldsymbol{\eta}_k - \gamma \boldsymbol{u}_{\mathcal{A}})\right| \tag{A.27}$$
$$= \hat{C} - \gamma \boldsymbol{x}_j^{\top} \boldsymbol{u}_{\mathcal{A}} \tag{A.28}$$

です．そして，まだアクティブ集合$\mathcal{A}$に加えられていないjの中から次の入力変数を追加します．$j \in \mathcal{A}^c$[*2]の中から次の入力変数を追加しますが，$j \in \mathcal{A}^c$についてc_jを計算すると

$$c_j = \boldsymbol{x}_j^{\top}(\boldsymbol{y} - \boldsymbol{\mu}_{k+1}) \tag{A.29}$$
$$= \boldsymbol{x}_j^{\top}(\boldsymbol{y} - \boldsymbol{\mu}_k - \gamma \boldsymbol{u}_{\mathcal{A}}) \tag{A.30}$$
$$= \hat{\boldsymbol{c}}_j - \gamma \boldsymbol{x}_j^{\top} \boldsymbol{u}_{\mathcal{A}} \tag{A.31}$$

となります．(4.26) 式の条件より，(A.28) 式と (A.31) 式の絶対値が等しくなる$\tilde{\gamma}$を探さなければなりません．(A.28) 式に含まれる絶対値を考慮して符号を場合分けすると，c_jが正のときは

$$\hat{C} - \tilde{\gamma} A_{\mathcal{A}} = \hat{c}_j - \tilde{\gamma} \boldsymbol{x}_j^{\top} \boldsymbol{u}_{\mathcal{A}} \tag{A.32}$$

なので

*2　S^cは集合Sの補集合です．つまり，$\mathcal{A}^c$は入力変数として選択されていない変数の添字集合となります．

$$\tilde{\gamma} = \frac{\hat{C} - \hat{c}_j}{A_{\mathcal{A}} - \boldsymbol{x}_j^\top \boldsymbol{u}_{\mathcal{A}}} \tag{A.33}$$

と求まります．同様にしてc_jが負のときは

$$\tilde{\gamma} = \frac{\hat{C} + \hat{c}_j}{A_{\mathcal{A}} + \boldsymbol{x}_j^\top \boldsymbol{u}_{\mathcal{A}}} \tag{A.34}$$

です．最小の正の$\tilde{\gamma}$を選択すればよいので，まとめて書くと

$$\tilde{\gamma} = \min_{j \in \mathcal{A}^c} \left\{ \frac{\hat{C} - c_j}{A_{\mathcal{A}} - \boldsymbol{x}_j^\top \boldsymbol{u}_{\mathcal{A}}}, \frac{\hat{C} + c_j}{A_{\mathcal{A}} + \boldsymbol{x}_j^\top \boldsymbol{u}_{\mathcal{A}}} \right\} \tag{A.35}$$

と表されます．これによって変数の選択と同時に$\tilde{\gamma}$を計算し，出力推定値$\hat{\eta}_k$を更新していきます．

最終的に求めたいのは回帰係数ですが，これは出力推定値の更新式が，入力変数の線形式になっていることに注意すると

$$\boldsymbol{\beta}_{k+1} = \boldsymbol{\beta}_k + \tilde{\gamma} \boldsymbol{s}_{\mathcal{A}} \circ \boldsymbol{w}_{\mathcal{A}} \tag{A.36}$$

と更新できます．ここで，$\boldsymbol{s}$は$s_j (j \in \mathcal{A})$を並べたベクトルで，$\circ$はアダマール積*3を表しています．さらに$\boldsymbol{w}_{\mathcal{A}}$は以下で与えられます．

$$\boldsymbol{w}_{\mathcal{A}} = \boldsymbol{X}_{\mathcal{A}} \boldsymbol{v} = \boldsymbol{A}_{\mathcal{A}} (\boldsymbol{X}_{\mathcal{A}}^\top \boldsymbol{X}_{\mathcal{A}})^{-1} \boldsymbol{1}_{\mathcal{A}} \tag{A.37}$$

LARSアルゴリズムは複雑に感じますが，これは計算過程に絶対値が登場し，符号の処理が必要なためで，符号さえ注意すればそこまで難しいアルゴリズムではありません．基本的には，変数の候補のうち残差との相関が最も大きくなる（ベクトルのなす角が最も小さくなる）変数を一つずつ選択しながら，出力推定値を更新しているだけです．丁寧に式を追えば，理解できると思います．

A.3 Mcut法と固有値問題

ここでは，Mcut法における最小化問題 (4.40) 式

$$\min_{\boldsymbol{q}} \ J_q = \frac{\boldsymbol{q}^\top (\boldsymbol{D} - \boldsymbol{W}) \boldsymbol{q}}{\boldsymbol{q}^\top \boldsymbol{W} \boldsymbol{q}} \tag{A.38}$$

*3　アダマール積とは，ベクトルや行列の要素ごとのかけ算のことです．

を解く方法について説明しましょう．なお，$\boldsymbol{D} = \mathrm{diag}(\boldsymbol{W}\boldsymbol{e})$，$\boldsymbol{W}$ は類似度行列であり，$\boldsymbol{e} = [1, \ldots, 1]^\top$ です．

まず最初に，$\boldsymbol{q}$ を

$$\min_{\tilde{\boldsymbol{q}}} \ \tilde{J}_q = \frac{\tilde{\boldsymbol{q}}^\top (\boldsymbol{I} - \tilde{\boldsymbol{W}})\tilde{\boldsymbol{q}}}{\tilde{\boldsymbol{q}}^\top \tilde{\boldsymbol{q}}} \tag{A.39}$$

とスケーリングします．$\tilde{\boldsymbol{W}} = \boldsymbol{D}^{-1/2}\boldsymbol{W}\boldsymbol{D}^{-1/2}$，$\tilde{\boldsymbol{q}} = \boldsymbol{D}^{1/2}\boldsymbol{q}/|\boldsymbol{D}|^{1/2}$ であり，$\tilde{\boldsymbol{q}}^\top \tilde{\boldsymbol{W}} \tilde{\boldsymbol{q}} > 0$ です．ここで，$\tilde{\boldsymbol{W}}$ は，その要素 $(\tilde{W})_{i,j}$ が $0 \leq (\tilde{W})_{i,j} \leq 1$ かつ $\sum_j (\tilde{W})_{i,j} = 1$ となっていることに注意します*4．

目的関数 $\tilde{J}_q$ は，$\boldsymbol{P} \equiv \boldsymbol{I} - \tilde{\boldsymbol{W}}$ とおくとレイリー商 $R(\boldsymbol{x})$ になります．レイリー商については第5章のコラムで紹介しましたが，$R(\boldsymbol{x})$ は最小の固有値 λ_1 に対応する固有ベクトル $\boldsymbol{x}_1$ で最小となり，その値は λ_1 です．つまり，最小化問題 (A.39) 式は，固有値問題に帰着します．

行列 $\boldsymbol{P}$ の固有ベクトルを $\boldsymbol{D}^{1/2}\boldsymbol{e}$ とし，$\boldsymbol{w}_i$ を $\boldsymbol{W}$ の i 番目の行とすると，$(\boldsymbol{D})_{i,i} = d_i = \boldsymbol{w}_i\boldsymbol{e}$ となります．さらに

$$\boldsymbol{P}\boldsymbol{D}^{1/2}\boldsymbol{e} = \boldsymbol{I}\boldsymbol{D}^{1/2}\boldsymbol{e} - \tilde{\boldsymbol{W}}\boldsymbol{D}^{1/2}\boldsymbol{e} \tag{A.40}$$

$$= \boldsymbol{D}^{1/2}\boldsymbol{e} - \boldsymbol{D}^{-1/2}\boldsymbol{W}\boldsymbol{D}^{-1/2}\boldsymbol{D}^{1/2}\boldsymbol{e} = \boldsymbol{0} \tag{A.41}$$

であることがわかります．つまり，$\boldsymbol{P}$ の固有ベクトルはの一つは $\boldsymbol{D}^{1/2}\boldsymbol{e}$ であり，その固有値は0です．さらに，$\tilde{\boldsymbol{W}}$ は確率行列であるため最大固有値は1ですので*5．$\boldsymbol{x}^\top \boldsymbol{P}\boldsymbol{x} = \boldsymbol{x}^\top(\boldsymbol{I} - \tilde{\boldsymbol{W}})\boldsymbol{x} \geq 0$ となるので，行列 $\boldsymbol{P}$ は半正定値行列であり，$\boldsymbol{D}^{1/2}\boldsymbol{e}$ は最小固有値 $\lambda_1 = 0$ に対応する固有ベクトル $\boldsymbol{z}_1$ となります．

$\boldsymbol{z}_1$ は $\tilde{\boldsymbol{q}}$ を最小化しますが，$\boldsymbol{z}_1$ のすべての要素は正であり，(4.39) 式の条件を満たしません．レイリー商 $R(\boldsymbol{x})$ の2番目に小さな解は，2番目に小さな固有値 λ_2 になります．λ_2 に対応する固有ベクトル $\boldsymbol{z}_2$ は，$\boldsymbol{P}$ が対称行列であるため*6，$\boldsymbol{z}_1^\top \boldsymbol{z}_2 = \boldsymbol{0}$ でなければなりません．$\boldsymbol{z}_1$ のすべての要素は正であるため，$\boldsymbol{z}_2$ の要素は必ず正負両方が存在しなければならず，(4.39) 式の条件を満たします．したがって，最小化問題 (A.39) 式の解 $\tilde{\boldsymbol{q}}^*$ は $\boldsymbol{z}_2$ となります．

*4 このような行列を確率行列とよびます．

*5 確率行列は，1) 確率行列の固有値の絶対値は1以下，2) 確率行列は固有値1を持つ，という性質があります．

*6 対称行列の固有値はすべて実数で，固有ベクトルは互いに直交します．

これらの結果をまとめると，最小化問題 (4.40) 式は，固有値問題

$$(\boldsymbol{I} - \boldsymbol{D}^{-1/2}\boldsymbol{W}\boldsymbol{D}^{-1/2})\boldsymbol{z} = \lambda\boldsymbol{z} \tag{A.42}$$

に帰着され，その最適解は$\boldsymbol{q}^* = \boldsymbol{D}^{-1/2}\boldsymbol{z}_2$となります．

このようにMcut法における最適化問題は，レイリー商や確率行列，対称行列が登場し，これらの行列の性質を活用することで解くことができます．ややマニアックではありますが，この計算の流れについて一通り目を通しておくと，線形代数のよい勉強になるでしょう．

A.4 主成分分析と自己符号化器の関係

ここでは，自己符号化器（AE）が主成分分析（PCA）の一般化であることを示しましょう．

まずAEを導出してみます．ここではAEの構造を**図 A.1**のように入力層，隠れ層，出力層から構成されるとして，それぞれのユニットの数をMユニット，Rユニット，Mユニットとします．入力を$\boldsymbol{x} \in \mathbb{R}^M$，隠れ層での表現を$\boldsymbol{z} \in \mathbb{R}^R$，入力を再構成した出力を$\hat{\boldsymbol{x}} \in \mathbb{R}^M$とします．

入力層における活性化関数をf_1とします．すると，隠れ層での表現$\boldsymbol{z}$は

$$\boldsymbol{z} = f_1(\boldsymbol{W}^{(1)}\boldsymbol{x} + \boldsymbol{b}^{(1)}) \tag{A.43}$$

と書けます．ここで，$\boldsymbol{W}^{(1)} \in \mathbb{R}^{R\times M}$は重み行列，$\boldsymbol{b}^{(1)} \in \mathbb{R}^M$はバイアスです．

出力$\hat{\boldsymbol{x}}$については，$\boldsymbol{z}$から入力$\boldsymbol{x}$を回帰する問題であると考えます．回帰係数とバイアスをそれぞれ$\boldsymbol{W}^{(2)} \in \mathbb{R}^{M\times R}$，$\boldsymbol{b}^{(2)} \in \mathbb{R}^M$とすると

$$\hat{\boldsymbol{x}} = \boldsymbol{W}^{(2)}\boldsymbol{z} + \boldsymbol{b}^{(2)} \tag{A.44}$$

$$= \boldsymbol{W}^{(2)}f_1(\boldsymbol{W}^{(1)}\boldsymbol{x} + \boldsymbol{b}^{(1)}) + \boldsymbol{b}^{(2)} \tag{A.45}$$

となります．AEでは$\hat{\boldsymbol{x}}$を$\boldsymbol{x}$にできるだけ近づけるように，パラメータ$\boldsymbol{W}^{(1)}$，$\boldsymbol{W}^{(2)}$，$\boldsymbol{b}^{(1)}$，$\boldsymbol{b}^{(2)}$を学習させることになります．ここでは$\hat{\boldsymbol{x}}$を$\boldsymbol{x}$にできるだけ近づけるということを，二乗誤差で表すとしましょう．

$$Q_{AE} = \sum_{n=1}^{N} \|\hat{\boldsymbol{x}}_n - \boldsymbol{x}_n\|^2 \tag{A.46}$$

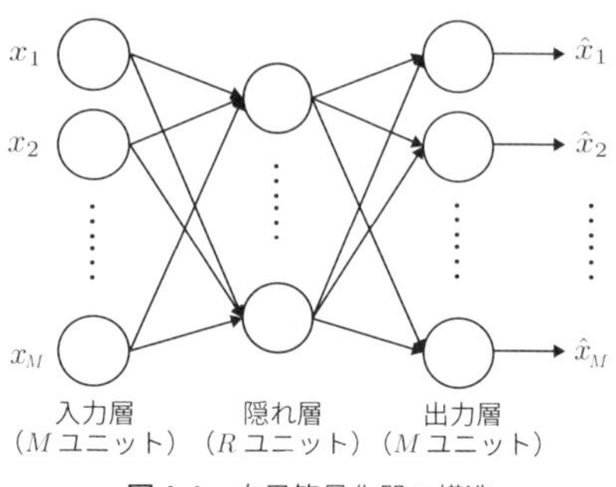

図 A.1　自己符号化器の構造

$$= \sum_{n=1}^{N} \|\boldsymbol{W}^{(2)} f_1(\boldsymbol{W}^{(1)}\boldsymbol{x}_n + \boldsymbol{b}^{(1)}) + \boldsymbol{b}^{(2)} - \boldsymbol{x}_n\|^2 \tag{A.47}$$

なお，N は学習サンプル数です．

ここで，活性化関数 f_1 を恒等関数とします．すなわち，$f_1(\boldsymbol{x}) = \boldsymbol{x}$ であり，隠れ層は次元削減するだけで非線形変換はしないものとします．すると (A.47) 式は

$$Q_{AE} = \sum_{n=1}^{N} \|\boldsymbol{W}^{(2)}(\boldsymbol{W}^{(1)}\boldsymbol{x}_n + \boldsymbol{b}^{(1)}) + \boldsymbol{b}^{(2)} - \boldsymbol{x}_n\|^2 \tag{A.48}$$

$$= \sum_{n=1}^{N} \|\boldsymbol{W}^{(2)}\boldsymbol{W}^{(1)}(\boldsymbol{x}_n + \boldsymbol{W}^{(1)^{-1}}\boldsymbol{b}^{(1)}) - (\boldsymbol{x}_n - \boldsymbol{b}^{(2)})\|^2 \tag{A.49}$$

と書き直すことができます．さらに，ここではバイアス $\boldsymbol{b}^{(1)}$，$\boldsymbol{b}^{(2)}$ も考慮しないものとします．すると

$$Q_{AE} = \sum_{n=1}^{N} \|\boldsymbol{W}^{(2)}\boldsymbol{W}^{(1)\top}\boldsymbol{x}_n - \boldsymbol{x}_n\|^2 \tag{A.50}$$

となります．

次に，PCA における入力の再構成ですが，MSPC における Q 統計量は入力 $\boldsymbol{x}_n$ と再構築された入力 $\hat{\boldsymbol{x}}_n$ の二乗誤差として定義されていました．これを利用して，PCA のローディング行列 $\boldsymbol{V}_R$ は，学習サンプル $\boldsymbol{x}_n(n = 1, \ldots, N)$ についての Q 統計量の総和を最小とするように決定すればよい，と考えることもできます．すなわち，PCA とは

$$Q_{pca} = \sum_{n=1}^{N} \|\hat{x}_n - x_n\|^2 \tag{A.51}$$

$$= \sum_{n=1}^{N} \| \boldsymbol{V}_R \boldsymbol{V}_R^\top \boldsymbol{x}_n - \boldsymbol{x}_n \|^2 \tag{A.52}$$

を最小化する $\boldsymbol{V}_R$ を求める問題であると解釈することができます.

ここで，(A.50) 式と (A.52) 式を見比べてみると，$\boldsymbol{V}_R = \boldsymbol{W}^{(2)}$，$\boldsymbol{V}_R^\top = \boldsymbol{W}^{(1)}$ とすれば，二つの式が一致します*7.

これによって，AEの隠れ層を恒等変換にした場合，AEはPCAに一致することがわかりました．したがって，AEはPCAを非線形変換へ拡張した方法であるといえます．つまり，(6.20) 式のように，AEにおいて隠れ層の値を用いて T^2 統計量を定義することは自然なことだといえます.

*7　AEの学習では，$\boldsymbol{W}^{(1)} = \boldsymbol{W}^{(2)\top}$ という条件を設ける必要はありません．出力は入力を再構築するように決定されるため，あえてこのような条件を設定しなくても，結局，学習結果は $\boldsymbol{W}^{(1)} = \boldsymbol{W}^{(2)\top}$ になります.

参考文献

[1] A. Krizhevsky, I. Sutskever, and G. E. Hinton, "Imagenet classification with deep convolutional neural networks," *Communications of the ACM*, vol. 60, no. 6, pp. 84–90, 2017.

[2] K. Fujiwara, M. Miyajima, T. Yamakawa, E. Abe, Y. Suzuki, Y. Sawada, M. Kano, T. Maehara, K. Ohta, T. Sasai-Sakuma, T. Sasano, M. Matsuura, and E. Matsushima, "Epileptic Seizure Prediction Based on Multivariate Statistical Process Control of Heart Rate Variability Features," *IEEE Transactions on Biomedical Engineering*, vol. 63, no. 6, pp. 1321–1332, 2016.

[3] S. L. Wendt, P. Welinder, H. B. Sorensen, P. E. Peppard, P. Jennum, P. Perona, E. Mignot, and S. C. Warby, "Inter-expert and intra-expert reliability in sleep spindle scoring," *Clinical Neurophysiology*, vol. 126, no. 8, pp. 1548–1556, 2015.

[4] J. Li and N. M. Allinson, "A comprehensive review of current local features for computer vision," *Neurocomputing*, vol. 71, no. 10, pp. 1771–1787, 2008.

[5] W. Rawat and Z. Wang, "Deep convolutional neural networks for image classification: A comprehensive review," *Neural Computation*, vol. 29, no. 9, pp. 2352–2449, 2017.

[6] F. H. Messerli, "Chocolate consumption, cognitive function, and Nobel laureates," *The New England Journal of Medicine*, vol. 367, pp. 1562–1564, Oct 2012.

[7] P. W. Holland., "Statistics and causal inference," *Journal of the American Statistical Association*, vol. 81, no. 396, pp. 945–960, 1986.

[8] L. Page, S. Brin, R. Motwani, and T. Winograd, "The pagerank citation ranking: Bringing order to the web.," Technical Report 1999-66, Stanford InfoLab, 1999.

[9] H. F. Kaiser, "The application of electronic computers to factor analysis," *Educational and Psychological Measurement*, vol. 20, no. 1, pp. 141–151, 1960.

[10] S. Wold, M. Sjöström, and L. Eriksson, "Pls-regression: a basic tool of chemometrics," *Chemometrics and Intelligent Laboratory Systems*, vol. 58, no. 2, pp. 109–130, 2001.

[11] S. de Jong, "Simpls: An alternative approach to partial least squares regression," *Chemometrics and Intelligent Laboratory Systems*, vol. 18, no. 3, pp. 251 – 263, 1993.

[12] 伊勢田哲治,『科学と疑似科学の哲学』, 名古屋大学出版会, 2003.

[13] F. Santosa and W. W. Symes, "Linear inversion of band-limited reflec-

tion seismograms," *SIAM Journal on Scientific and Statistical Computing*, vol. 7, no. 4, pp. 1307–1330, 1986.

[14] R. Tibshirani, "Regression shrinkage and selection via the lasso," *Journal of the Royal Statistical Society*, vol. 58, no. 1, pp. 267–288, 1996.

[15] B. Efron, T. Hastie, I. Johnstone, and R. Tibshirani, "Least Angle Regression," *The Annals of Statistics*, vol. 32, no. 2, pp. 407–499, 2004.

[16] H. Kubinyi, ed., *3D QSAR in Drug Design Volume 1: Theory Methods and Applications*. Springer, 1993.

[17] K. Fujiwara, M. Kano, and S. Hasebe, "Correlation-based spectral clustering for flexible process monitoring," *Journal of Process Control*, vol. 21, no. 10, pp. 1438–1448, 2011.

[18] K. Fujiwara, M. Kano, and S. Hasebe, "Development of correlation-based clustering method and its application to software sensing," *Chemometrics and Intelligent Laboratory Systems*, vol. 101, no. 2, pp. 130–138, 2010.

[19] C. Ding, X. He, H. Zha, M. Gu, and H. Simon, "A min-max cut algorithm for graph partitioning and data clustering," in *Proceedings 2001 IEEE International Conference on Data Mining*, pp. 107–114, 2001.

[20] A. Y. Ng, M. I. Jordan, and Y. Weiss, "On spectral clustering: Analysis and an algorithm," in *Proceedings of the 14th International Conference on Neural Information Processing Systems: Natural and Synthetic*, pp. 849–856, 2001.

[21] J. Shi and J. Malik, "Normalized cuts and image segmentation," *IEEE Transactions on Pattern Analysis and Machine Intelligence*, vol. 22, no. 8, pp. 888–905, 2000.

[22] K. Fujiwara, M. Kano, and S. Hasebe, "Development of correlation-based pattern recognition algorithm and adaptive soft-sensor design," *Control Engineering Practice*, vol. 20, no. 4, pp. 371–378, 2012.

[23] K. Fujiwara, H. Sawada, and M. Kano, "Input variable selection for pls modeling using nearest correlation spectral clustering," *Chemometrics and Intelligent Laboratory Systems*, vol. 118, pp. 109–119, 2012.

[24] K. Fujiwara and M. Kano, "Efficient input variable selection for soft-senor design based on nearest correlation spectral clustering and group lasso," *ISA Transactions*, vol. 58, pp. 367–379, 2015.

[25] A. K. Akobeng, "Understanding diagnostic tests 3: Receiver operating characteristic curves," *Acta Paediatr*, vol. 96, no. 5, pp. 644–647, 2007.

[26] W. J. Youden, "Index for rating diagnostic tests," *Cancer*, vol. 3, no. 1, pp. 32–35, 1950.

[27] J. Laurikkala, "Improving identification of difficult small classes by balancing class distribution," in *Artificial Intelligence in Medicine* (S. Quaglini, P. Barahona, and S. Andreassen, eds.), (Berlin), pp. 63–66, Springer, 2001.

[28] I. Tomek, "Two modifications of cnn," *IEEE Transactions on Systems, Man,*

and Cybernetics, vol. 6, no. 11, pp. 769–772, 1976.

[29] N. V. Chawla, K. W. Bowyer, L. O. Hall, and W. P. Kegelmeyer, "Smote: Synthetic minority over-sampling technique," *Journal of Artificial Intelligence Research*, vol. 16, pp. 321–357, 2002.

[30] H. He, Y. Bai, E. A. Garcia, and S. Li, "Adasyn: Adaptive synthetic sampling approach for imbalanced learning," in *2008 IEEE International Joint Conference on Neural Networks (IEEE World Congress on Computational Intelligence)*, pp. 1322–1328, 2008.

[31] H. Han, W.-Y. Wang, and B.-H. Mao, "Borderline-smote: A new over-sampling method in imbalanced data sets learning," in *Advances in Intelligent Computing* (D.-S. Huang, X.-P. Zhang, and G.-B. Huang, eds.), (Berlin), pp. 878–887, Springer, 2005.

[32] D. Opitz and R. Maclin, "Popular ensemble methods: An empirical study," *Journal of Artificial Intelligence Research*, vol. 11, pp. 169–198, 1999.

[33] L. Rokach, "Ensemble-based classifiers," *Artificial Intelligence Review*, vol. 33, no. 1, pp. 1–39, 2010.

[34] E. Anderson, "The species problem in iris," *Annals of the Missouri Botanical Garden*, vol. 23, no. 457–509, 1936.

[35] R. A. Fisher, "The use of multiple measurements in taxonomic problems," *Annals of Eugenics*, vol. 7, no. 179–188, 1936.

[36] L. Breiman, *Classification and Regression Trees.* London: Routledge, 1st ed., 2017.

[37] OECD, "Oecd date income inequality," 2020.

[38] L. Breiman, "Bagging predictors," *Machine Learning*, vol. 24, no. 2, pp. 123–140, 1996.

[39] L. Breiman, "Random forests," *Machine Learning*, vol. 45, no. 1, pp. 5–32, 2001.

[40] A. J. Ferreira and M. A. T. Figueiredo, *Boosting Algorithms: A Review of Methods, Theory, and Applications*, pp. 35–85. Boston, MA: Springer US, 2012.

[41] Y. Freund and R. E. Schapire, "A decision-theoretic generalization of on-line learning and an application to boosting," *Journal of Computer and System Sciences*, vol. 55, no. 1, pp. 119–139, 1997.

[42] C. Seiffert, T. M. Khoshgoftaar, J. Van Hulse, and A. Napolitano, "Rusboost: A hybrid approach to alleviating class imbalance," *IEEE Transactions on Systems, Man, and Cybernetics - Part A: Systems and Humans*, vol. 40, no. 1, pp. 185–197, 2010.

[43] N. V. Chawla, A. Lazarevic, L. O. Hall, and K. W. Bowyer, "Smoteboost: Improving prediction of the minority class in boosting," in *Knowledge Discovery in Databases: PKDD 2003* (N. Lavrač, D. Gamberger, L. Todorovski, and H. Blockeel, eds.), pp. 107–119, 2003.

[44] D. Dua and C. Graff, "UCI machine learning repository," 2017.
[45] K. Fujiwara, Y. Huang, K. Hori, K. Nishioji, M. Kobayashi, M. Kamaguchi, and M. Kano, "Over- and under-sampling approach for extremely imbalanced and small minority data problem in health record analysis," *Frontiers in Public Health*, vol. 8, p. 178, 2020.
[46] P. Lim, C. K. Goh, and K. C. Tan, "Evolutionary Cluster-Based Synthetic Oversampling Ensemble (ECO-Ensemble) for Imbalance Learning," *IEEE Transactions on Cybernetics*, vol. 47, no. 9, pp. 2850–2861, 2017.
[47] D. Ayres-de Campos, J. Bernardes, A. Garrido, J. Marques-de Sá, and L. Pereira-Leite, "SisPorto 2.0: a program for automated analysis of cardiotocograms," *The Journal of Maternal-Fetal Medicine*, vol. 9, no. 5, pp. 311–318, 2000.
[48] E. F., M. D., and S. G., "Multistrategy learning for document recognition," *Applied Artificial Intelligence*, vol. 8, no. 1, pp. 33–84, 1994.
[49] M. M. Breunig, H.-P. Kriegel, R. T. Ng, and J. Sander, "Lof: Identifying density-based local outliers," *SIGMOD Record*, vol. 29, no. 2, pp. 93–104, 2000.
[50] F. T. Liu, K. M. Ting, and Z.-H. Zhou, "Isolation forest," in *2008 Eighth IEEE International Conference on Data Mining*, pp. 413–422, 2008.
[51] J. F. MacGregor and T. Kourti, "Statistical process control of multivariate processes," *Control Engineering Practice*, vol. 3, pp. 403–414, 1995.
[52] M. Kano *et al.*, "A new multivariate statistical process monitoring method using principal component analysis," *Computers & Chemical Engineering*, vol. 25, pp. 1103–1113, 2001.
[53] J. E. Jackson *et al.*, "Control procedures for residuals associated with principal component analysis," *Technometrics*, vol. 21, pp. 341–349, 1973.
[54] H. Hotelling, "Analysis of a complex of statistical variables into principal components," *Journal of Educational Psychology*, vol. 24, no. 7, pp. 498–520, 1933.
[55] P. Nomikos, "Detection and diagnosis of abnormal batch operations based on multi-way principal component analysis world batch forum, toronto, may 1996," *ISA Transactions*, vol. 35, no. 3, pp. 259–266, 1996.
[56] G. E. Hinton and R. R. Salakhutdinov, "Reducing the dimensionality of data with neural networks," *Science*, vol. 313, no. 5786, pp. 504–507, 2006.
[57] H. Zhao, "Neural component analysis for fault detection," 2017.
[58] A. Zhigljavsky and N. Golyandina, *Singular Spectrum Analysis for Time Series*. Springer, 2013.
[59] M. Kano, K. Miyazaki, S. Hasebe, and I. Hashimoto, "Inferential control system of distillation compositions using dynamic partial least squares regression," *Journal of Process Control*, vol. 10, no. 2, pp. 157–166, 2000.
[60] J. Downs and E. Vogel, "A plant-wide industrial process control problem,"

Computers & Chemical Engineering, vol. 17, no. 3, pp. 245–255, 1993.

[61] H. Ma, Y. Hu, and H. Shi, "Fault detection and identification based on the neighborhood standardized local outlier factor method," *Industrial & Engineering Chemistry Research*, vol. 52, no. 6, pp. 2389–2402, 2013.

[62] S. Plakias and Y. S. Boutalis, "Exploiting the generative adversarial framework for one-class multi-dimensional fault detection," *Neurocomputing*, vol. 332, pp. 396–405, 2019.

[63] S. Yin, S. X. Ding, A. Haghani, H. Hao, and P. Zhang, "A comparison study of basic data-driven fault diagnosis and process monitoring methods on the benchmark tennessee eastman process," *Journal of Process Control*, vol. 22, no. 9, pp. 1567–1581, 2012.

[64] Z. Zhang, T. Jiang, C. Zhan, and Y. Yang, "Gaussian feature learning based on variational autoencoder for improving nonlinear process monitoring," *Journal of Process Control*, vol. 75, pp. 136–155, 2019.

[65] D. Ender, "Process control performance : Not good as you think," *Control Engineering*, vol. September, pp. 180–190, 1993.

[66] G. D. Gennaro *et al.*, "Ictal heart rate increase precedes EEG discharge in drug-resistant mesial temporal lobe seizures," *Clinical Neurophysiology*, vol. 115, pp. 1169–1177, 2004.

[67] K. Kato *et al.*, "Earlier tachycardia onset in right than left mesial temporal lobe," *Neurology*, vol. 83, pp. 1332–1336, 2014.

索　引

数字・欧文

0-1距離基準 …… 172
AdaBoost …… 189
ADASYN …… 179
AE（オートエンコーダ） …… 222
AIC（赤池情報量規準） …… 116
AR（自己回帰）モデル …… 249
AUC …… 172
BIC（ベイズ情報量規準） …… 119
BLUE（最良線形不偏推定量） …… 57
CART …… 183
CNN（畳み込みニューラルネットワーク） …… 5
EBM（根拠に基づく医療） …… 251
F値 …… 170
F統計量 …… 120
G-mean …… 195
Garbage In, Garbage Out …… 248
iForest（アイソレーションフォレスト） …… 210
k-平均法 …… 136
LARS（最小角回帰） …… 127
LARSアルゴリズム …… 267
Lasso回帰 …… 122
LDA（線形判別分析） …… 159
leave-one-out法 …… 100
LOF（局所外れ値因子法） …… 205
Mcut法 …… 139, 269
MSPC（多変量統計的プロセス管理） 212
$n-1$で割る …… 12
NCSC-VS …… 150
NCスペクトラルクラスタリング（NCSC） …… 138
NC法 …… 142
NIPALS（非線形反復部分最小二乗法） 85
PCA（主成分分析） …… 24
PCR（主成分回帰） …… 72
PICO …… 251
PLS-beta法 …… 131
PLS（部分的最小二乗法） …… 80
PRESS …… 100
Q統計量 …… 214
RMSE（根平均二乗誤差） …… 102
ROC曲線 …… 171
RSS（残差二乗和） …… 52
RUS（ランダムアンダーサンプリング） …… 176
RUSBoost …… 191
SC（スペクトラルクラスタリング） …… 139
SIMPLSアルゴリズム …… 95
SMOTE …… 179
SSA（特異スペクトル分析） …… 227
SVD（特異値分解） …… 45
T^2統計量 …… 214
TEプロセス …… 230
USPC（単変量統計的プロセス管理） 212
VIP法 …… 132
z-スコア …… 12

あ行

アイソレーションフォレスト（iForest） …… 210
赤池情報量規準（AIC） …… 116
悪条件 …… 63
アフィン部分空間 …… 23
アンサンブル学習 …… 182
アンダーサンプリング …… 176

異常検知 …… 205
異常診断 …… 220

因果関係 19
因果的推論の根本問題 21
陰性的中率 170

オイラーの定数 211
オッカムの剃刀 114
オートエンコーダ（AE） 222
オーバーサンプリング 178

か行

回帰 49
回帰係数 50
回帰分析 50
介入研究 3
ガウス-マルコフの定理 57
過学習 5, 98, 114
学習 49
確率行列 270
仮説 6
偏りのある統計量 10
カットオフ 166
過適合 5
観察研究 3
感度 169
管理限界 224

機械学習 6
機械学習における本質的な問題 5
擬似逆行列 69
擬似相関 20
記述統計量 9
期待値 10
逆行列 68
教師データ 1
共分散 16
共分散行列 28
行列の固有値問題 29
行列分解 44
極端事象 3
局所外れ値因子法（LOF） 205
寄与プロット 220

クラス 8
クラスタ基準アンダーサンプリング 176
クラスタリング 134
クロスバリデーション 99

決定木 183
現地現物 258
検量線 106

交差確認法 99
高次元なデータ 23
交絡 20
交絡因子 20
コホート 22
コホート研究 22
固有値 37
固有ベクトル 37
根拠に基づく医療（EBM） 251
コンピュータビジョン 5
根平均二乗誤差（RMSE） 102

さ行

最小角回帰（LARS） 127
最小二乗法 52
最小ノルム解 70
最尤推定量 60
最尤法 61
最良線形不偏推定量（BLUE） 57
三現主義 258
残差 127
残差二乗和（RSS） 52
散布図 18
サンプル 10
サンプル生成型アンダーサンプリング 177

識別器 5
次元定理 70

自己回帰（AR）モデル …… 249
自己相関 …… 226
自己相関関数 …… 226
実験計画 …… 3
ジニ係数 …… 185
ジニ不純度 …… 185
射影行列 …… 56
弱分類器 …… 182
重回帰 …… 50
重回帰分析 …… 50
自由度 …… 11
主成分回帰（PCR） …… 72
主成分得点 …… 25
主成分分析（PCA） …… 24
条件数 …… 63

スコア …… 25
ステップワイズ法 …… 119
砂山のパラドックス …… 228
スパース …… 123
スペクトラルクラスタリング（SC） · 139
スペクトル …… 105
スモールデータ …… 3
　——の種類 …… 6
スモールデータ解析 …… 5

正規方程式 …… 52
正則 …… 68
正則化 …… 76
正則行列 …… 68
生命，宇宙，そして万物についての究極の疑問の答え …… 200
制約付き極値問題 …… 29
線形性 …… 15
線形判別分析（LDA） …… 159
線形分離可能 …… 159
潜在変数 …… 81

相関 …… 15
　正の相関関係 …… 16
　非線形関係 …… 16
　負の相関関係 …… 16
　無相関 …… 16
　多変数間の相関関係 …… 23
相関関係 …… 19
相関行列 …… 28
相関係数 …… 17

た・な行

対称行列 …… 28
対数尤度関数 …… 61
ダイナミックモデリング …… 228
多重共線性 …… 64
畳み込みニューラルネットワーク（CNN） …… 5
多変量解析 …… 6
多変量統計的プロセス管理（MSPC） 212
単回帰 …… 50
単変量統計的プロセス管理（USPC） 212

調和数 …… 211
直交補空間 …… 219

低ランク表現 …… 45
データ
　——の特徴 …… 24, 25
　——のばらつき …… 26
　——の前処理 …… 9
デフレーション …… 85
デプロイ …… 247

統計量 …… 9
　——の偏り …… 10
　——の期待値 …… 11
特異スペクトル分析（SSA） …… 227
特異値分解（SVD） …… 45
特異度 …… 169
特徴抽出 …… 5
特徴量 …… 5
ドメイン知識 …… 6, 113

トメクリンク 177
トレース 78

ノーフリーランチ定理 193

は・ま・や行

ハイパーパラメータ 75
——の調整 98
バギング 186
汎化 5
汎化性能 98
反実仮想 21
半正定値行列 28
判別分析 158

久山町研究 22
非線形反復部分最小二乗法（NIPALS） 85
ビッグデータ 1
ビッグデータとスモールデータの違い 11
非負定値行列 28
標準化 9, 12
標準偏差 10
標本 10
標本分散 9
標本平均 9

負荷量ベクトル 27
ブースティング 188
ブートストラップ法 186
部分的最小二乗法（PLS） 80
不偏推定量 11
不偏分散 11, 12
分光法 105
分散 9, 26

平均値 11
ベイズ情報量規準（BIC） 119
ベクトルの微分 32
偏差値 12
変数重要度 187

ボイル・シャルルの法則 255
母集団 10
ボーダーラインSMOTE 180
本書で用いたプログラムのバージョン 8
本書の構成 6

みにくいアヒルの子の定理 129

モデル
——の解釈 6
——の精度 6

尤度 60
尤度関数 60
ユーデン指標 172

陽性的中率 170
要約統計量 9

ら行

ラグランジュの未定乗数法 29, 30
ラベル 1
ランク 44
ランダムアンダーサンプリング（RUS） 176
ランダムフォレスト 187

リッジ回帰 76

零空間 71
レイリー商 166
列空間 56

ローディングベクトル 27

〈著者紹介〉

藤 原 幸 一 （ふじわら　こういち）
名古屋大学大学院工学研究科物質プロセス工学専攻・准教授
2004年　京都大学工学部工業化学科卒業
2006年　京都大学大学院工学研究科化学工学専攻修士課程修了
2009年　京都大学博士（工学）取得
2010年　NTTコミュニケーション科学基礎研究所
2012年　京都大学大学院情報学研究科システム科学専攻・助教
2018年より現職.

〈研究分野〉
機械学習・医療AI・生体計測・プロセスシステム工学．他の研究者・エンジニアが扱ったことのない貴重なデータを現場から発掘して，解析することを得意としています.

●カバーイラスト　おかざき真里
●本文デザイン　田中幸穂（画房 雪）

スモールデータ解析と機械学習

2022年2月20日　第1版第1刷発行
2022年5月20日　第1版第3刷発行

著　者　藤 原 幸 一
発 行 者　村 上 和 夫
発 行 所　株式会社 オーム社
郵便番号　101-8460
東京都千代田区神田錦町3-1
電話　03(3233)0641(代表)
URL https://www.ohmsha.co.jp/

組版　Green Cherry　印刷・製本　壮光舎印刷
ISBN978-4-274-22778-3　Printed in Japan

本書の感想募集　https://www.ohmsha.co.jp/kansou/
本書をお読みになった感想を上記サイトまでお寄せください.
お寄せいただいた方には，抽選でプレゼントを差し上げます.